卫星跟踪测量技术研究

（文集）

黎孝纯 著

西安电子科技大学出版社

内 容 简 介

本文集共收录22篇论文，分六个部分。第一部分讲述锁相环的捕获、VCO噪声分析和AGC环分析；第二部分讲述舰载测量设备中舰摇对跟踪测量的影响和多径反射对跟踪测量的影响；第三部分讲述空间交会对接微波雷达方案；第四部分讲述双星定位入站信号快速捕获攻关研究结果；第五部分讲述调频调相应答机距离零值测量理论和方法；第六部分讲述中继星星间链路天线跟踪指向系统中几个技术难题的解决途径。

本文集内容丰富，系统性和可读性较强，可供高等院校跟踪测控工程专业本科生和研究生学习参考，也可供相关专业的科研工程技术人员参考。

图书在版编目(CIP)数据

卫星跟踪测量技术研究：文集/黎孝纯著. 一西安：西安电子科技大学出版社，2014.10
ISBN 978-7-5606-3411-1

Ⅰ. ①卫… Ⅱ. ①黎… Ⅲ. ①卫星跟踪—卫星测量法—文集 Ⅳ. ①P236-53

中国版本图书馆CIP数据核字(2014)第223242号

策　　划　戚文艳
责任编辑　王　瑛
出版发行　西安电子科技大学出版社(西安市太白南路2号)
电　　话　(029)88242885　88201467　　邮　　编　710071
网　　址　www.xduph.com　　电子邮箱　xdupfxb001@163.com
经　　销　新华书店
印刷单位　北京京华虎彩印刷有限公司
版　　次　2014年10月第1版　2014年10月第1次印刷
开　　本　787毫米×1092毫米　1/16　印张　13
字　　数　292千字
印　　数　1～1000册
定　　价　30.00元
ISBN 978-7-5606-3411-1/TP
XDUP　3703001-1

作者简介

黎孝纯，男，1938年9月生于四川省渠县一个农民家庭，12岁开始念书，1962年成都电讯工程学院（现电子科技大学）雷达专业毕业。1959年9月加入中国共产党。

1968年以来，一直从事卫星通信、跟踪测量、定位技术的研究。现任中国航天科技集团公司第五研究院西安分院（原五〇四所）研究员。曾任中国宇航学会第二、三届飞行器测控专业委员会委员（1987—2000年），中国宇航学会第二、三届遥测专业委员会委员（1987—2000年），航天五院学科学术带头人和五院科技委员会委员（1995—2000年）。在40多年的科研攻关中，负责完成了十余种精密测控设备的设计和研制，获10项国家发明专利（均为第一发明人），发表论文40多篇，主持编著《锁相技术基础》、《星间链路天线跟踪指向系统》两本书，主持合作形成了三个理论创新（“调频调相应答机距离零值测量理论”、“对宽带数据传输信号的角跟踪理论”、“星间链路天线恒线速度螺旋扫描捕获理论”）。2006年获航天五院优秀发明人称号。获国家发明三等奖、四等奖各1次；获部科技进步一等奖2次、二等奖4次、三等奖5次；享受政府特殊津贴。

人生格言

“难题是成功的机会，抓住难题攻坚不止，难题被突破了，你就成功了。”

“发明是一种诀窍，它用一种简单的方法和设备解决了一个按传统途径无法解决的技术难题。”

“发明产生于对基本概念的深刻准确理解、灵活应用和精心设计。”

以上三条是黎孝纯撰写的人生格言，被收入在由人民日报出版社2004年10月出版的《人生格言经典》一书的第185、307、513页。

前　言

世界空间技术的发展日新月异，空间资源开发的市场竞争日益加剧，中国的航天事业方兴未艾。正如江泽民在第47届国际宇航联大会上指出的那样："航天事业的前景十分广阔，即将到来的二十一世纪是航天事业蓬勃发展的新世纪。"

四十多年来，中国的航天事业得到了飞速发展。本文集是作者从一个农民孩子跟随共和国成长起来、经历了中国航天事业的这段发展史、成为一名普通航天科技人员的习作。

本文集分六部分：第一部分包括论文一至论文三；第二部分包括论文四至论文八；第三部分包括论文九；第四部分包括论文十；第五部分包括论文十一至论文十六；第六部分包括论文十七至论文二十二。

第一部分为"锁相环和AGC环的分析"。

1980年前后，锁相环是我国的一个研究热点，论文一"VCO噪声对锁相环的影响"发表于1975年，是我国第一篇研究VCO噪声对锁相环的影响的文章。当时，卫星测控设备的锁相环频率捕获是一大难题，要求锁相环捕获性能满足宽频带、高灵敏度、快速(捕获时间不大于1秒)和防错锁四项要求。

论文二"宽频带频率引导捕获方法和装置"巧妙地将计算机用于锁相环捕获。计算机控制扫描时将环路滤波电容短路，使环路成为不包含惯性元件的环路，扫描速度提高20倍，满足了上述四项性能要求。1986年此技术获国家发明专利，并实现了技术转让。作者对此总结如论文二最后所述：工程中的一个装置产生于发明者对基本物理概念的深刻而又准确的理解，以及在具体工程条件下的灵活应用和精心设计。这已成为作者后续几十年攻关科研难题的一个指导思想。

研究锁相环的较多理论成果集中在由杨士中、黎孝纯等编著的《锁相技术基础》(人民邮电出版社出版，1978年)一书中，其中第1～5章以及附录A、附录B由黎孝纯编写。

论文三"自动增益控制环路的线性分析和设计"于1988年发表，该文对工程设计有很好的指导作用。

第二部分为"舰载测量设备分析"。

舰载测量设备与陆站测量设备的不同点之一，是舰摇对测速、测距、测角的影响。作者采用位置矢量法完成了舰摇对测速、测距影响的分析，其分析方法是比较巧妙的。

论文四"舰摇对多普勒测速精度的影响"发表在《空间电子技术》1979年第3期上。一位比作者年长的专家(研究员)说此文是错的。有关的技术争论到1989年，十年过去了，他仍坚持说此文是错的。作者只好要求504所出函请负责舰载设备的测量通信研究所进行鉴定，鉴定结果是"本成果使用位置矢量投影法，在合理假设条件下，分析了舰摇对多普勒测速的影响，推导出简便而实用的修正公式，可用于测量船双频测速修正"(附录C)。

在这个问题上，使用位置矢量投影法，使分析大为简化。在这十年里，作者经受了一种特殊的考验。

从论文五“修正舰摇引起多普勒测速误差的实验研究”可以看出，摇摆台上的实验证明作者的分析方法和所得的测速修正公式是正确的。

舰载测量设备的另一个问题是海浪形成多径反射对卫星测量的影响。论文七和论文八中，多径反射信号对测速、测距的影响的分析是较为全面的，得到了各种极化(线极化和圆极化)入射波经不同表面(光滑平面镜反射、粗糙面镜反射、粗糙面漫散射)形成多径信号引起测速、测距误差的表示式。

第三部分为“空间交会对接”。

论文九“空间交会对接微波雷达”研究的是星上测角、测速、测距和通信的综合系统，该方案具有交会对接全程测量能力和可靠性高的优点。

第四部分为“双星定位系统”。

双星定位入站信号快速捕获是双星定位系统中最关键的技术之一，美国 Geostar 公司宣称，它拥有此项技术，是美国政府批准的专利，不出售。Geostar 公司凭借这些专利与世界上一些国家合作建立双星定位系统。1986 年以来，作者及其同事利用 6 年的时间，突破了这项关键技术，且技术性能优于 Geostar 公司的专利水平。

第五部分为“调频调相应答机距离零值测量”。调频调相应答机距离零值测量是 20 世纪 80 年代末 90 年代初中国航天测控界的一个技术难题。作者及其同事突破了这一难题。1990 年 1 月提出了“调频调相应答机距离零值测量方法”，陈芳允先生主持论证了此方法，同行认为微波倍频调制度变换器方法巧妙。1992 年 6 月采用该方法的设备完成了调频调相应答机距离零值测量，接着完成了调频调相应答机距离零值分析，1995 年获国家发明专利，在实践中形成了一套较为系统、完整的理论和测量方法，走出了一条中国自己的路。相应的设备已应用于中国的多种卫星的距离零值测量。

经过 18 年的攻关研究，在 2008 年，作者发表了论文十六“调频调相应答机距离零值测量新方法”，完全解决了调频调相应答机距离零值测量的大难题。

1998 年 3 月，调频调相应答机距离零值测量也发生了技术争议。作者用严密的理论分析和实验证明了调频调相应答机距离零值测量是正确的。

距离零值测量理论和方法经受了一场严峻的考验，作者再一次经受了这种特殊的考验。

第六部分为“中继星星间链路天线跟踪指向系统”。

1995 年中国开始研究跟踪与数据中继卫星系统，中继卫星天线跟踪指向系统是一个世界难题，美国第一、二代中继卫星系统都采用星地大回路捕获跟踪指向方案。本部分是为实现星上自主闭环跟踪指向方案而攻关研究的成果，包括：建立了“对宽带数据传输信号的角跟踪理论”，有了这种理论，角跟踪接收机用 2～3 个带通滤波器切换就能实现对 100 kb/s～300 Mb/s 数传信号的角跟踪(否则就要像某国用 12 个滤波器切换)；建立了更适合星间链路天线扫描捕获的恒线速度螺旋扫描捕获理论和方法。星间链路角跟踪系统校相方案和建立天线跟踪指向系统动力学模型都是必须要解决的关键问题。

本文集是作者 1975 年至 2009 年间的研究成果，体现了作者的科研思想，即作者在人民日报出版社出版的《人生格言经典》中所写的：“难题是成功的机会，抓住难题攻坚不止，难题被突破了，你就成功了。”“发明是一种诀窍，它用一种简单的方法和设备解决了一个按传统途径无法解决的技术难题。”“发明产生于对基本概念的深刻准确理解、灵活应用和精心设计。”

本文集的撰写和出版得到了中国空间技术研究院西安分院与西安电子科技大学出版社的大力支持和指导。文集中的很多内容体现了中国空间技术研究院西安分院多年来研究和研制跟踪测量设备的成果。

本文集编写过程中，崔万照研究员审阅了原稿，陈豪研究员提出了宝贵意见，在此一并致以诚挚的感谢。在编写过程中，作者参阅了大量中外资料和经典著作，均已列入参考文献中，在此谨向这些文献的作者表示深切的感谢。文集中若有不妥之处，敬请广大读者批评指正。

作　者

2014 年 6 月

目　录

第一部分　锁相环和AGC环的分析

第二部分　舰载测量设备分析

第三部分 空间交会对接

第四部分 双星定位系统

第五部分 调频调相应答机距离零值测量

第六部分　中继星星间链路天线跟踪指向系统

第 一 部 分

锁相环和 AGC 环的分析

一、VCO噪声对锁相环的影响

黎孝纯

【摘要】 本文扼要引述了频率稳定度的定义和表征，导出了环路的均方相位抖动和VCO频率短期稳定度时域表征量(阿仑方差)的关系式，并以实例作了计算说明。

1 问题的提出

锁相环中的压控振荡器(VCO)是一个输出频率随控制电压的变化而变化的振荡器，多数采用晶体振荡器。表征振荡器质量最重要的指标是频率稳定度。由于引起振荡器频率不稳的原因和表现的特征不同，人们又把它分为长期稳定度和短期稳定度两种。VCO噪声作用于锁相环路，致使环路输出信号有一均方相位抖动。从下面的分析可以看出，当环路噪声带宽较宽和环路相位抖动要求不太严格时，对精心设计的低噪声VCO，一般可以不考虑VCO噪声对环路的影响。然而，目前的应用中，环路带宽发展到1 Hz以至更窄，环路相位抖动又要求很小，这样，即使是现代水平的VCO，其内部噪声引起的环路相位抖动也不能忽视[8]。它使环路性能降低，甚至使环路失锁。在这种情况下，作环路设计时，自然会提出一个问题：在给定的环路带宽和允许的相位抖动的条件下，VCO的短期频率稳定度需要多高。

本文首先简要地引用了参考文献[1]、[2]、[3]中关于频率稳定度的定义及其表征量，其目的是计算在二阶和三阶环中VCO噪声所引起的环路均方相位抖动，导出相位抖动的均方根值与VCO短期稳定度(阿仑方差平方根)的直接关系式。

2 频率稳定度的定义及表征

长期以来，频率稳定度这个词已广泛用于技术文献中，但没有统一的定义和表征，各说不一，争论不休，直到目前才有较统一的见解，参考文献[7]系统综述了这个问题，我们仅对下面要用到的频率稳定度的定义和表征的有关问题简述于此。

2.1 长期稳定度和短期稳定度

振荡器参数的系统变化，例如晶体振荡器经过足够的预热时间以后，频率会出现较规律的线性老化漂移，长期稳定度通常是指这种老化漂移。

振荡器所处的环境条件(例如温度、电源电压、磁场、气压、湿度、振动、负载变化等)也会引起输出频率不稳定。

振荡器内部噪声会引起输出频率的迅速随机起伏，它只有在较短采样测量时间里才能表现出来。所谓短期稳定度，是指这种内部噪声造成的不稳定性。

关于振荡器短期稳定度的表征量，目前国际上推荐的频域表征量是相对频率起伏的单

边功率谱密度 $S_y(f)$，推荐的时域表征量是阿仑方差 $\sigma_y^2(\tau)$。

2.2 频域表征——相对频率起伏的单边功率谱密度 $S_y(f)$

振荡器输出电压 $U(t)$ 可以写成

$$U(t) = U_0 \sin[\omega_0 t + \varphi(t)] \tag{1}$$

其中：U_0 和 ω_0 分别为输出信号的标称幅度和角频率；$\varphi(t)$ 是由于噪声引起的相位起伏。$\dot{\varphi}(t)$ 表示噪声引起的频率起伏，$\dot{\varphi}(t)=\dfrac{\mathrm{d}\varphi(t)}{\mathrm{d}t}$，假设起伏很小（即 $\left|\dfrac{\dot{\varphi}(t)}{\omega_0}\right| \ll 1$），则有

$$y(t) = \frac{\dot{\varphi}(t)}{\omega_0} \tag{2}$$

$y(t)$ 称为相对瞬时频偏，$y(t)$ 的单边谱密度记为 $S_y(f)$，定义为频率稳定度的频域表征量，而且

$$S_y(f) = \frac{1}{\omega_0^2} S_{\dot{\varphi}}(\omega) = \frac{\omega^2}{\omega_0^2} S_{\varphi}(\omega) \tag{3}$$

其中：$S_y(f)$ 的量纲是 Hz^{-1}；$S_{\varphi}(\omega)$ 是 VCO 输出端的双边相位噪声谱密度，量纲是 $\mathrm{rad}^2/\mathrm{Hz}$；$S_{\dot{\varphi}}(\omega)$ 是折算在 VCO 输入端的双边频率噪声谱密度，量纲是 $(\mathrm{rad/s})^2/\mathrm{Hz}$。

$S_{\varphi}(\omega)$ 或 $S_{\dot{\varphi}}(\omega)$ 是怎样的形式呢？我们采用实用的幂律谱噪声模型。对于一个较高稳定度的晶体振荡器，决定其短期稳定度的噪声主要有三种：调频白噪声、闪变噪声和叠加噪声（调相白噪声）。于是

$$S_y(f) = \left| h_0 + \frac{h_{-1}}{f} + h_2 f^2 \right| \mid G(\mathrm{j}\omega) \mid^2 \tag{4}$$

其中：h_0 是调频白噪声的功率谱密度，由振荡器输入端的白噪声对振荡频率的干扰所致，主要由振荡器输入电路热噪声和积分器输出噪声决定；h_{-1}/f 是振荡器输入端闪变噪声的功率谱密度，一般由晶体、变容二极管和碳质电阻产生；h_2 是振荡器输出端的噪声功率谱密度，由振荡器后的输出电路或倍频器电路产生，它也是白噪声，只不过出现在输出电路而已，它叠加在信号上，对相位起调制作用，又叫调相白噪声；$h_2 f^2$ 是折算在振荡器输出端的叠加噪声功率谱密度。

振荡器的输出电路具有高频截止作用，它等效为一滤波器，低通频率特性为 $G(\mathrm{j}\omega)$，其单边等效矩形带宽为 B_G。

特别要注意的是闪变噪声，h_{-1}/f 随着频率的降低，谱密度越强。从理论上讲，f 趋于 0 时，谱密度趋于∞，这意味着无限大的功率，实际上噪声功率是有限的。可是，实验证明，频率到频率周期等于一年时间时，闪变噪声还是遵循这一规律变化的。采用这一模型在一系列问题的处理上比较方便。

2.3 时域表征——阿仑方差 $\sigma_y^2(\tau)$

阿仑方差是以相对频率起伏的取样方差为基础的。每次测量取样时间为 τ，两次测量之间的间歇时间为 $T-\tau$，在 $[KT, KT+\tau]$ 时间内测得的频率为 f_K，则 N 次测量的方差表示为

$$\sigma^2(N, T, \tau) = \frac{1}{(N-1) f_0^2} \sum_{k=1}^{N} (f_K - \bar{f}_N)^2 \tag{5}$$

其中，$\bar{f}_N = \sum\limits_{i=1}^{N} f_i$ 为对频率作 N 次测量的算术平均值。

假设重复测了很多组(设为 m 组)，每组测 N 次，方差记为 $\sigma_j^2(N, T, \tau)$，即

$$\sigma_j^2(N, T, \tau) = \frac{1}{(N-1)f_0^2}\sum_{k=1}^{N}(f_{K(j)} - \bar{f}_{N(j)})^2 \tag{6}$$

由 m 个 $\sigma_j^2(N, T, \tau)$ 可求得平均值

$$[\sigma^2(N, T, \tau)]_m = \frac{1}{m}\sum_{j=1}^{m}\sigma_j^2(N, T, \tau) \tag{7}$$

(7)式的极限为广义阿仑方差，即

$$\langle\sigma^2(N, T, \tau)\rangle = \lim_{m\to\infty}[\sigma^2(N, T, \tau)]_m \tag{8}$$

式中：〈 〉表示无限时间平均。

假设(8)式中 $N=2$，即每两次采样测量为一组求出一个方差 σ_j^2，测出 m 个这样的组再进行平均，且令 $T=\tau$(即每组相邻两次测量之间无间歇)，则得狭义阿仑方差，简称为阿仑方差，记为 $\sigma_y^2(\tau)$，即

$$\sigma_y^2(\tau) = \langle\sigma^2(N=2, T=\tau, \tau)\rangle = \lim_{m\to\infty}\frac{1}{m}\sum_{j=1}^{m}\frac{1}{2f_0^2}(f_{j2} - f_{j1})^2$$

有间歇测量的方差记为 $\sigma_T^2(\tau)$，即

$$\sigma_T^2(\tau) = \langle\sigma^2(N=2, T\neq\tau, \tau)\rangle \tag{9}$$

从 $\sigma_T^2(\tau)$ 可以方便地求得阿仑方差 $\sigma_y^2(\tau)$，即

$$\sigma_y^2(\tau) = \frac{1}{B_2\left(\dfrac{T}{\tau}, \mu\right)}\sigma_T^2(\tau) \tag{10}$$

其中 $B_2\left(\frac{T}{\tau}, \mu\right)$ 称为“偏倚函数”，由参考文献[9]在幂律谱噪声模型的局限条件下求出，参考文献[2]、[7]中分析了 $B_2\left(\frac{T}{\tau}, \mu\right)$。对于调频白噪声，$B_2\left(\frac{T}{\tau}, \mu\right)=1$；对于叠加噪声，$B_2\left(\frac{T}{\tau}, \mu\right)=2/3$；对于闪变噪声，$B_2\left(\frac{T}{\tau}, \mu\right)$ 的取值见表 1。

表 1　闪变噪声中 $B_2\left(\frac{T}{\tau}, \mu\right)$ 的取值

$\frac{T}{\tau}$	1	1.1	4	16	64	256	1024	∞
$B_2\left(\frac{T}{\tau}, \mu\right)$	1.000	1.089	2.078	3.082	4.082	5.082	6.082	∞

2.4　频域表征量和时域表征量的互换

由频域表征量可以求得时域表征量，一般情况下无法由时域表征量求得频域表征量。但在采用前述的幂律谱噪声模型的特殊情况下，时域表征量和频域表征量是可以按一定公式互换的。我们假设振荡器各噪声源(调频白噪声、闪变噪声和叠加噪声)是相互独立地影响频率稳定度的，则振荡器的频率稳定度为各噪声源分别产生的阿仑方差之和。

可以证明[1]，从频域表征 $S_y(f)$ 计算时域表征 $\sigma_y^2(\tau)$ 可按下式进行，即

$$\sigma_y^2(\tau) = \frac{2}{\pi\tau}\int_0^\infty S_y(f)\frac{\sin^4(\pi f\tau)}{(\pi f\tau)^2}\mathrm{d}(\pi f\tau) \tag{11}$$

三种噪声源的计算结果见表2。

表2 频域表征和时域表征的互换

噪声源	$S_y(f)$	$\sigma_y(\tau)$	转换式
调频白噪声	$S_{y_1}(f)=h_0$	$\sigma_{y_1}^2(\tau)=\frac{h_0}{2\tau}$	$h_0=2\tau\sigma_{y_1}^2(\tau)$
闪变噪声	$S_{y_2}(f)=\frac{h_{-1}}{\|f\|}$	$\sigma_{y_2}^2(\tau)=h_{-1}2\ln 2$	$h_{-1}=\frac{\sigma_{y_2}^2(\tau)}{2\ln 2}$
叠加噪声	$S_{y_3}(f)=h_2f^2$	$\sigma_{y_3}^2(\tau)=\frac{3h_2B_G}{(2\pi)^2\tau^2}$	$h_2=\frac{(2\pi)^2\tau^2\sigma_{y_3}^2(\tau)}{3B_G}$

阿仑方差与取样时间 τ 的关系曲线如图1所示。当 τ 很小时，叠加噪声起主要作用，随着 τ 的增加，调频白噪声和闪变噪声的作用逐渐显著。当 τ 再增加时，闪变噪声起主要作用。参考文献[4]中介绍，对于5 MHz的晶体振荡器，$B_G\gg 1$ kHz。当 $\tau=1$ s时，认为闪变噪声起主要作用；当 $\tau=1$ ms时，认为叠加噪声起主要作用。

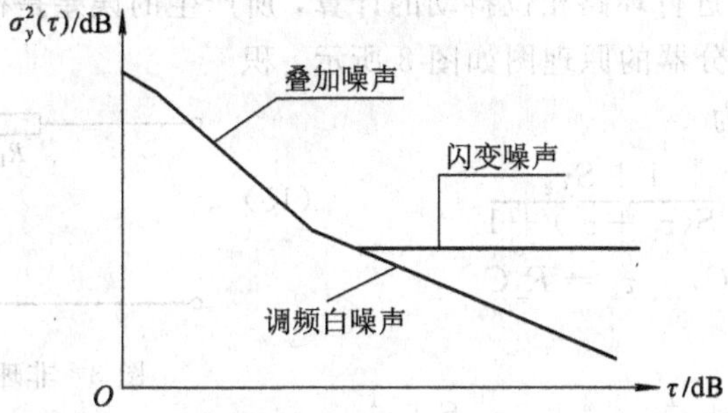

图1 阿仑方差与取样时间 τ 的关系曲线

3 VCO短期稳定度与环路相位抖动的关系

VCO噪声对环路的影响可以模拟一个出现在VCO输入端的等效噪声电压来进行分析。环路线性模型如图2所示。

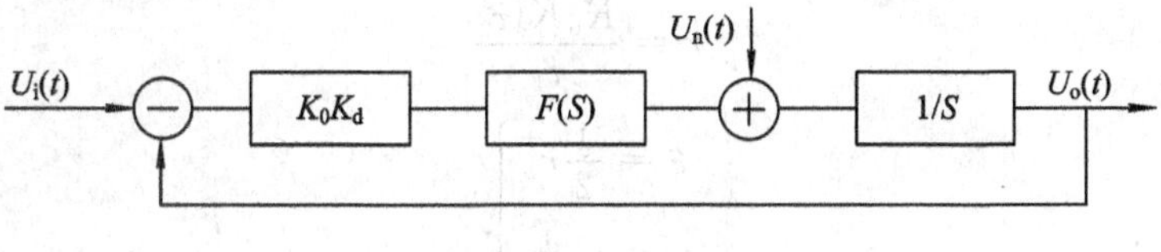

图2 考虑环内噪声的锁相环线性模型

$U_n(t)$的传递函数为

$$\frac{U_o(S)}{U_n(S)}=\frac{1-H(S)}{S} \tag{12}$$

其中：$H(S)$为闭环传递函数；$\frac{1-H(S)}{S}$为频率误差传递函数。设 $U_n(t)$的双边频率噪声谱密度为 $S_\phi(\omega)$，单位为$(\text{rad/s})^2/\text{Hz}$，则均方相位抖动记为 σ_φ^2，即

$$\sigma_\varphi^2=\frac{1}{2\pi}\int_{-\infty}^{\infty}S_\phi(\omega)\left|\frac{1-H(S)}{S}\right|_{S=j\omega}^2\mathrm{d}S=\frac{\omega_0^2}{\pi}\int_0^{\infty}S_y(f)\left|\frac{1-H(S)}{S}\right|_{S=j\omega}^2\mathrm{d}S \tag{13}$$

3.1 VCO 的噪声模型

我们采用的幂律谱噪声模型的功率谱密度如(4)式所示。用(13)式计算均方相位抖动时，为避免低频端出现的发散现象，需将振荡器的噪声模型稍加修改[3]，从而有

$$S_y(f)=\begin{cases}\left|h_0+\dfrac{2\pi h_{-1}}{\varepsilon}+h_2f^2\right| \mid G(\mathrm{j}\omega)\mid^2 & \left(f\leqslant\dfrac{\varepsilon}{2\pi}\right)\\ \left|h_0+\dfrac{h_{-1}}{\mid f\mid}+h_2f^2\right| \mid G(\mathrm{j}\omega)\mid^2 & \left(f>\dfrac{\varepsilon}{2\pi}\right)\end{cases} \tag{14}$$

其中：ε 是一个值非常小的角频率。

这种修改是必要的。首先，因为当 f 趋于 0 时，实际上闪变噪声功率不得趋于无穷大，而是一种有限量；其次，后面将看到这种修改使计算(13)式时，避免了低频端的发散现象，而且 ε 从非常小的值开始到增大的整个范围，计算结果是正确反映事物本质的。

3.2 二阶环中 VCO 短期稳定度与环路相位抖动的关系

我们考虑非理想积分器的二阶环，以下计算表明，虽然是非理想积分器，但可以用理想积分器时的计算公式进行环路相位抖动的计算，所产生的误差是很小的。环路线性化等效线路如图 2 所示，积分器的原理图如图 3 所示。积分器的传递函数 $F(S)$ 为

$$F(S)=\frac{1+S\tau_2}{S(\tau_1+\tau_2)+1} \tag{15}$$

$$\tau_1=R_1C,\quad \tau_2=R_2C$$

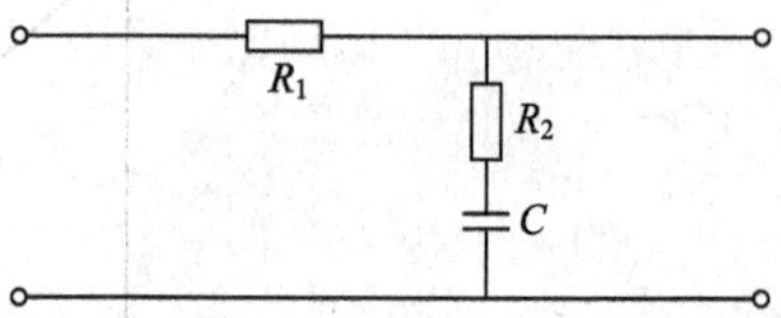

图 3 非理想积分器的原理图

频率误差传递函数为

$$\frac{1-H(S)}{S}=\frac{S+\dfrac{1}{\tau_1}}{S^2+\xi\omega_\mathrm{n}S+\omega_\mathrm{n}^2}=\frac{S+\dfrac{1}{\tau_1}}{S^2+\dfrac{r}{\tau_2}S+\dfrac{r}{\tau_2^2}} \tag{16}$$

其中：分子的$\dfrac{1}{\tau_1}$是由于积分器非理想而存在的；

$$r=\frac{K_0K_\mathrm{d}\tau_2^2}{\tau_1} \tag{17}$$

$$\left.\begin{aligned}\xi&=\frac{1}{2}r^{\frac{1}{2}}\\ \omega_\mathrm{n}&=\frac{r^{\frac{1}{2}}}{\tau_2}\end{aligned}\right\} \tag{18}$$

$r=2$，即 $\xi=0.707$。

均方相位抖动为

$$\begin{aligned}\sigma_\varphi^2=&\frac{\omega_0^2}{\pi}\int_0^\infty h_0\mid G(S)\mid^2\left|\frac{1-H(S)}{S}\right|_{S=\mathrm{j}\omega}^2\mathrm{d}S+\frac{\omega_0^2}{\pi}\int_0^\infty\frac{h_{-1}}{f}\mid G(S)\mid^2\left|\frac{1-H(S)}{S}\right|_{S=\mathrm{j}\omega}^2\mathrm{d}S\\&+\frac{\omega_0^2}{\pi}\int_0^\infty h_2f^2\mid G(S)\mid^2\left|\frac{1-H(S)}{S}\right|_{S=\mathrm{j}\omega}^2\mathrm{d}S\end{aligned} \tag{19}$$

式中：等号右边第一项为由调频白噪声引起的均方相位抖动，记为 $\sigma_{\varphi_1}^2$；第二项为由闪变噪

声引起的均方相位抖动，记为 $\sigma_{\varphi_2}^2$；第三项为由叠加噪声引起的均方相位抖动，记为 $\sigma_{\varphi_3}^2$。

我们定义：

$$\left.\begin{aligned}
B_{VU} &= \frac{1}{2\pi}\int_{-\infty}^{\infty} |V(\mathrm{j}\omega)|^2 |U(\mathrm{j}\omega)|^2 \,\mathrm{d}\omega \\
B_G &= \frac{1}{2\pi}\int_{-\infty}^{\infty} |G(\omega)|^2 \,\mathrm{d}\omega \\
B_{\left[\frac{1-H(S)}{S}\right]} &= \frac{1}{2\pi}\int_{-\infty}^{\infty} \left|\frac{1-H(S)}{S}\right|_{S=\mathrm{j}\omega} \mathrm{d}S \\
B_H &= \frac{1}{2\pi}\int_{-\infty}^{\infty} |H(\mathrm{j}\omega)|^2 \,\mathrm{d}\omega
\end{aligned}\right\} \tag{20}$$

为了比较 B_H、B_G、$B_{1-H(S)}$ 和 $B_{\left[\frac{1-H(S)}{S}\right]}$ 的相对大小，请看图 4，有

$$\left.\begin{aligned}
&B_G \gg B_{\left[\frac{1-H(S)}{S}\right]} \\
&B_H \leqslant B_G \\
&B_{G[1-H(S)]} \approx B_G
\end{aligned}\right\} \tag{21}$$

故

$$\sigma_\varphi^2 = \frac{\omega_0^2}{\pi}\int_0^{\infty} h_0 \left|\frac{1-H(S)}{S}\right|_{S=\mathrm{j}\omega}^2 \mathrm{d}S + \frac{\omega_0^2}{\pi}\int_0^{\infty} \frac{h_{-1}}{f}\left|\frac{1-H(S)}{S}\right|_{S=\mathrm{j}\omega}^2 \mathrm{d}S + \frac{\omega_0^2}{4\pi}\int_0^{\infty} h_2 \|G(S)\|_{S=\mathrm{j}\omega}^2 \,\mathrm{d}S \tag{22}$$

计算(22)式中的三项积分，分别为 $\sigma_{\varphi_1}^2$、$\sigma_{\varphi_2}^2$ 和 $\sigma_{\varphi_3}^2$。

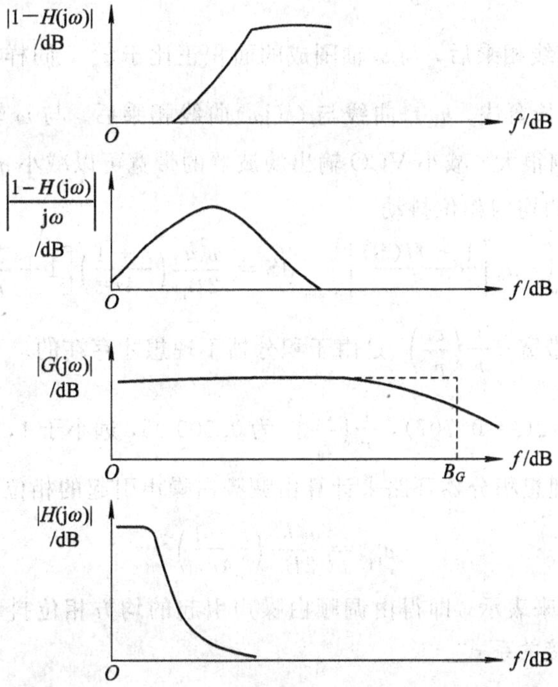

图 4　几种幅频特性

参看图 5，就更清楚这三个积分结果的物理意义了。

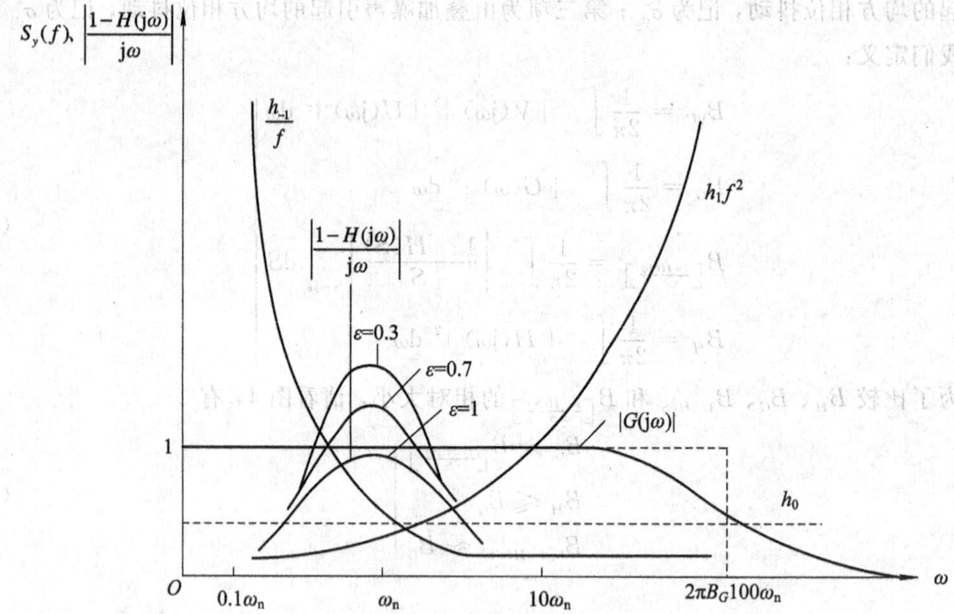

图 5　说明 $\sigma_{\varphi_1}^2$、$\sigma_{\varphi_2}^2$、$\sigma_{\varphi_3}^2$ 的物理含意

图 5 中，h_0 曲线与 $\left|\frac{1-H(j\omega)}{j\omega}\right|$ 曲线相乘后，与 ω 轴围成的面积正比于 $\sigma_{\varphi_1}^2$，B_H 越小即是 ω_n 不变时，ξ 值越小，由 $\left|\frac{1-H(j\omega)}{j\omega}\right|$ 曲线可见，ξ 越小，幅度越强，意味着 $\sigma_{\varphi_1}^2$ 越大。$\frac{h_{-1}}{f}$ 曲线与 $\left|\frac{1-H(j\omega)}{j\omega}\right|$ 曲线相乘后，与 ω 轴围成的面积正比于 $\sigma_{\varphi_2}^2$，同样 B_H 越小(即 ε 越小)，$\sigma_{\varphi_2}^2$ 越大，而且比 $\sigma_{\varphi_1}^2$ 增长要快。$h_2 f^2$ 曲线与 $G(j\omega)$ 曲线相乘后，与 ω 轴围成的面积正比于 $\sigma_{\varphi_3}^2$，可见 B_G 对 $\sigma_{\varphi_3}^2$ 影响很大。减小 VCO 输出滤波器的带宽可以减小 $\sigma_{\varphi_3}^2$。

调频白噪声产生的均匀相位抖动

$$\sigma_{\varphi_1}^2 = \frac{\omega_0^2}{\pi}\int_0^\infty h_0 \left|\frac{1-H(S)}{S}\right|_{S=j\omega}^2 dS = \frac{\omega_0^2 h_0}{2B_L}\left(\frac{r+1}{4r}\right)\left[1+\frac{1}{r}\left(\frac{\tau_2}{\tau_1}\right)^2\right] \tag{23}$$

式中：B_L 为单边噪声带宽；$\frac{1}{r}\left(\frac{\tau_2}{\tau_1}\right)^2$ 是由于积分器不理想才存在的。

假设 $\frac{\tau_1}{\tau_2}=100$，$r=2(\xi=0.707)$，$\frac{1}{r}\left(\frac{\tau_2}{\tau_1}\right)^2$ 为 0.000 05，远小于 1，可见即使是非理想积分器的环路，也可按理想积分器环路来计算由调频白噪声引起的相位抖动，从而有

$$\sigma_{\varphi_1}^2 = \frac{\omega_0^2 h_0}{2B_L}\left(\frac{r+1}{4r}\right) \tag{24}$$

将 h_0 用阿仑方差来表示，即得由调频白噪声引起的均方相位抖动与由调频白噪声决定的频率稳定度的直接关系式：

$$\sigma_{\varphi_1}^2 = \frac{\tau}{B_L}\left(\frac{r+1}{4r}\right)\sigma_{y_1}^2(\tau)\omega_0^2 \tag{25}$$

其中：τ 的单位为 s；ω_0 的单位为 rad/s；B_L 的单位为 Hz；$\sigma_{\varphi_1}^2$ 的单位为 rad^2。

闪变噪声产生的均方相位抖动

$$\sigma_{\varphi_2}^2 = \frac{\omega_0^2}{\pi}\int_0^{\infty}\frac{h_{-1}}{f}\left|\frac{1-H(S)}{S}\right|_{S=j\omega}^2 dS$$

$$= \frac{\omega_0^2 h_{-1}}{4B_L^2}\left\{g(r)+\frac{1}{2}\left(\frac{\tau_2}{\tau_1}\right)^2\left(\frac{r+1}{4r}\right)^2\left[-q(r)+\ln\left(\frac{r^{1/2}}{r+1}\frac{4B_L}{\varepsilon}\right)\right]\right\} \tag{26}$$

$g(r)$和$q(r)$随r的变化情况如表 3 所示，可见r在 2～10 之间变化时，$g(r)$近似等于 1.5。(26)式{}内的第二项是由于积分器不理想而存在的，但当ε大于一定值时，这一项与前一项比较，可以忽略，我们试求ε的值。

表 3　$g(r)$和$q(r)$随r的变化情况

r	2	3	4	5	6	7	8	9	10
$g(r)$	1.77	1.61	1.55	1.55	1.55	1.56	1.57	1.58	1.6
$q(r)$			0.5	0.645	0.76	0.85	0.93	1.00	1.10

令$\frac{1}{2}\left(\frac{\tau_2}{\tau_1}\right)^2\left(\frac{r+1}{4r}\right)^2\left[-q(r)+\ln\left(\frac{r^{1/2}}{r+1}\frac{4B_L}{\varepsilon}\right)\right]\ll g(r)$，则

$$\varepsilon \gg \frac{4B_L^{1/2}}{e^{q(r)}(r+1)}\exp\left[-2\left(\frac{\tau_1}{\tau_2}\right)^2\left(\frac{r}{r+1}\right)^2\right]$$

如果$r=4$，$g(r)=1.56$，$q(r)=0.5$，$\frac{\tau_1}{\tau_2}=100$，则$\varepsilon\gg B_L\times10^{-8680}$是非常小的，所以$\varepsilon$是非常小的。也就是说，虽然积分器不理想，但用理想积分器情况的公式进行计算，引起的误差很小，从而有

$$\sigma_{\varphi_2}^2 = \frac{g(r)h_{-1}\omega_0^2}{4B_L^2} \tag{27}$$

h_{-1}用阿仑方差来表示，$g(r)=1.5$，则

$$\sigma_{\varphi_2}^2 = \frac{0.51^2\omega_0^2}{B_L^2}\sigma_{y_2}^2(\tau) \tag{28}$$

(28)式中的$\sigma_{\varphi_2}^2$是由闪变噪声引起的。

叠加噪声产生的均方相位抖动

$$\sigma_{\varphi_3}^2 = \frac{\omega_0^2}{4\pi^3}\int_0^{\infty}h_2\,|G(S)|^2\,|1-H(S)|_{S=j\omega}^2\,dS = \frac{\omega_0^2 h_2}{2\pi^2}B_G \tag{29}$$

h_2用阿仑方差来表示，则

$$\sigma_{\varphi_3}^2 = \frac{2}{3}\sigma_{y_3}^2(\tau)\omega_0^2\tau^2 \tag{30}$$

(30)式中的$\sigma_{\varphi_3}^2$是由叠加噪声引起的。

总的相位抖动等于各噪声源产生的均方相位抖动之和，即

$$\sigma_{\varphi}^2 = \sigma_{\varphi_1}^2+\sigma_{\varphi_2}^2+\sigma_{\varphi_3}^2 = \frac{\omega_0^2 h_0}{2B_L}\left(\frac{r+1}{4r}\right)+\frac{\omega_0^2 h_{-1}}{4B_L^2}g(r)+\frac{\omega_0^2 h_2}{2\pi^2}B_G$$

$$= \frac{\tau}{B_L}\left(\frac{r+1}{4r}\right)\sigma_{y_1}^2(\tau)\omega_0^2+\left(\frac{0.51\omega_0}{B_L}\right)^2\sigma_{y_2}^2(\tau)+\frac{2}{3}\sigma_{y_3}^2(\tau)\omega_0^2\tau^2 \tag{31}$$

$$\sqrt{\sigma_{\varphi}^2} = \sqrt{\sigma_{\varphi_1}^2+\sigma_{\varphi_2}^2+\sigma_{\varphi_3}^2} \tag{32}$$

下面以一个计算例子来说明在实际工程中怎样应用上面导出的结果。

例　已知晶体振荡器 VCO 的中心频率为 5 MHz，倍频 50 倍输出为 250 MHz，$B_L=10$ Hz，5 MHz 晶体振荡器开环测试阿仑方差如下：

阿仑方差 $\sqrt{\sigma_y^2(\tau)}$	采样时间 τ/s
10^{-9}	1
2×10^{-9}	0.1
10^{-8}	0.01
10^{-7}	0.001

试计算由 VCO 噪声引起的环路均方根相位抖动 $\sqrt{\sigma_\varphi^2}$。

解　因为 B_L 较窄，所以认为调频白噪声引起的相位抖动可以忽略。当采样时间 $\tau=1$ s 时，认为这时测得的是由闪变噪声引起的阿仑方差。当采样时间 $\tau=0.001$ s 时，认为这时测得的是由叠加噪声引起的阿仑方差。故

$$\sigma_\varphi^2=\frac{\tau}{B_L}\left(\frac{r+1}{4r}\right)\sigma_{y_1}^2(\tau)\omega_0^2+\left(\frac{0.51\omega_0}{B_L}\right)^2\sigma_{y_2}^2(\tau)+\frac{2}{3}\sigma_{y_3}^2(\tau)\omega_0^2\tau^2$$

$$\approx\left(\frac{0.51\omega_0}{B_L}\right)^2\sigma_{y_2}^2(\tau)+\frac{2}{3}\sigma_{y_3}^2(\tau)\omega_0^2\tau^2$$

$$\sigma_{\varphi_2}^2=\left(\frac{0.51\omega_0}{B_L}\right)^2\sigma_{y_2}^2(\tau)$$

$$=\left(\frac{0.51\times2\pi\times250\times10^{-6}}{10}\right)^2\times10^{-18}$$

$$=0.642\times10^{-2}$$

$$\sqrt{\sigma_{\varphi_2}^2}=4.6°$$

$$\sigma_{\varphi_3}^2=\frac{2}{3}\sigma_{y_3}^2(\tau)\omega_0^2\tau^2$$

$$=\frac{2}{3}\times10^{-14}\times(2\pi\times250\times10^6\times10^{-3})^2$$

$$=1.64\times10^{-2}$$

$$\sqrt{\sigma_{\varphi_3}^2}\approx7.34°$$

$$\sigma_\varphi^2=\sigma_{\varphi_2}^2+\sigma_{\varphi_3}^2=(0.1512)^2$$

$$\sqrt{\sigma_\phi^2}=0.1512=8.66°$$

3.3　三阶环中 VCO 短期稳定度与环路相位抖动的关系

在三阶环中，VCO 噪声模型以及对环路的影响的分析与二阶环的相似。只是在计算 σ_φ^2 时，将频率误差传递函数 $\left|\frac{1-H(S)}{S}\right|$ 中的 $H(S)$ 用三阶环的传递函数代替即可，我们考虑两种三阶环[5]。

1）二积分器串联的三阶环

二积分器串联的三阶环线性化等效线路如图 6 所示。

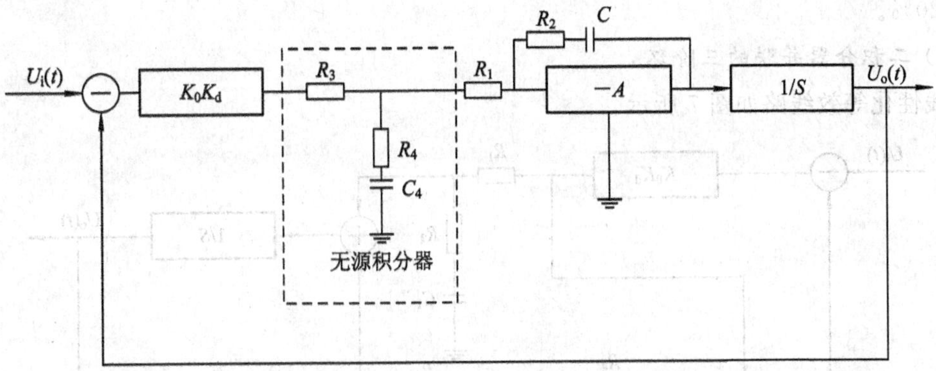

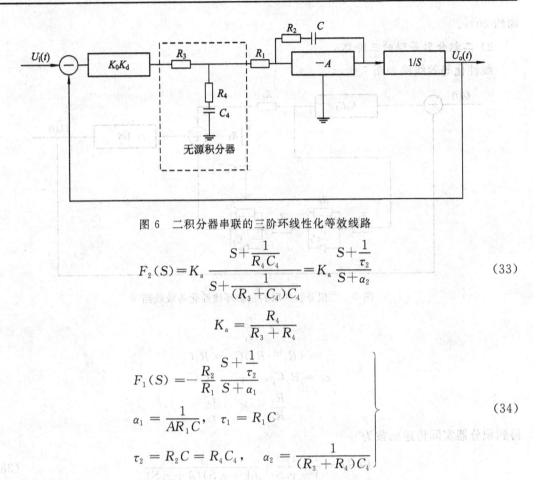

图 6　二积分器串联的三阶环线性化等效线路

$$F_2(S)=K_a\frac{S+\frac{1}{R_4C_4}}{S+\frac{1}{(R_3+C_4)C_4}}=K_a\frac{S+\frac{1}{\tau_2}}{S+\alpha_2} \tag{33}$$

$$K_a=\frac{R_4}{R_3+R_4}$$

$$\left.\begin{aligned} F_1(S)&=-\frac{R_2}{R_1}\frac{S+\frac{1}{\tau_2}}{S+\alpha_1}\\ \alpha_1&=\frac{1}{AR_1C},\quad \tau_1=R_1C\\ \tau_2&=R_2C=R_4C_4,\quad \alpha_2=\frac{1}{(R_3+R_4)C_4}\end{aligned}\right\} \tag{34}$$

令 $r=K_0K_dK_a\frac{\tau_2^2}{\tau_1}$，则

$$H(S)=\frac{\frac{r}{\tau_2}S^2+\frac{2r}{\tau_2^2}S+\frac{r}{\tau_2^3}}{S^3+\frac{r}{\tau_2}S^2+\frac{2r}{\tau_2^2}S+\frac{r}{\tau_2^3}} \tag{35}$$

$$\frac{1-H(S)}{S}=\frac{S^2+(\alpha_1+\alpha_2)S+\alpha_1\alpha_2}{S^3+\frac{r}{\tau_2}S^2+\frac{2r}{\tau_2^2}S+\frac{r}{\tau_2^3}} \tag{36}$$

计算结果如下：

$$\begin{aligned}\sigma_\phi^2&=\frac{\omega_0h_0}{2B_L}\frac{r(2r+3)}{2(2r-1)^2}+\frac{\omega_0^2h_{-1}}{4B_L}g(r)+\frac{\omega_0^2h_2}{2\pi^2}B_G\\ &=\frac{\omega_0^2}{2B_L}\frac{r(2r+3)\tau\sigma_{y_1}^2(\tau)}{2(2r-1)^2}+\frac{0.56^2\omega_0^2\sigma_{y_2}^2(\tau)}{B_L^2}+\frac{2}{3}\sigma_{y_3}^2(\tau)\omega_0^2\tau^2\end{aligned} \tag{37}$$

其中：$B_L=\frac{r(2r+3)}{4(2r-1)}\frac{1}{\tau_2}$ [Hz]。

r 在 4～10 之间变化时，$g(r)$ 近似等于 1.8。可见，对闪变噪声而言，三阶环的均方相位误差比二阶环的增加约 13%；对调频白噪声而言，三阶环的均方相位误差比二阶环的增加约 20%。

2) 二积分器并联的三阶环

线性化等效线路如图 7 所示。

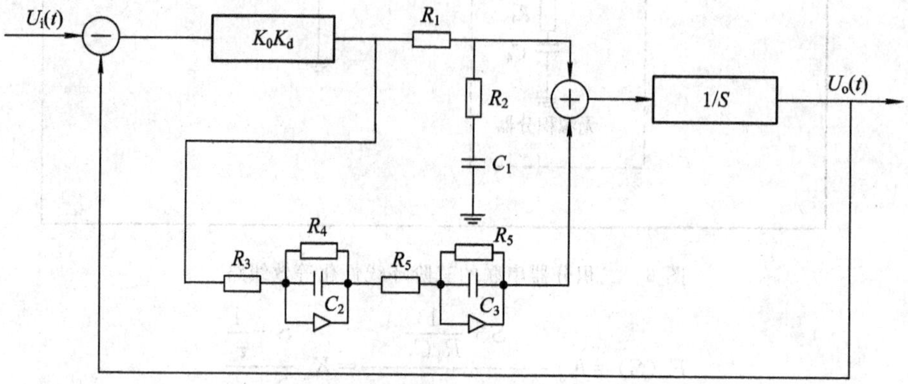

图 7 二积分器并联的三阶环线性化等效线路

$$\varepsilon=\frac{\tau_2}{\tau_1}$$

$$\tau_1=(R_1+R_2)C_1=R_5C_3$$

$$\tau_2=R_2C_1,\quad \tau_3=R_3C_2$$

$$\delta=\frac{R_3}{R_4},\quad K=\frac{\tau_2}{\tau_3}$$

得到积分器实际传递函数为

$$F(S)=\frac{1+\tau_2 S}{1+\tau_1 S}+\frac{1}{(1+\tau_1 S)(\delta+\tau_3 S)} \tag{38}$$

当 $\delta\ll 1$，$\tau_1\gg 1$ 时，(38)式近似等于

$$F(S)\approx\frac{1+\tau_2 S}{\tau_1 S}+\frac{1}{2S^2\tau_1\tau_2} \tag{39}$$

令 $r=K_0K_d\frac{\tau_2^2}{\tau_1}$，则

$$H(S)=\left.\frac{r\tau_2^2S^2+r\tau_2S+rK}{\tau_2^3S^3+r\tau_2^2S^2+r\tau_2S+rK}\right|_{\delta\ll 1}^{\varepsilon\ll 1} \tag{40}$$

$$\frac{1-H(S)}{S}\approx\frac{\tau_2^3S^2+(\delta K\tau_2^2+\varepsilon\tau_2^2)S+\delta\varepsilon K\tau_2}{\tau_2^3S^3+r\tau_2^2S^2+r\tau_2S+rK} \tag{41}$$

计算结果如下：

$$\begin{aligned}\sigma_\varphi^2&=\frac{\omega_0^2h_0}{2B_L}\frac{r(r-K-1)}{4(r-K)^2}+\frac{\omega_0 rh_{-1}}{4B_L}g(r)+\frac{\omega_0^2h_2}{2\pi^2}B_G\\&=\frac{\omega_0^2\sigma_{y_1}^2(r)}{2B_L}\left[\frac{r+(r-K-1)}{4(r-K)^2}\right]+\frac{0.56^2\omega_0^2\sigma_{y_2}^2(\tau)}{B_L^2}+\frac{2}{3}\sigma_{y_3}^2(\tau)\omega_0^2\tau_2^2\end{aligned} \tag{42}$$

其中：

$$B_L=\frac{r(r-K-1)}{4\tau_2(r-K)^2} \tag{43}$$

当 r 在 4～10 之间变化时，$g(r)$ 近似等于 1.8。可见，对闪变噪声而言，这种三阶环的均方相位抖动比二阶环的增加约 13%；对调频白噪声而言，取 $K=1/4$ 时，三阶环的均方相位抖动比二阶环的增加约 5%。

4 结　语

在 VCO 输出滤波器的带宽比环路带宽大得多的情况下，对幂律谱噪声模型导出环路均方相位抖动和 VCO 频率短期稳定度时域表征量(阿仑方差)的关系式。环路输出总的均方相位抖动是各种噪声源引起的均方相位抖动之和。对给定的频率稳定度，调频白噪声与环路带宽成反比，闪变噪声与环路带宽的平方成反比，而叠加噪声与环路带宽无关，只受 VCO 输出滤波带宽的限制。在设计锁相环时，要达到给定的环路带宽和允许的相位抖动，可计算出要求的 VCO 的短期稳定度。

参考文献

[1] Barnes J A, et al. Characterization of Frequency Stability. IEEE Transactions on Instrumentation and Measurement, 1971, 20(2): 105-120.

[2] 路山. 关于频率稳定度的对话. 电子技术与数字化, 1973, 6.

[3] Gray R M, Tausworthe R C. Frequency Counted Measurements and Phase Locking to Noisy Oscillators. IEEE Transactions on Communication, 1971, 19(1): 21-39.

[4] Short-term oscillator stability specifications for phase-locked loops. AD 669090, 1968.

[5] 黎孝纯. 多普勒跟踪三阶锁相环. 空间电子学会论文集, 1974.

[6] 编译组. 锁相技术. 北京: 科学出版社, 1971.

[7] 张世箕. 振荡频率稳定度的定义和测量的若干问题. 无线电快报, 1974, 1.

[8] Nishimura T. Design of Phase-Locked Loop Systems with Correlated Noise Input. JPL Space Programs Summary, 1964, 6(26-37): 234-240.

[9] Barnes J A. Table of bias function, B_1 and B_2, for variances base 1 on finite samples of processes with power law spectral densities. NBS Tech Note, 1969(10): 375.

二、宽频带频率引导捕获方法和装置

黎孝纯　冯贵福

【摘要】 计算机控制锁相环扫描，同时记录输入信号谱线，做到锁相环捕获宽频带、快速、高灵敏度和防错锁的要求。

1 引　　言

卫星测控站的锁相接收机只有捕获和跟踪卫星发来的信号，才能完成对卫星的测量控制(测距、测速、遥测和遥控等)。卫星离测控站的距离为数千公里甚至数万公里，故接收到的信号很微弱。由于多普勒频率和卫星上振荡器的频率不稳，接收信号的频率的准确值是未知的，只知道在某一较宽的频率范围内，测控站天线波束很窄，卫星飞过波束的时间很短，这就要求卫星进入波束时捕获信号要快(例如小于 1 s)。因此，锁相环必有一频率引导设备帮助它完成宽频带低信噪比下快速捕获欲锁信号而不锁在其他谱线上。若锁在其他谱线上叫错锁。同时满足宽频带、高灵敏度、快速和防错锁四项主要指标的频率引导设备的设计和研制一直是个难题。一般采用的方法有以下几种：一种是数字频谱分析；另一种是多路窄带(例如带宽为 1 kHz)滤波器并列覆盖欲搜索的全频带，哪一路滤波器有输出信号，接收信号频率就知道了，锁相环立刻锁住这个频率的信号。显然，如果搜索带宽一定，则窄带滤波器带宽越窄，灵敏度就越高，需要的滤波器路数就越多。例如，若要覆盖 500 kHz 带宽，需用 335 路窄带滤波器和相应控制网络才能达到 42 dBHz 的灵敏度，这样，设备也不简单，价格也不低。

在计算机应用十分广泛的今天，我们早就想用计算机构成频率引导设备，但查阅了国内外文献资料，未见满意的方法。看来，这种设想要变成现实并非易事。

该装置的目的在于采用计算机设计一种电路简单、造价低，同时又能满足宽频带、高灵敏度、快速和防错锁要求的频率引导捕获的方法和装置。在申请专利前，我们已研制出这种装置，并用于卫星测控站中。

2 组成及工作原理

该装置的原理如图 1 所示。锁相环就是卫星测控站的锁相接收机内的锁相环。图中的其余部分就是频率引导设备，其中包括搜索通路 4、细调通路 3 和 5、计算机 19、A/D 与 D/A 电路 2。工作过程包括扫描搜索、VCO 频率粗置、VCO 频率细调整、环路锁定、监视环路工作及失锁再捕获等。现分别叙述如下。

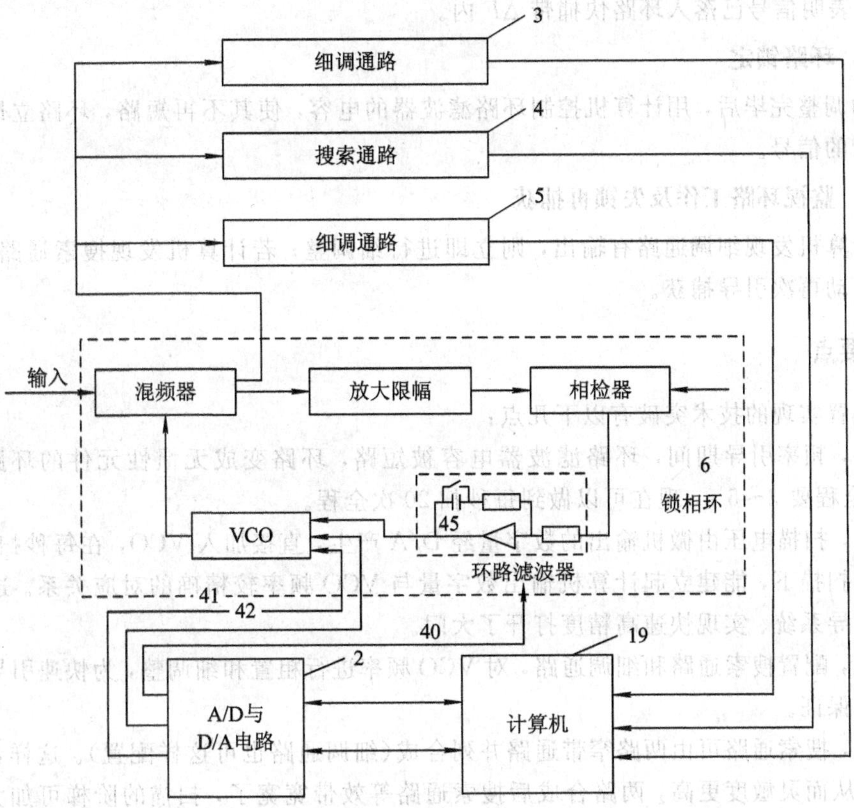

图 1 频率引导捕获装置框图

2.1 扫描搜索

首先，计算机控制 D/A 产生一信号，经线 40 控制环路滤波器的电容 45 并使其短路；第二，计算机输出的数字量经 D/A 形成阶梯锯齿电压，经 41 控制 VCO 频率，使其作快速扫描，混频器输出信号频率也作快速扫描，并扫过搜索通路(搜索通路是一个由窄带滤波器构成的信道)。根据搜索通路出现信号的时刻，计算机记录此时的扫描阶梯(数字量)，这样计算机就可记录一个扫描的全程。通过搜索通道的每一根谱线的幅度和频率，根据预知的接收谱线结构，由计算机判决选择欲锁谱线。

2.2 VCO 频率粗置

计算机将欲锁谱线对应的阶梯(数字量，表示 VCO 的频率)送 D/A，产生一控制电压，该电压经 42 送到 VCO，VCO 频率变化使混频器的输出频率落入搜索通路的频带内，而搜索通路的中心频率即对准环路快捕带的中心。

2.3 VCO 频率细调整

在搜索通路中心频率的两边各设一个细调通路(设计时应保证 VCO 频率粗置最差也得落入两细调通路所覆盖的带宽内)，两通路频带之间有一间隙 ΔF，可取 ΔF 与环路快捕带重合。VCO 频率粗置后，一种是准确落入 ΔF 内，就不进行细调整了。计算机根据哪一边细调通路有信号输出就另加一细调整电压，该电压经 41 送到 VCO，VCO 频率变化使混频器的输出频率落入 ΔF 内，细调结果应是两细调通路输出为零，同时搜索通路有信号输出，这就表明信号已落入环路快捕带 ΔF 内。

2.4 环路锁定

自动调整完毕后，用计算机控制环路滤波器的电容，使其不再短路，环路立即锁定落入快捕带的信号。

2.5 监视环路工作及失锁再捕获

若计算机发现细调通路有输出，则立即进行细调整；若计算机发现搜索通路无输出，则立即启动再次引导捕获。

3 技术要点

该装置实现的技术突破有以下几点：

第一，频率引导期间，环路滤波器电容被短路，环路变成无惯性元件的环路，以往 VCO 扫全程要 3～5 s，现在可以做到每秒扫 20 次全程。

第二，扫描电压由微机输出的数字量经 D/A 产生，直接加入 VCO，在每秒扫 20 次全程的快速扫描下，能建立起计算机输出数字量与 VCO 频率较精确的对应关系。这为计算机构成引导系统、实现快速高精度打开了大门。

第三，配置搜索通路和细调通路，对 VCO 频率进行粗置和细调整，为快速引导和高精度提供了保证。

第四，搜索通路可由两路窄带通路并列合成(细调通路也可这样配置)。这样，每路带宽更窄，从而灵敏度更高，两路合成后搜索通路等效带宽宽了，扫描的阶梯可加大，从而阶梯数减少，搜索速度加快。

第五，计算机可记录扫全程的全部谱线。计算机判决选择谱线做到了快而准，解决了防错锁问题。

总之，工程中的一个装置产生于发明者对基本物理概念的深刻而又准确的理解，以及在具体工程条件下的灵活应用和精心设计。

三、自动增益控制环路的线性分析和设计

黎孝纯

【摘要】 本文从工程实践的观点出发，对 AGC 环路作对数线性分析，建立了环路性能与部件参数的简明关系式，以用于工程设计计算；同时，给出了一个设计实例。实验证明，这种设计方法是合理的。

1 引　言

我国已研制成功了很多卫星跟踪设备，其中包括 AGC 环路。但是，有关 AGC 环路的工程分析设计资料很少见到。例如，AGC 环路带宽如何计算和测量，AGC 环路滤波器的直流增益 K_c 取多高就够了等。参考文献[1]中环路滤波器的直流增益取为 2500 倍，我们后面的分析表明，K_c 取数十倍至两百倍就足够了。因为 K_c 太高，环路性能不一定好，有时反而变坏。所以，对 AGC 环路作简明的分析，得到适合于工程设计应用的关系式是必要的。作者在 1979 年就进行了 AGC 环路的线性化分析，并用于工程设计[4]，1982 年参考文献[3]对 AGC 环路的对数折线法分析进行了证明。本文是对 AGC 环路工程实践的进一步总结。

2 AGC 环路的线性分析

2.1 AGC 环路的传递函数

在典型的卫星跟踪接收机里，AGC 环路包含的基本部件如图 1 所示，包括一个增益可控放大器、一个相关 AGC 同步检波器和一个环路滤波器。在这里，锁相环的作用是给同步检波器提供一个相干检波的参考信号。

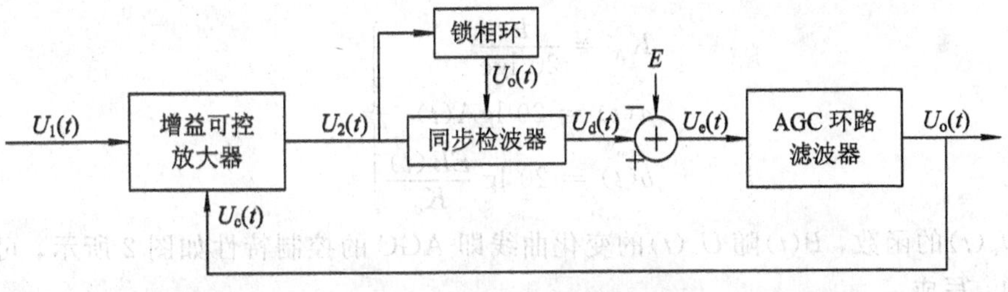

图 1　AGC 环路包含的基本部件

AGC 环路的输入信号为

$$U_1(t) = A(t)\cos[\omega t + \theta_1(t)] \tag{1}$$

其中：ω 为角频率；$\theta_1(t)$为初相；$A(t)$为 $U_1(t)$的振幅，其变化范围为 AGC 的输入变化

范围。

可控增益中放的输出信号为

$$U_2(t) = U_2 \cos[\omega t + \theta_1(t)] \tag{2}$$

其中：U_2 为 $U_2(t)$的振幅，几乎不变。环路工作正常时，$A(t)$在一定范围内变化，U_2 的变化量 ΔU_2 即控制误差。

同步检波器的参考电压信号为

$$U_0(t) = U_0 \cos[\omega t + \theta_0(t)] \tag{3}$$

同步检波器的输出信号为

$$U_d(t) = \frac{K_m U_2 U_0}{2} \cos[\theta_1(t) - \theta_0(t)] = K_d \cos\theta_e(t) \tag{4}$$

其中：K_m 为与检波器线路有关的系数；$K_d = \frac{K_m U_2 U_0}{2}$，为检波器灵敏度；$\theta_e(t) = \theta_1(t) - \theta_0(t)$。

环路滤波器输入误差电压为

$$U_e(t) = K_d \cos\theta_e(t) - E \tag{5}$$

其中：E 为比较参考电压。

$$U_2(t) = U_1(t) \cdot K_{变} = \frac{A(t)}{B(t)} U_2 \cos[\omega t + \theta_1(t)] \tag{6}$$

其中：$B(t)$是由 AGC 控制电压 $U_c(t)$控制增益可变中放的衰减量。当控制没有误差或误差很小时，认为 $B(t)$的变化与 $A(t)$的变化相同，所以

$$\begin{aligned} U_e(t) &= \frac{A(t)}{B(t)} K_d \cos\theta_e(t) - E = E\left[\frac{A(t)}{B(t)} \frac{K_d \cos\theta_e(t)}{E} - 1\right] \\ &\approx E \ln \frac{A(t) K_d \cos\theta_e(t)}{B(t) E} \\ &= E\left[\ln A(t) - \ln \frac{EB(t)}{K_d} + \ln \cos\theta_e(t)\right] \end{aligned} \tag{7}$$

假设 $\theta_e(t) \approx 0$，则 $\ln \cos\theta_e(t) \approx 0$，并考虑到 $\ln X = \frac{\lg x}{\lg e}$，则

$$U_e(t) = \frac{E}{20 \lg e}\left[20 \lg A(t) - 20 \lg \frac{EB(t)}{K_d}\right] = K_A[a(t) - b(t)] \tag{8}$$

其中：

$$\left.\begin{aligned} K_A &= \frac{E}{20 \lg e} \\ a(t) &= 20 \lg A(t) \\ b(t) &= 20 \lg \frac{EB(t)}{K_d} \end{aligned}\right\} \tag{9}$$

$B(t)$是 $U_c(t)$的函数，$B(t)$随 $U_c(t)$的变化曲线即 AGC 的控制特性如图 2 所示，可见它是非线性的，写成

$$B(t) = K_B U_c(t) \tag{10}$$

其中：

$$K_B = \frac{dB(t)}{dU_c(t)}$$

为了求 K_B，可在 AGC 正常工作情况下实测 $a(t)-U_c(t)$ 的关系曲线，其与 $B(t)-U_c(t)$ 的关系曲线相同。如图 2 所示，在不同的输入电平时求出 K_B，即

$$K_B \approx \frac{\Delta a}{\Delta U_c} \tag{11}$$

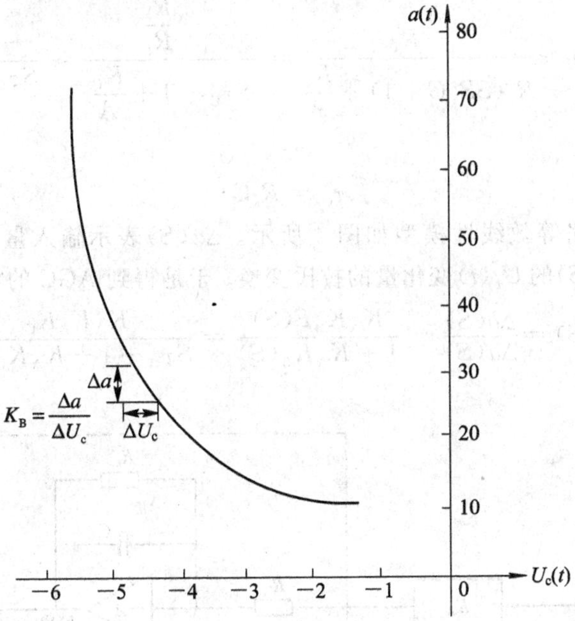

图 2　AGC 控制曲线

现在来求 AGC 环路滤波器的传递函数 $F(S)$。环路滤波器原理图如图 3 所示，环路滤波器的输入为 $U_1(S)$，输出为 $U_2(S)$，列回路方程求 $F(S)$，即

$$U_1(S) = R_1 I(S) + Z(S)I(S) + U_2(S) \tag{12}$$

$$U_2(S) = -A[Z(S)I(S) + U_2(S)] \tag{13}$$

其中：$Z(S)$ 为 R_s 和 C 并联的阻抗，即

$$Z(S) = \frac{R_s}{SR_sC + 1} \tag{14}$$

故

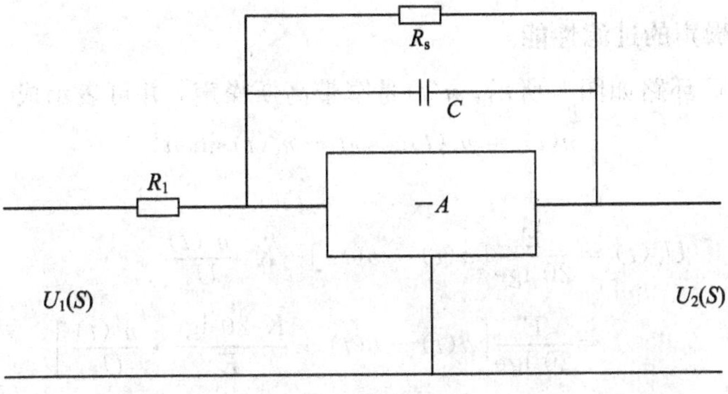

图 3　环路滤波器

$$F(S)=\frac{U_2(S)}{U_1(S)}=\frac{-AR_s}{(1+A)R_1(SR_s+1)+R_s} \tag{15}$$

又因为 $A\gg1$，所以 $A+1\approx A$，并假定 $K_C=\frac{R_s}{R_1}$，$K_C\ll A$，得

$$F(S)\approx\frac{-R_s}{R_1(SR_sC+1)+\frac{R_s}{A}}=\frac{-\frac{R_s}{R_1}}{S\tau_C+1+\frac{K_C}{A}}\approx\frac{-K_C}{S\tau_C+1} \tag{16}$$

其中：

$$\tau_C=R_sC \tag{17}$$

所以，AGC 环路等效线性模型如图 4 所示。$\Delta a(S)$表示输入量变化量的拉氏变换，$\Delta b(S)$是相应于 $\Delta a(S)$的 $U_c(t)$变化量的拉氏变换。于是得到 AGC 的传递函数 $H(S)$为

$$H(S)=\frac{\Delta b(S)}{\Delta a(S)}=\frac{K_AK_BF(S)}{1+K_AK_B(S)}=\frac{K_AK_BK_C}{S\tau_C+1+K_AK_BK_C} \tag{18}$$

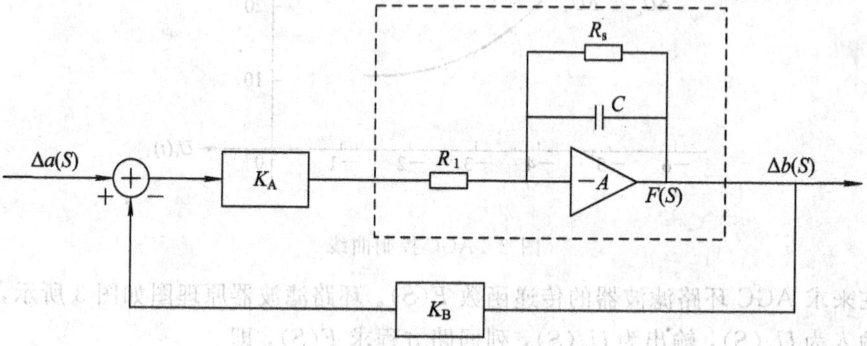

图 4 AGC 环路等效线性模型

2.2 AGC 环路的稳定性

AGC 环路是一个反馈环路，它必须稳定。若不稳定，研究其他性能就没有意义。从 AGC 环路传递函数能够看出，它是一个一阶环路，其根轨迹图在 S 平面的左半平面，故环路是稳定的。

2.3 对输入噪声的过滤性能

带噪声的 AGC 环路如图 5 所示。$n(t)$是窄带高斯噪声，并可表示成

$$n(t)=n_c(t)\cos\omega t-n_s(t)\sin\omega t \tag{19}$$

则

$$\begin{aligned}U_e(t)&=\frac{E}{20\ \lg e}[a(t)-b(t)]+K_d\frac{n'(t)}{U_2}\\&=\frac{E}{20\ \lg e}\left[a(t)-b(t)+\frac{K_d 20\ \lg e}{E}\cdot\frac{n'(t)}{U_2}\right]\end{aligned} \tag{20}$$

其中

$$n'(t)=n_c(t)\cos\theta_0(t)+n_s(t)\sin\theta_0(t)$$

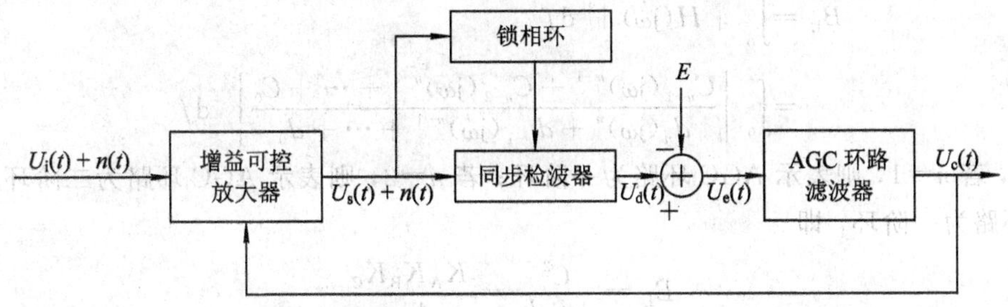

图 5　带噪声的 AGC 环路

比较(20)式和(8)式，可见输入噪声的影响等效于输入量增加一项$\frac{K_d 20\ \lg e}{E}\cdot\frac{n'(t)}{U_2}$，单位为 dB。这样，我们可以得到带噪声的环路等效线性模型，如图 6 所示。

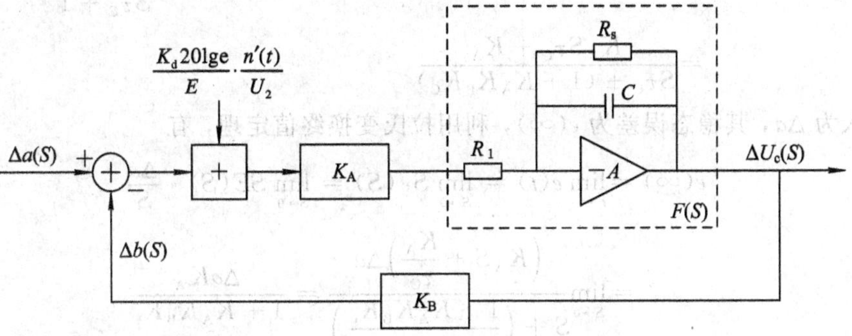

图 6　带噪声的环路等效线性模型

现在来求输入噪声功率谱密度 Φ。$\frac{n'(t)}{U_2}$的功率谱密度在参考文献[2]中已求出，等于$\frac{\Omega_i}{P_s}$(Ω_i 是检波器前单边噪声功率谱密度，P_s 是检波器前的信号功率)，即

$$\frac{\Omega_i}{P_s}=\frac{P_n}{P_s B_j}=\frac{1}{(\mathrm{SNR})_j B_j} \tag{21}$$

其中：P_n 是检波前的噪声功率；B_j 为检波前的矩形带宽；$(\mathrm{SNR})_j$ 为检波前的信噪比。

所以，输入噪声形成的功率谱密度为

$$\Phi=\left(\frac{K_d 20\ \lg e}{E}\right)^2\frac{1}{(\mathrm{SNR})_j B_j} \tag{22}$$

噪声引起的均方抖动 E(单位为 dB)为

$$E=\int_0^\infty \Phi\ |\ H(\mathrm{j}\omega)\ |^2\ \mathrm{d}f=\frac{(K_d 20\ \lg e)^2}{E^2(\mathrm{SNR})_j B_j}\int_0^\infty |\ H(\mathrm{j}\omega)\ |^2\ \mathrm{d}f$$

$$=\frac{(K_d 20\ \lg e)^2}{E^2(\mathrm{SNR})_j B_j}\cdot B_c \tag{23}$$

其中：B_c 为 AGC 环路带宽。

2.4　AGC 环路的噪声带宽

环路单边噪声带宽的定义见参考文献[2]第四章。

$$B_L = \int_0^{\infty} |H(j\omega)|^2 \, df$$
$$= \int_0^{\infty} \left| \frac{C_{n-1}(j\omega)^{n-1} + C_{n-2}(j\omega)^{n-2} + \cdots + C_0}{d_n(j\omega)^n + d_{n-1}(j\omega)^{n-1} + \cdots + d_0} \right|^2 df \tag{24}$$

上式中，若 $n=1$，则表示 AGC 环路为一阶环；若 $n=2$，则表示 AGC 环路为二阶环。此处 AGC 环路为一阶环，即

$$B_L = \frac{C^2}{4d_0 d_1} = \frac{K_A K_B K_C}{4\tau_C} \tag{25}$$

2.5　AGC 环路的跟踪误差

AGC 环路的误差传递函数 $E(S)$ 为

$$E(S) = \frac{\Delta U_c(S)}{\Delta a(S)} = \frac{K_A}{1 + K_A K_B F(S)} = \frac{K_A}{1 + K_A K_B K_C \dfrac{1}{S\tau_C + 1}}$$
$$= \frac{K_A S\tau_C + K_A}{S\tau_C + (1 + K_A K_B K_C)} \tag{26}$$

阶跃输入为 Δa，其稳态误差为 $e(\infty)$，利用拉氏变换终值定理，有

$$e(\infty) = \lim_{t\to\infty} e(t) = \lim_{S\to 0} Se(S) = \lim_{S\to 0} SE(S) \cdot \frac{\Delta a}{S}$$
$$= \lim_{S\to 0} \frac{\left(K_A S + \dfrac{K_A}{\tau_C}\right)\Delta a}{S + \left(\dfrac{1 + K_A K_B K_C}{\tau_C}\right)} = \frac{\Delta a K_A}{1 + K_A K_B K_C}$$
$$\approx \frac{\Delta a}{K_B K_C} \tag{27}$$

速度输入为 $a_1 t$，其稳态误差为 $e(\infty)$，同样应用拉氏变换终值定理，有

$$e(\infty) = \lim_{S\to 0} Se(S) = \lim_{S\to 0} \frac{K_A S + \dfrac{K_A}{\tau_C}}{S + \left(\dfrac{1 + K_A K_B K_C}{\tau_C}\right)} \cdot \frac{a_1}{S^2} \cdot S$$
$$= \frac{a_1}{K_B K_C} - \frac{a_1 t}{K_B K_C} \tag{28}$$

由此可见，增大 $K_B K_C$ 能减小跟踪误差，a_1 和 Δa 的单位都是 dB。

3　设计举例

为了说明上述分析在工程实践中的应用，现在给出一个设计例子。

〔已知〕：根据设备情况，$E=2.5$ V，$K_A = \dfrac{E}{20 \lg e} = 0.34$，同步检波器灵敏度 K_d 为 2.5。

〔计算〕：(1) 线路说明，选取如图 1 所示的 AGC 环路，AGC 环路滤波器用 5G24 组件做成。

(2) 实测 K_B，实测 AGC 控制特性 $a(t)$ 随 $U_c(t)$ 的变化曲线，如图 2 所示。当 $U_c(t)=$

−4 V 时，$K_B \approx 10$ dB/V；当 $U_c(t) = -5 \sim -5.6$ V 时，$K_B \approx 80$ dB/V。

(3) 确定 K_A，$K_A = 0.34$。

(4) 当要求输入为 70 dB 偏移时，误差不超过 1 dB，求 K_C，即

$$e(\infty) = \frac{\Delta a}{K_B K_C}$$

$$K_C = \frac{\Delta a}{K_B e(\infty)} = \frac{70}{80} \approx 1$$

(5) 若输入为速度输入 $a_1 t$，当要求 $a_1 = 5$ dB，t 由 0 变到 6 分钟时，误差不超过 1 dB，求 K_C，即

$$e(\infty) = \frac{a_1 t}{K_B K_C}$$

$$K_C = \frac{a_1 t}{K_B e(\infty)} = \frac{5 \times 6 \times 60}{80} = 22.5$$

取 $K_C = 30$。

(6) 环路带宽。

弱信号时，$K_B = 10$ dB，选 $B_c = 1$ Hz。因为

$$B_c = \frac{K_A K_B K_C}{4\tau_C}$$

所以

$$\tau_C = 25.5 \text{ s}$$

强信号时，$K_B = 80$ dB，则

$$B_c = 8 \text{ Hz}$$

4 环路频率响应的测量

4.1 利用调幅信号发生器测量环路频率响应

调幅法测量环路频率响应的原理如图 7 所示。

$$H(j\omega) = K\frac{U_c(j\omega)}{U_x(j\omega)}$$

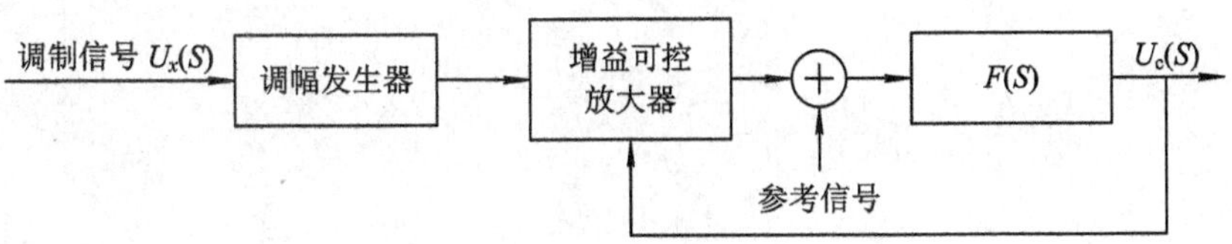

图 7 调幅法测量环路频率响应的原理

测量时，$U_x(S)$取不同的幅度，即 U_c 取不同的工作点时，测其频率响应；$U_x(j\omega)$的幅度减小使 $U_c(j\omega)$的振幅减小，以便使求 K_B 时的等效线段短，从而减小 K_B 的误差。

4.2 对环路加低频调制信号测量环路频率响应

外加低频信号测量频率响应的原理如图 8 所示，输入的信号源是一个未调制信号。调节$U_i(t)$幅度大小，可使 AGC 环路在不同的信号强度下工作。在各种信号强度下，K_B 不同，从而带宽不同；调节 $U_x(j\omega)$的幅度较小，使所求 K_B 的线段较短，从而所求 K_B 的误差

较小。设 K 为常数，则

$$H(\mathrm{j}\omega)=K\frac{U_{\mathrm{d}}(\mathrm{j}\omega)}{U_x(\mathrm{j}\omega)}$$

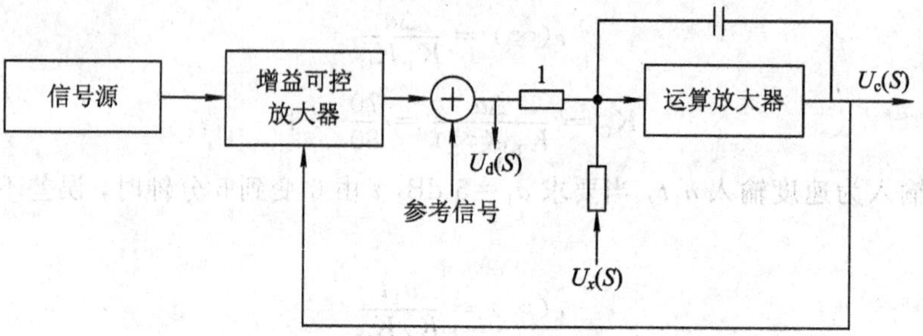

图 8 外加低频信号测量频率响应的原理

5 结 语

文中建立的环路性能与部件参数的关系式已用于工程实践中，并已证明其正确性。于是，一个非线性 AGC 环路用简明的线性系统计算方法进行工程设计计算是可行的。

参考文献

[1] 吴伟. 尖兵双频地面设备接收机说明书. 504 所资料室，1972.

[2] 杨士中，黎孝纯，等. 锁相技术基础. 北京：人民邮电出版社，1978.

[3] 袁孝康. 自动增益控制系统的通用理论. 电子学报，1982(2).

[4] 黎孝纯. AGC 环路的线性分析和设计. 空间电子学会论文集，1979.

第二部分

舰载测量设备分析

四、舰摇对多普勒测速精度的影响

黎孝纯

【摘要】 本文分析了舰摇引起的舰载多普勒测速仪的测速误差。这一误差的绝大部分可被修正(实时扣除)，以保证测速仪的测速精度。文中应用求两个矢量数积的方法导出了修正舰摇引起测速误差的简明公式。误差修正量是舰摇参数(航向角 K、纵摇角 φ、横摇角 θ、升沉量 ΔH)、目标方向和测速仪测角精度等的函数，借助于计算机完成这一修正并不复杂。

1 引 言

舰摇时，在测速采样时间内，接收天线相位中心在目标方向上有径向移动，这一移动量，就是在这段测量时间内引起的测速误差。单轴摇摆下的实验表明，摇摆引起的测速误差比不摇时的测速误差大几倍[2]，因此进行修正是必要的。本文是针对某一具体情况分析的，其分析方法具有普遍意义。机载雷达处理具有多普勒频率信息时，飞机摇摆引起多普勒频率变化的修正问题就是一例。

2 大地坐标和甲板坐标的关系

2.1 坐标系的规定

1) 大地直角坐标系——$O-XYZ$ 坐标系

如图 1 所示，原点 O 选在舰摇中心。其中：

X——平行当地水平面，指向真北方向；

Y——过 O 点且垂直于 X 轴，XOY 平行于当地水平面；

Z——过 O 点且垂直于 XOY 平面。

在大地直角坐标系中，矢量 $\overrightarrow{OM}$ 可表示为

$$\overrightarrow{OM} = x\boldsymbol{i} + y\boldsymbol{j} + z\boldsymbol{k} \tag{1}$$

2) 甲板直角坐标系——$O-X_jY_jZ_j$

如图 2 所示，原点 O 选在舰摇中心。其中：

X_j——平行于甲板平面，指向船首；

Y_j——过 O 点且垂直于 OX_j，X_jOY_j 平行于甲板平面；

Z_j——过 O 点且垂直于甲板平面。

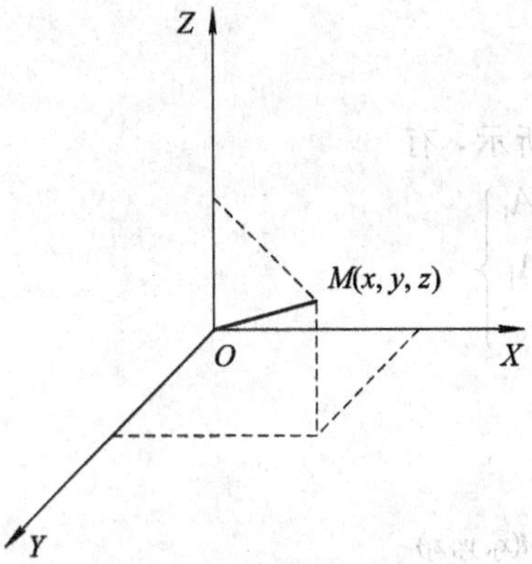

图 1 大地直角坐标系

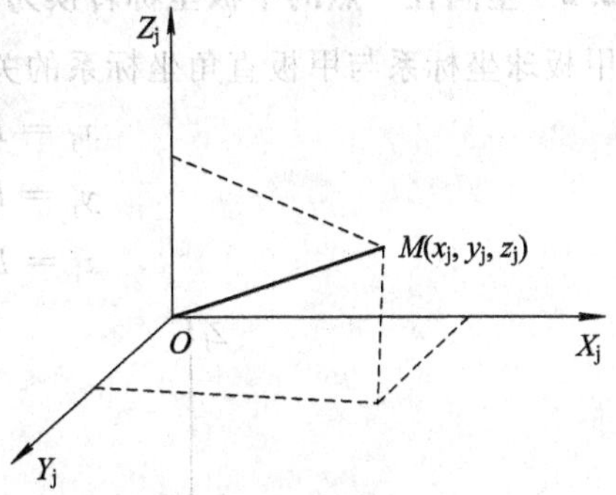

图 2 甲板直角坐标系

在甲板直角坐标系中，矢量 $\overrightarrow{OM}$ 可表示为

$$\overrightarrow{OM} = x_j \boldsymbol{i} + y_j \boldsymbol{j} + z_j \boldsymbol{k} \tag{2}$$

3) 双频测量坐标系——$O_s - X_sY_sZ_s$

双频测量坐标系与甲板直角坐标系的关系如图 3 所示。其中：

O_s——双频测速仪天线方位轴和俯仰轴的交点；

X_s——平行于甲板，方向指向船首；

Y_s——过 O_s 点且垂直于 O_sX_s，$X_sO_sY_s$ 平行于甲板；

Z_s——过 O_s 点且垂直于甲板平面；

O_sO_1——双频天线高度；

OO_s——摇摆中心(甲板与大地坐标原点)与双频天线相位中心的距离。

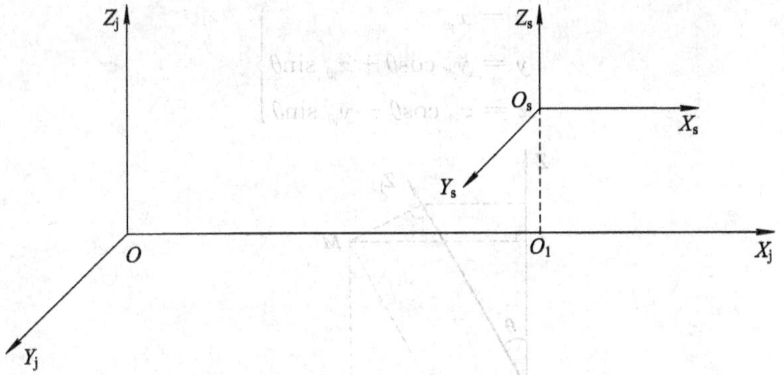

图 3 双频测量坐标系与甲板坐标系的关系

4) 舰摇姿态角及其正方向的规定

航向角 K——OX_j 轴(舰船首尾线)在水平面的投影与真北的夹角，自真北算起，顺时针为正。

纵摇角 φ——舰船绕 OY_j 轴相对水平面的转角，以舰首下沉为正。

横摇角 θ——舰船绕 OX_j 轴的转角，以右舷下降为正。

升沉量 ΔH——测速采样时间内 X_jOY_j 平面的升沉量，以采样开始瞬时的 X_jOY_j 平面位置为准，上升为正，下降为负。

2.2　空间任一点的甲板坐标转换为大地坐标

甲板球坐标系与甲板直角坐标系的关系如图 4 所示，有

$$\left.\begin{aligned} x_j &= R\cos E_j\cos A_j \\ y_j &= R\cos E_j\sin A_j \\ z_j &= R\sin E_j \end{aligned}\right\} \tag{3}$$

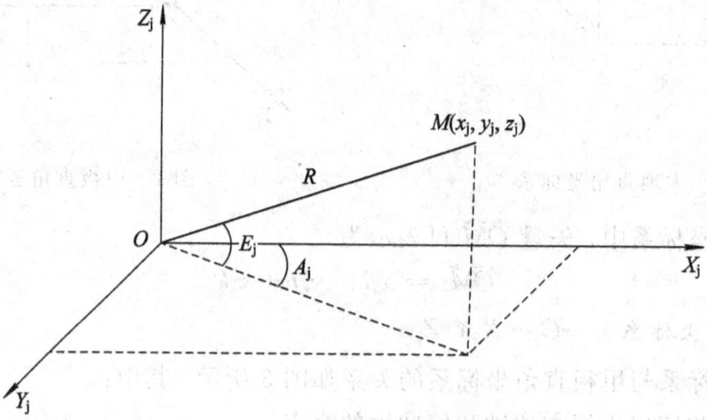

图 4　甲板直角坐标系与球坐标系的关系

甲板坐标转换成大地坐标，可以认为甲板坐标先旋转消除横摇角 θ，再旋转消除纵摇角 φ，后旋转消除舰向角 K，再平移 XOY 坐标消除升沉量。

1）横摇角 θ 的影响

Z_jOY_j 与 ZOY 在同一平面内，如图 5 所示，有

$$\left.\begin{aligned} x &= x_{j\theta} \\ y &= y_{j\theta}\cos\theta + z_{j\theta}\sin\theta \\ z &= z_{j\theta}\cos\theta - y_{j\theta}\sin\theta \end{aligned}\right\} \tag{4}$$

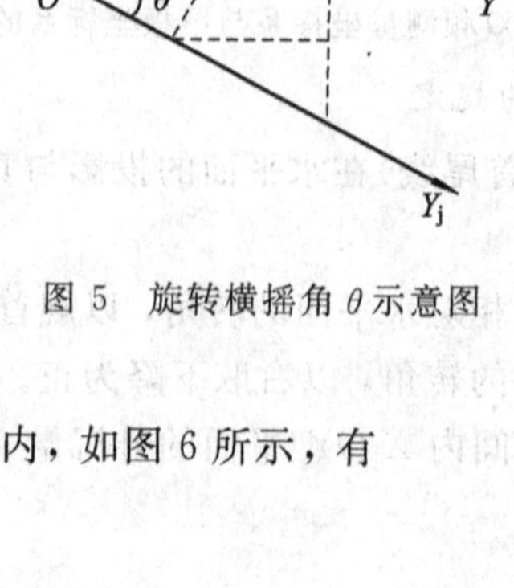

图 5　旋转横摇角 θ 示意图

2）纵摇角 φ 的影响

Z_jOX_j 与 ZOX 在同一平面内，如图 6 所示，有

$$\left.\begin{aligned} x &= x_{j\varphi}\cos\varphi + z_{j\varphi}\sin\varphi \\ y &= y_{j\varphi} \\ z &= z_{j\varphi}\cos\varphi - x_{j\varphi}\sin\varphi \end{aligned}\right\} \tag{5}$$

3) 航向角 K 的影响

X_jOY_j 和 XOY 在同一平面内，如图 7 所示，有

$$\left.\begin{aligned} x &= x_{jK}\cos K - y_{jK}\sin K \\ y &= y_{jK}\cos K + x_{jK}\sin K \\ z &= z_{jK} \end{aligned}\right\} \tag{6}$$

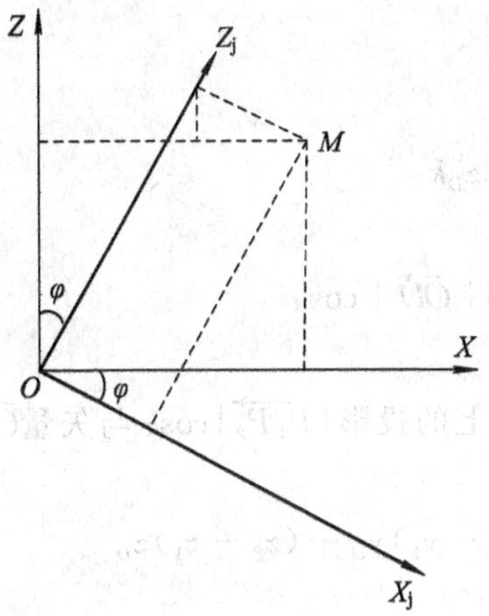

图 6　旋转纵摇角 φ 示意图

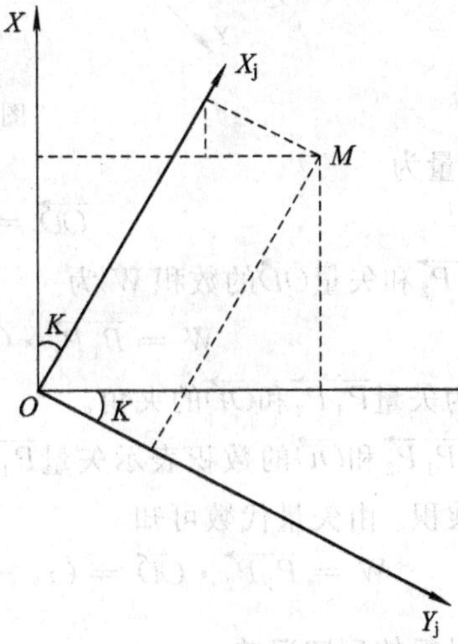

图 7　旋转航向角 K 示意图

将(3)式代入(4)式后再代入(5)式，结果再代入(6)式得

$$\left.\begin{aligned} x' =& R\{[\cos E_j\cos A_j\cos\varphi + (\sin E_j\cos\theta - \cos E_j\sin A_j\sin\theta)\sin\varphi]\cos K \\ & - (\cos E_j\sin A_j\cos\theta + \sin E_j\sin\theta)\sin K\} \\ y' =& R\{(\cos E_j\sin A_j\cos\theta + \sin E_j\sin\theta)\cos K + [\cos E_j\cos A_j\cos\varphi \\ & + (\sin E_j\cos\theta - \cos E_j\sin A_j\sin\theta)\sin\varphi]\sin K\} \\ z' =& R[(\sin E_j\cos\theta - \cos E_j\sin A_j\sin\theta)\cos\varphi - \cos E_j\cos A_j\sin\varphi] \end{aligned}\right\} \tag{7}$$

考虑升沉量 ΔH 后，(7)式变为

$$\left.\begin{aligned} x &= x' \\ y &= y' \\ z &= z' - \Delta H \end{aligned}\right\} \tag{8}$$

3　两个矢量的数积

如图 8 所示，由矢量代数可知，若有两个矢量

$$\overrightarrow{OP_1} = x_1\boldsymbol{i} + y_1\boldsymbol{j} + z_1\boldsymbol{k} \tag{9}$$

$$\overrightarrow{OP_2} = x_2\boldsymbol{i} + y_2\boldsymbol{j} + z_2\boldsymbol{k} \tag{10}$$

则矢量

$$\overrightarrow{P_1P_2} = \overrightarrow{OP_2} - \overrightarrow{OP_1} = (x_2 - x_1)\boldsymbol{i} + (y_2 - y_1)\boldsymbol{j} + (z_2 - z_1)\boldsymbol{k} \tag{11}$$

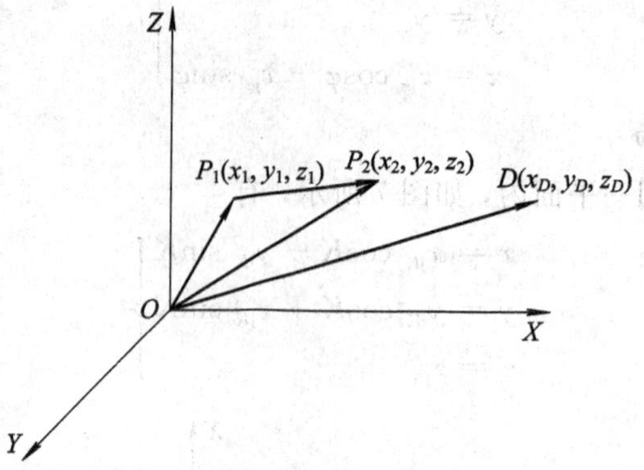

图 8 矢量的数积

若另一矢量为

$$\overrightarrow{OD} = x_D\boldsymbol{i} + y_D\boldsymbol{j} + z_D\boldsymbol{k} \tag{12}$$

则矢量$\overrightarrow{P_1P_2}$和矢量$\overrightarrow{OD}$的数积 W 为

$$W = \overrightarrow{P_1P_2} \cdot \overrightarrow{OD} = |\overrightarrow{P_1P_2}||\overrightarrow{OD}|\cos\alpha \tag{13}$$

其中：α 为矢量$\overrightarrow{P_1P_2}$和$\overrightarrow{OD}$的夹角。

矢量$\overrightarrow{P_1P_2}$和$\overrightarrow{OD}$的数积表示矢量$\overrightarrow{P_1P_2}$在矢量$\overrightarrow{OD}$上的投影$|\overrightarrow{P_1P_2}|\cos\alpha$与矢量$\overrightarrow{OD}$的模$|\overrightarrow{OD}|$的乘积。由矢量代数可知

$$W = \overrightarrow{P_1P_2} \cdot \overrightarrow{OD} = (x_2 - x_1)x_D + (y_2 - y_1)y_D + (z_2 - z_1)z_D \tag{14}$$

4 舰摇引起的测速误差

如图 9 所示，舰摇使双频测速仪天线相位中心 P 点(近似认为就是天线方位轴与俯仰轴的交点)运动。当测速采样时间开始时，P 在 P_1 点的矢量

$$\overrightarrow{OP_1} = x_1\boldsymbol{i} + y_1\boldsymbol{j} + z_1\boldsymbol{k} \tag{15}$$

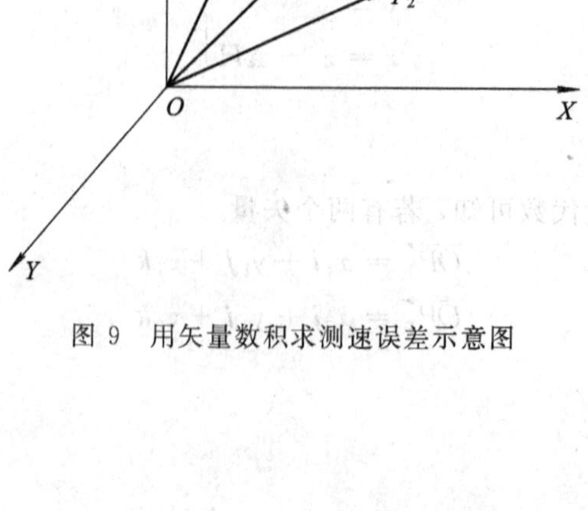

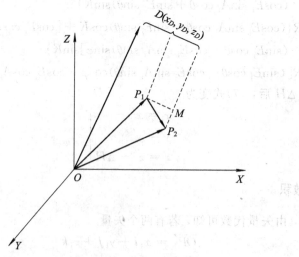

图 9 用矢量数积求测速误差示意图

当测速时间结束时，天线相位中心在 P_2 点的矢量

$$\overrightarrow{OP_2} = x_2\boldsymbol{i} + y_2\boldsymbol{j} + z_2\boldsymbol{k} \tag{16}$$

怎样求出(15)式和(16)式中的 x_1、y_1、z_1 和 x_2、y_2、z_2？利用(7)式，其中的 $E_j = \arctan\dfrac{O_sO_1}{OO_1}$，$A_j = 0$，$R = OO_s = |\overrightarrow{OP_1}| = |\overrightarrow{OP_2}|$。

将采样开始时的 K_1、φ_1、θ_1 代入(7)式，得

$$\left.\begin{aligned} x_1 &= R[(\cos E_j \cos\varphi_1 + \sin E_j \cos\theta_1 \sin\varphi_1)\cos K_1 - \sin E_j \sin\theta_1 \sin K_1] \\ y_1 &= R[\sin E_j \sin\theta_1 \cos K_1 + (\cos E_j \cos\varphi_1 + \sin E_j \cos\theta_1 \sin\varphi_1)\sin K_1] \\ z_1 &= R(\sin E_j \cos\theta_1 \cos\varphi_1 - \cos E_j \sin\varphi_1) \end{aligned}\right\} \tag{17}$$

将采样结束时的 K_2、φ_2、θ_2 代入(7)式，得

$$\left.\begin{aligned} x_2 &= R[(\cos E_j \cos\varphi_2 + \sin E_j \cos\theta_2 \sin\varphi_2)\cos K_2 - \sin E_j \sin\theta_2 \sin K_2] \\ y_2 &= R[\sin E_j \sin\theta_2 \cos K_2 + (\cos E_j \cos\varphi_2 + \sin E_j \cos\theta_2 \sin\varphi_2)\sin K_2] \\ z_2 &= R(\sin E_j \cos\theta_2 \cos\varphi_2 - \cos E_j \sin\varphi_2) \end{aligned}\right\} \tag{18}$$

目标位于 D 点，OD 为大地坐标原点与目标 D 点的距离。由于目标离 O、P_1、P_2 很远很远，近似有 $OD /\!/ P_1D /\!/ P_2D$，$OP_1 = OP_2$ 与 OD 相比非常非常小，近似认为目标对 P_1 和 P_2 的双频测量坐标的方位和俯仰角是目标的甲板坐标 A_{jD}、E_{jD}。这样利用(7)式中，$R = OD = R_D$，E_{jD}、A_{jD} 用双频测量的甲板坐标代入，即可求得在不同 K、φ、θ 时的目标大地坐标的表示式

$$\overrightarrow{OD} = x'_D\boldsymbol{i} + y'_D\boldsymbol{j} + z'_D\boldsymbol{k} \tag{19}$$

$$\left.\begin{aligned} x'_D = R_D\{&[\cos E_{jD} \cos A_{jD} \cos\varphi + (\sin E_{jD} \cos\theta - \cos E_{jD} \sin A_{jD} \sin\theta)\sin\varphi]\cos K \\ &- (\cos E_{jD} \sin A_{jD} \cos\theta + \sin E_{jD} \sin\theta)\sin K\} \\ y'_D = R_D\{&(\cos E_{jD} \sin A_{jD} \cos\theta + \sin E_{jD} \sin\theta)\cos K \\ &+ [\cos E_{jD} \cos A_{jD} \cos\varphi + (\sin E_{jD} \cos\theta - \cos E_{jD} \sin A_{jD} \sin\theta)\sin\varphi]\sin K\} \\ z'_D = R_D[&(\sin E_{jD} \cos\theta - \cos E_{jD} \sin A_{jD} \sin\theta)\cos\varphi - \cos E_{jD} \cos A_{jD} \sin\varphi] \end{aligned}\right\} \tag{20}$$

参看图 9，P_2M 是舰摇使 P 点在 OD 方向的移动量。如果采样频率是每秒一次，则 P_2M 就是引进的测速误差。为了求 P_2M，我们先求矢量 $\overrightarrow{P_1P_2}$ 和 $\overrightarrow{OD}$ 的数积，然后令 $|\overrightarrow{OD}| = 1$，即(20)式中的 $R_D = 1$ 就能得到 P_2M 的数值了，即

$$P_2M = \overrightarrow{P_1P_2} \cdot \overrightarrow{OD}\,\big|_{|\overrightarrow{OD}|=1} \tag{21}$$

或

$$P_2M = (x_2 - x_1)x_D + (y_2 - y_1)y_D + (z_2 - z_1)z_D \tag{22}$$

其中

$$\left.\begin{aligned} x_D &= x'_D\big|_{R_D=1} \\ y_D &= y'_D\big|_{R_D=1} \\ z_D &= z'_D\big|_{R_D=1} \end{aligned}\right\} \tag{23}$$

这里认为在采样时间内，目标的方位角 A_{jD}、俯仰角 E_{jD} 近似不变。

5 双频测角精度对修正量的影响

由(22)式可知，x_D、y_D、z_D 的误差直接带来修正量 P_2M 的误差。由(20)式可知，x'_D、

y'_D、z'_D的精度与双频测量目标的方位角A_{jD}和俯仰角E_{jD}的误差有关。例如，现在给定双频测角精度为0.5°，那么会带来多大的修正误差呢？借助计算机，用(23)式可算出这个误差。下面我们作一种近似的极端情况的估计。设目标的方位角为A_{jD}，而舰摇使天线相位中心在采样时间内由P_1到P_2，如图10(a)所示，而OP_1、OP_2的方位与目标方位相同。故P_1P_2和OD在同一个平面内。OO'是P_1P_2的中点C与O点连线的延长线。OO'与OD的夹角为α，α是可以计算出来的。

如图10(b)所示，P_2M为测速误差，并且易求出

$$P_2M = P_1P_2 \sin\alpha \tag{24}$$

$$\Delta P_2M = (P_1P_2 \cos\alpha) \cdot \Delta\alpha \tag{25}$$

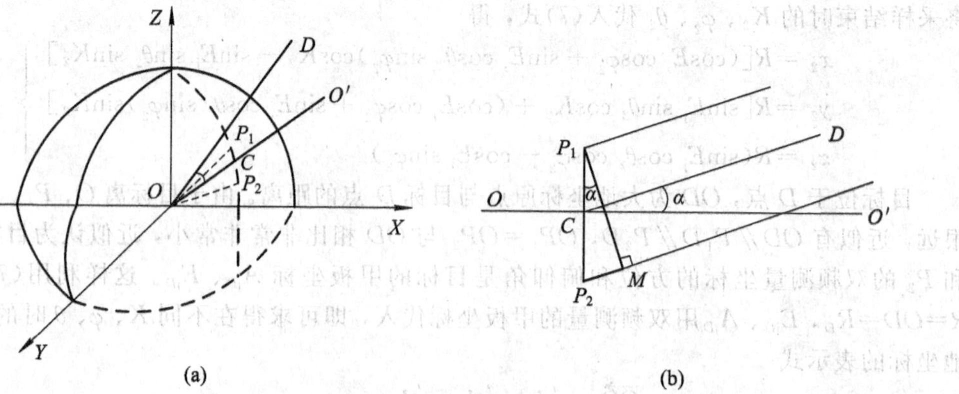

图10 测E_{jD}和A_{jD}误差引起修正量误差的估算示意图

图10为测E_{jD}和A_{jD}误差引起修正量误差的估算示意图，其中$\Delta\alpha$为测角误差，此处取$\Delta\alpha=0.5°$。

设$OP=30$米，OP以O点为圆心，转动角速度为6(°)/s，则$P_1P_2=3.15$米，$\Delta P_2m_{\max}=0.027\ 72$米。

用同样的方法可求出目标方位偏离OO'时的P_2M表示式。可见，舰摇引起测速误差发生在目标高仰角和$\overrightarrow{OP}$与$\overrightarrow{OD}$方位角相差近±90°的情况下。而恰恰是低仰角和$\overrightarrow{OP}$与$\overrightarrow{OD}$夹角近于0°时，双频测角误差引起修正量的误差最大，利用(25)式可以估算这一误差。

6 结语

舰摇所引起的舰载多普勒测速误差由(22)式计算。其中的x_1、y_1、z_1由(17)式计算，x_2、y_2、z_2由(18)式计算，x_D、y_D、z_D由(23)式计算。

双频测角误差引起修正量P_2M产生误差，这一误差的最大值可用(25)式近似估算。

参考文献

[1] 黎孝纯. 修正舰摇引起多普勒测速误差的实验研究. 空间电子技术，1979(4).

五、修正舰摇引起多普勒测速误差的实验研究

黎孝纯

【摘要】 安装在单轴摇摆台上的天线角跟踪固定信标，测量天线接收的信标频率，频率随摇摆角度的变化表示摇摆引起的多普勒测速误差。根据摇摆台摇摆参数用参考文献[1]的方法计算出修正摇摆测速误差的修正量，实验修正结果证明参考文献[1]的方法是正确的。

1 实验目的

(1) 研究舰摇引起多普勒测速误差的规律。取得在单轴摇摆下多普勒测频数据和相应的摇摆参数，供各种修正方案选用。

(2) 参考文献[1]提出了修正舰摇引起多普勒测速误差的方案。修正量 P_2M 用参考文献[1]中的(22)式表示。可见修正量只决定于测频采样的始末时刻的摇摆参数(航向角 K，纵摇角 φ，横摇角 θ)和目标在测频采样时间内的平均甲板坐标(目标的甲板方位角 A_{jD} 和甲板俯仰角 E_{jD})，而与测频采样时间 K、φ、θ 的变化路径无关，因而实现修正是简单的。但是，有一部分同志认为参考文献[1]的修正公式不妥，主张把修正量表示成速度矢量，然后在测频采样时间内取积分，并认为修正的分析方法是简单的，但是，由于所需的摇摆参数难得到，所以实现修正是困难的。

实践是检验真理的唯一标准。通过在单轴摇摆下的实验，用参考文献[1]的方案进行数据处理。未修正的测频起伏曲线、修正后的测频起伏曲线和不摇摆时的测频起伏曲线都表示在图 3 中，可见未修正的测频曲线周期起伏，起伏峰-峰值达 0.6 周/秒，修正后的测频曲线起伏大大减小，起伏峰-峰值约 0.25 周/秒，与不摇摆时的测频曲线起伏量相当。这说明修正效果是很好的。

2 原理简述

2.1 舰摇引起测速误差的分析方法

参考文献[1]中所选的坐标系如图 1 所示。$O-XYZ$ 为大地坐标系，坐标系原点 O 选在舰摇中心。其中：

OX——平行于当地水平面，指向正北；

OY——过 O 点且垂直于 X 轴，XOY 平行于当地水平面；

OZ——过 O 点且垂直于 XOY 平面，指向天顶。

$O-X_jY_jZ_j$ 为甲板坐标系，原点 O 即为大地坐标系的原点，选在摇摆中心。其中：

OX_j——平行于甲板平面，指向船首；

OY_j——过 O 点且垂直于 OX_j，X_jOY_j 平行于甲板平面；

OZ_j——过 O 点且垂直于 X_jOY_j 平面。

$P-X_sY_sZ_s$ 为双频测量坐标系，坐标原点 P 为双频测速仪天线相位中心，即方位轴和俯仰轴的交点，P 至甲板高度为 PO'，O'在 OX_j 轴上。其中：

PX_s——平行于甲板，指向船首；

PY_s——过 P 点且垂直于 PX_s，X_sPY_s 平行于甲板平面；

PZ_s——过 P 点且垂直于 X_sPY_s 平面；

PO——双频天线相位中心和大地坐标原点（也是甲板坐标原点）的距离。

由于舰摇使双频天线相位中心 P 点运动，在测频采样时间内，P 点相对目标方向的位移量就造成了测速误差。P 点运动的轨迹是球面的一部分，这个球心是 O 点，球的半径是 OP。

当测频采样开始时，P 点位于 $P_1(x_1, y_1, z_1)$ 位置，如图 2 所示，得到矢量

$$\overrightarrow{OP_1} = x_1\boldsymbol{i} + y_1\boldsymbol{j} + z_1\boldsymbol{k} \tag{1}$$

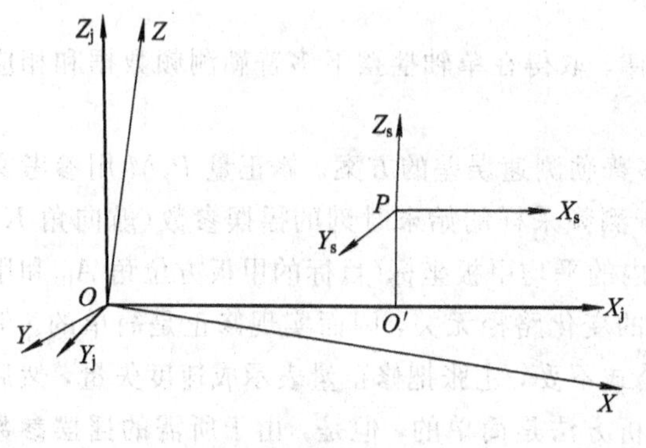

图 1 双频坐标系、甲板坐标系和大地坐标系的关系

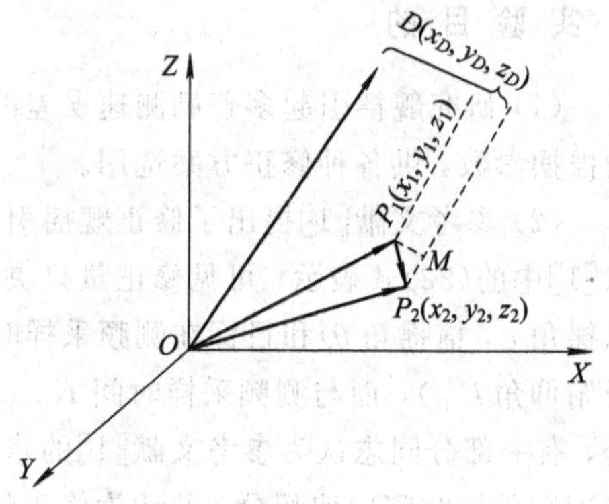

图 2 用矢量数积求测速误差的示意图

当测频采样时间结束时，P 点位于 $P_2(x_2, y_2, z_2)$位置，得到矢量

$$\overrightarrow{OP_2} = x_2\boldsymbol{i} + y_2\boldsymbol{j} + z_2\boldsymbol{k} \tag{2}$$

双频天线角跟踪卫星 D，双频设备测出卫星的甲板坐标 A_{jD} 和 E_{jD}，经坐标变换后得到卫星的大地坐标表示式，得矢量$\overrightarrow{PD}$，由于目标离船很远，近似有 $P_1D /\!/ P_2D = OD$，即

$$\overrightarrow{OD} = x_D\boldsymbol{i} + y_D\boldsymbol{j} + z_D\boldsymbol{k} \tag{3}$$

由矢量代数可知，矢量

$$\begin{aligned}\overrightarrow{P_1P_2} &= \overrightarrow{OP_2} - \overrightarrow{OP_1} \\ &= (x_2 - x_1)\boldsymbol{i} + (y_2 - y_1)\boldsymbol{j} + (z_2 - z_1)\boldsymbol{k}\end{aligned} \tag{4}$$

矢量$\overrightarrow{P_1P_2}$在矢量$\overrightarrow{OD}$上的投影为 P_2M，即

$$P_2M = \overrightarrow{P_1P_2} \cdot \overrightarrow{OD} \quad (\overrightarrow{OD} \text{ 中令 } R_D = 1)$$

或

$$P_2M = (x_2 - x_1)x_D + (y_2 - y_1)y_D + (z_2 - z_1)z_D \quad (x_D、y_D、z_D \text{ 中令 } R_D = 1) \tag{5}$$

参考文献[1]已推导出 x_1、y_1、z_1，x_2、y_2、z_2 和 x_D、y_D、z_D 的表示式，即

$$\left.\begin{aligned} x_1 &= R[(\cos E_j \cos\varphi_1 + \sin E_j \cos\theta_1 \sin\varphi_1)\cos K_1 - \sin E_j \sin\theta_1 \sin K_1] \\ y_1 &= R[\sin E_j \sin\theta_1 \cos K_1 + (\cos E_j \cos\varphi_1 + \sin E_j \cos\theta_1 \sin\varphi_1)\sin K_1] \\ z_1 &= R(\sin E_j \cos\theta_1 \cos\varphi_1 - \cos E_j \sin\varphi_1) \end{aligned}\right\} \quad (6)$$

$$\left.\begin{aligned} x_2 &= R[(\cos E_j \cos\varphi_2 + \sin E_j \cos\theta_2 \sin\varphi_2)\cos K_2 - \sin E_j \sin\theta_2 \sin K_2] \\ y_2 &= R[\sin E_j \sin\theta_2 \cos K_2 + (\cos E_j \cos\varphi_2 + \sin E_j \cos\theta_2 \sin\varphi_2)\sin K_2] \\ z_2 &= R(\sin E_j \cos\theta_2 \cos\varphi_2 - \cos E_j \sin\varphi_2) \end{aligned}\right\} \quad (7)$$

$$\left.\begin{aligned} x_D &= R_D\{[\cos E_{jD} \cos A_{jD} \cos\varphi + (\sin E_{jD} \cos\theta - \cos E_{jD} \sin A_{jD} \sin\theta)\sin\varphi]\cos K \\ &\quad - (\cos E_{jD} \sin A_{jD} \cos\theta + \sin E_{jD} \sin\theta)\sin K\} \\ y_D &= R_D\{(\cos E_{jD} \sin A_{jD} \cos\theta + \sin E_{jD} \sin\theta)\cos K + [\cos E_{jD} \cos A_{jD} \cos\varphi \\ &\quad + (\sin E_{jD} \cos\theta - \cos E_{jD} \sin A_{jD} \sin\theta)\sin\varphi]\sin K\} \\ z_D &= R_D[(\sin E_{jD} \cos\theta - \cos E_{jD} \sin A_{jD} \sin\theta)\cos\varphi - \cos E_{jD} \cos A_{jD} \sin\varphi] \end{aligned}\right\} \quad (8)$$

2.2 天线在摇摆台上跟踪固定信标修正测频公式

实验方案是天线在单轴摇摆台上，跟踪固定信标，打印记录测频数据和相应的摇摆角数据。我们取摇摆轴为大地坐标的 OY 轴，摇摆认为舰只有纵摇角 φ，即 $K=\theta=0°$，最大摇摆角为 $\pm 10°$；天线相位中心的甲板坐标为 $A_j=0°$，$E_j=90°$，即图 1 中 $O=0$，R(即图 1 中 OP 的距离)为摇摆台转轴到天线相位中心的距离；实测 $R=2.8$ m。将这些条件代入(6)式和(7)式得 $P_1(x_1, y_1, z_1)$ 和 $P_2(x_2, y_2, z_2)$ 的大地坐标，其中

$$\left.\begin{aligned} x_1 &= R \sin\varphi_1 = 2.8 \sin\varphi_1 \\ y_1 &= 0 \\ z_1 &= R \cos\varphi_1 = 2.8 \cos\varphi_1 \end{aligned}\right\} \quad (9)$$

$$\left.\begin{aligned} x_2 &= R \sin\varphi_2 = 2.8 \sin\varphi_2 \\ y_2 &= 0 \\ z_2 &= R \cos\varphi_2 = 2.8 \cos\varphi_2 \end{aligned}\right\} \quad (10)$$

信标相对摇摆轴为大地坐标系 OY 轴的坐标系里，实测信标的大地坐标为 $A_{jD}=232.1°$，$E_{jD}=13°$，将其代入(8)式，并令 $R_D=1$，得

$$\left.\begin{aligned} x_D &= \cos A_{jD} \cos E_{jD} = \cos 232.1° \cos 13° = 0.599\,938 \\ y_D &= \cos E_{jD} \sin A_{jD} = \cos 13° \sin 232.1° = 0.767\,827 \\ z_D &= \sin E_{jD} = \sin 13° = 0.225 \end{aligned}\right\} \quad (11)$$

将(9)式、(10)式、(11)式代入(5)式，得

$$\begin{aligned} P_2M &= (x_2 - x_1)x_D + (z_2 - z_1)z_D \quad (令\ R_D = 1) \\ &= 2.8 \times 0.599\,938(\sin\varphi_2 - \sin\varphi_1) + 2.8 \times 0.225(\cos\varphi_2 - \cos\varphi_1) \end{aligned} \quad (12)$$

2.3 实验中 φ_1 和 φ_2 数据的获取

在摇摆轴上装一个 1 kΩ 的线性电位器。电位器一端加正直流电压，另一端加负直流电压。当摇摆角 $\varphi=0°$时，调整使电位器中心点输出对地为 0 V。然后，当摇摆到正最大 φ

角($\varphi_{max}=+10°$)时，测得电位器中心点输出为+1.35 V，当摇摆到负最大 φ 角($\varphi_{max}=-10°$)时，测得电位器中心点输出为-1.35 V。推算得 φ 角每度电压为0.135 V。这里，当 φ 角由-10°变到+10°时，天线相位中心 P 逐渐远离信标，表现在测频数据上，应低于不摇时的测量频率；同理，当 φ 由+10°变到-10°时，天线相位中心 P 逐渐移近信标，表现在测频数据上，应高于不摇时的测量频率。因此，修正的方法是：对前一种情况，测量频率加上 P_2M 对应的频率；对后一种情况，测量频率减去 P_2M 对应的频率。

测量时，将电位器输出代表 φ 角的直流电压送到经过改进的 DS26 数字电压表测量，并打印记录。

时统秒信号有两路输出：一路供多普勒测频采样起始信号，采样时间为0.8 s，每秒采样一次；另一路送 DS26 数字电压表作采样起始信号，采样时间为100 ms，每秒采样一次。φ_1 应是每次测频的起始时刻的 φ 角。φ_2 应是测频采样时间0.8 s结束时刻的 φ 角。在计算序号3的测频修正量 P_2M 时，序号3对应的 DS26 数字电压输出为1.319 V，对应的角度 $\varphi_1=9.77°$。序号4对应的 DS26 数字电压输出为1.101 V，对应的角度 φ_2 由8.156°线性倒推得到，即(9.77°-8.156°)×0.8=1.29°，亦即在0.8秒内天线的运动角度，所以 $\varphi_2=9.77°-(9.77°-8.156°)\times0.8=8.48°$。

3 结果分析

实验打印数据有4组，摇摆时各组变化情况是一致的，此处，只将1组数据进行处理，结果如图3所示。横坐标表示测频次数(因为是每秒采样一次，故90个数据表示测量时间为90秒)，纵坐标表示频率。由此可以看出：

(1) 未修正频率呈周期变化，且周期与摇摆角 φ 的变化周期相对应。图3中：56～57是由于 φ 数据时断造成的；28～30也是由于 φ 数据不连续造成的；65～71的周期不是10秒而是6秒，这是由于划去了几个 φ 数据造成的。这种周期起伏是由摇摆引起的，而且变化的峰-峰值约为0.6周/秒，而我们要求的均方根误差是不超过0.1周/秒，这是单轴摇摆台的情况，在舰上，舰摇更复杂，且双频测速仪离摇摆中心较远，估计未修正的频率起伏更大，若不进行修正，可能定位精度大大降低。

(2) 修正效果良好。修正后的频率曲线看不出周期变化的现象，起伏的峰-峰值约为0.25周/秒，与不摇摆时的频率起伏曲线相当。

(3) 均方根测频误差。根据测量误差理论，设测频数据随机变化服从正态分布，均方根测频误差 σ 为

$$\sigma=\sqrt{\frac{\sum_{i=1}^{n}(f_i-f_N)^2}{n-1}}$$

式中：f_i 为测量频率；f_N 为测量频率的算术平均值，即

$$f_N=\frac{\sum_{i=1}^{n}f_i}{n}$$

n 为测频次数。

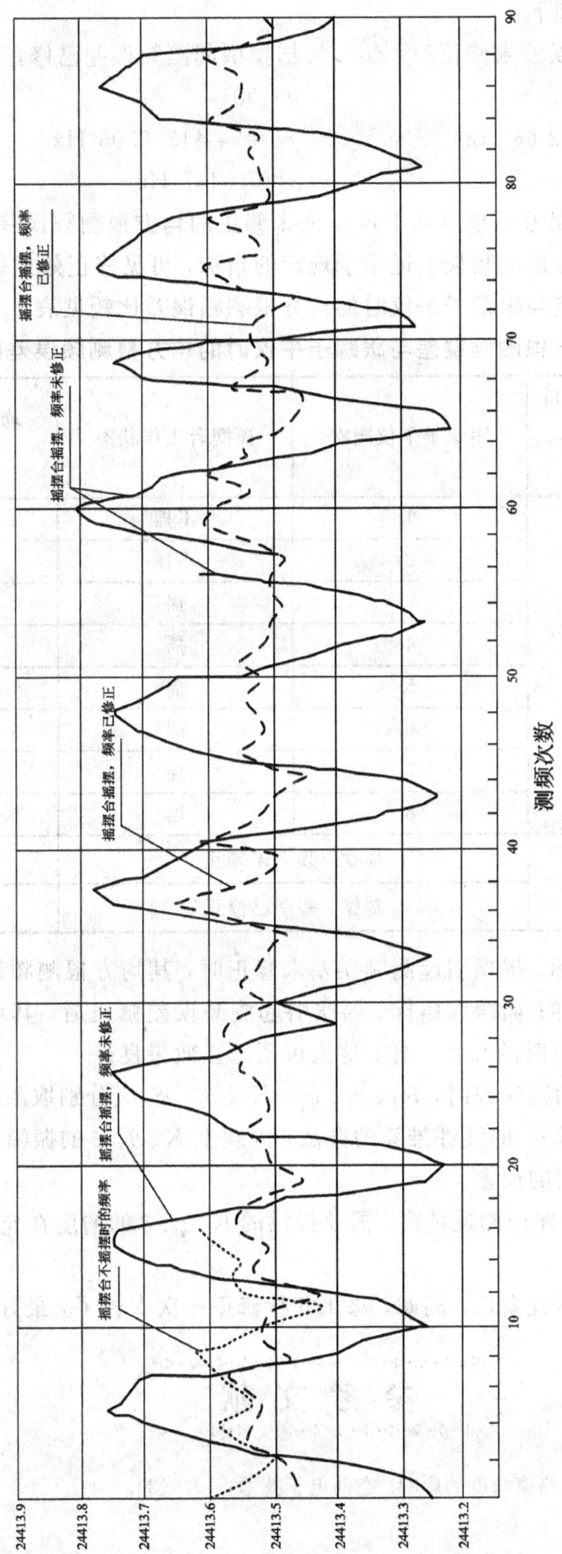

图 3 单轴摇摆引起测速变化及修正

1 组数据处理结果如下：

摇摆引起测频误差未修正

$n=90$

$f_N=94\ 413.532\ 68$ Hz

$\sigma=0.1839$ Hz

摇摆引起测频误差已修正

$n=90$

$f_N=94\ 413.5306$ Hz

$\sigma=0.0437$ Hz

要求的均方根测频误差不超过 0.1 Hz，而未修正的均方根测频误差为 0.1839 Hz，比要求的大。修正后的均方根测频误差远小于规定的指标，可见修正效果是良好的。

(4) 均方根测频误差与跟踪子午仪时的均方根测频误差比较见表 1。

表 1　均方根测频误差与跟踪子午仪时的均方根测频误差比较

项目 / 性能 / 类别	跟踪子午仪圈次	摇摆台工作状态	均方根测频误差 /Hz
跟踪子午仪	1	不摇	0.045
	2	不摇	0.0513
	3	摇	0.1222
	4	摇	0.196
	5	摇	0.1798
	6	摇	0.187 09
	7	摇	0.189
	8	摇	0.817
跟踪信标	摇摆，频率未修正		0.1839
	摇摆，频率已修正		0.0437

由表 1 可见跟踪信标、摇摆引起测频误差未修正时，其均方根测频误差与摇摆状态下跟踪子午仪时的几乎一样；而跟踪信标、摇摆引起测频误差修正后，其均方根测频误差与不摇摆状态下跟踪子午仪时的几乎一样，这也说明修正效果良好。

(5) 以后舰上修正测频误差时，K_1、θ_1、φ_1、K_2、θ_2、φ_2 应分别取测频采样始末时刻的值，不能采取本实验里求 φ_2 的线性推算的办法，因舰上 K、θ、φ 的振幅是随机变化而不是一定值，推算会引起很大的误差。

(6) 为了完成修正，保证测速精度，需要提供的 K、φ、θ 的精度在允许范围内，应精确到 0.1°。

(7) 每次修正时间不宜太长。例如，每 4.6 秒修正一次太长了，最好每秒修正一次。

参考文献

[1]　黎孝纯. 舰摇对多普勒测速精度的影响. 空间电子技术，1979(3).

六、舰摇对侧音测距精度的影响

黎孝纯

【摘要】 本文分析舰摇引起的测距误差，导出了修正舰摇引起的测距误差的简明公式。修正量是舰摇参数（航向角 K、纵摇角 φ、横摇角 θ、升沉量 ΔH）、目标方向和测角精度的函数，借助计算机很容易完成这一修正工作。

1 引　言

舰载测距测速系统中，舰摇要引起测距误差和测速误差。对这些误差进行修正就能保证测量精度。在测速采样时间内，由于舰摇使天线相位中心在目标方向上有一径向移动，若采样时间是一秒，则这个径向移动量就是所引起的测速误差。作者以较巧的方法完成了舰摇引起的测速误差的分析[1-2]。巧在速度修正量用位置矢量（不用速度矢量）来进行分析，所得速度误差修正公式是一个简单的代数式，它只决定于测速采样始末时刻的舰摇参数（K、φ、θ、ΔH）和相应目标的甲板方位角及俯仰角。若用速度矢量来分析问题就复杂多了。

2 大地坐标和甲板坐标的关系

2.1 坐标系的规定

1) 大地直角坐标系——O-XYZ 坐标系

如图 1 所示，原点 O 选在舰摇中心。其中：

X——平行当地水平面，指向真北方向；

Y——过 O 点且垂直于 X 轴，XOY 平行于当地水平面；

Z——过 O 点且垂直于 XOY 平面。

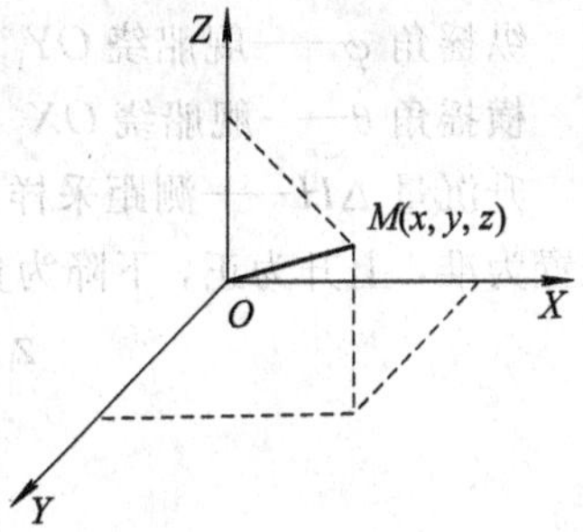

图 1　大地直角坐标系

在大地直角坐标系中，矢量$\overrightarrow{OM}$可表示为

$$\overrightarrow{OM} = x\boldsymbol{i} + y\boldsymbol{j} + z\boldsymbol{k} \tag{1}$$

2) 甲板直角坐标系——O-$X_jY_jZ_j$

如图 2 所示，原点 O 选在舰摇中心。其中：

X_j——平行于甲板平面，指向船首；

Y_j——过 O 点且垂直于 OX_j，X_jOY_j 平行于甲板平面；

Z_j——过 O 点且垂直于甲板平面。

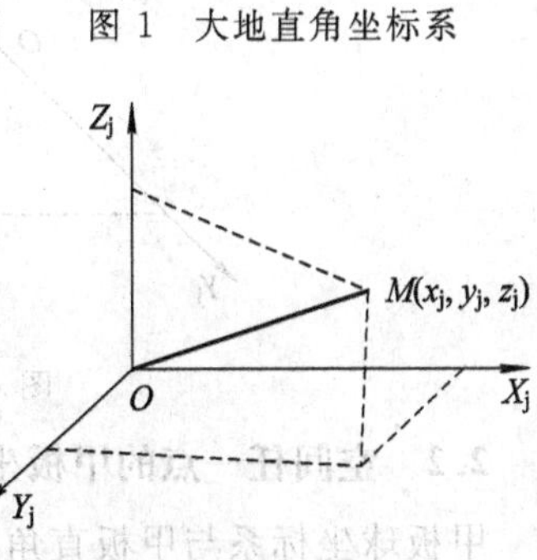

图 2　甲板直角坐标系

在甲板直角坐标系中，矢量$\overrightarrow{OM}$可表示为

$$\overrightarrow{OM} = x_j \boldsymbol{i} + y_j \boldsymbol{j} + z_j \boldsymbol{k} \qquad (2)$$

3）测距系统坐标系——$O_s - X_sY_sZ_s$

测距系统坐标系与甲板直角坐标系的关系如图 3 所示。其中：

O_s——测距系统相位中心，认为是天线方位轴和俯仰轴的交点；

X_s——平行于甲板，方向指向船首；

Y_s——过 O_s 点且垂直于 O_sX_s，$X_sO_sY_s$ 平行于甲板；

Z_s——过 O_s 点且垂直于 $X_sO_sY_s$ 平面；

O_sO_1——测距系统天线高度。

OO_s——摇摆中心（甲板与大地坐标原点）离测距系统天线相位中心的距离。

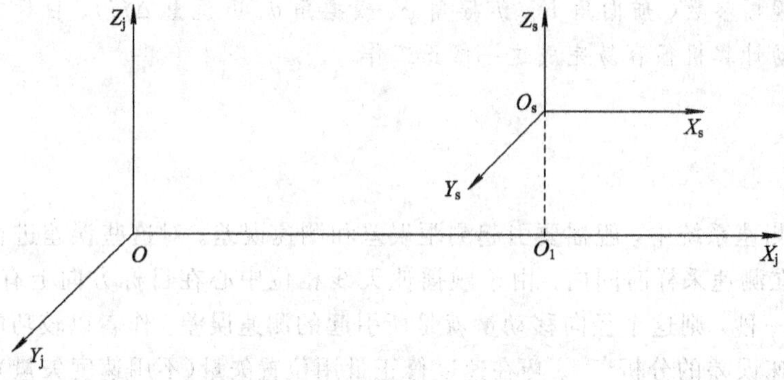

图 3　测距系统坐标系与甲板直角坐标系的关系

4）舰摇姿态角及其正方向的规定

航向角 K——OX_j 轴（舰船首尾线）在水平面的投影与真北的夹角，自真北算起，顺时针为正。

纵摇角 φ——舰船绕 OY_j 轴相对水平面的转角，以舰首下沉为正。

横摇角 θ——舰船绕 OX_j 轴的转角，以右舷下降为正。

升沉量 ΔH——测距采样时间内 X_jOY_j 平面的升沉量，以采样开始瞬时的 X_jOY_j 平面位置为准，上升为正，下降为负。

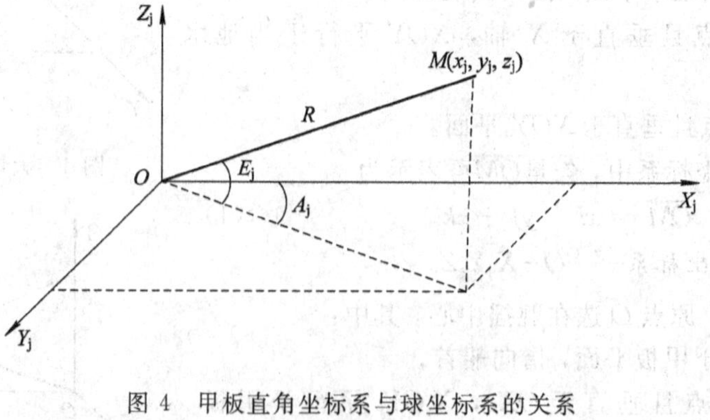

图 4　甲板直角坐标系与球坐标系的关系

2.2　空间任一点的甲板坐标转换为大地坐标

甲板球坐标系与甲板直角坐标系的关系如图 4 所示，有

$$\left.\begin{aligned} x_j &= R\cos E_j\cos A_j \\ y_j &= R\cos E_j\sin A_j \\ z_j &= R\sin E_j \end{aligned}\right\} \tag{3}$$

甲板坐标转换成大地坐标，可以认为甲板坐标先旋转消除横摇角 θ，再旋转消除纵摇角 φ，后旋转消除航向角 K，再平移 XOY 坐标消除升沉量。

1）横摇角 θ 的影响

Z_jOY_j 与 ZOY 在同一平面内，如图 5 所示，有

$$\left.\begin{aligned} x &= x_{j\theta} \\ y &= y_{j\theta}\cos\theta + z_{j\theta}\sin\theta \\ z &= z_{j\theta}\cos\theta - y_{j\theta}\sin\theta \end{aligned}\right\} \tag{4}$$

2）纵摇角 φ 的影响

Z_jOX_j 与 ZOX 在同一平面内，如图 6 所示，有

$$\left.\begin{aligned} x &= x_{j\varphi}\cos\varphi + z\sin\varphi \\ y &= y_{j\varphi} \\ z &= z_{j\varphi}\cos\varphi - x_{j\varphi}\sin\varphi \end{aligned}\right\} \tag{5}$$

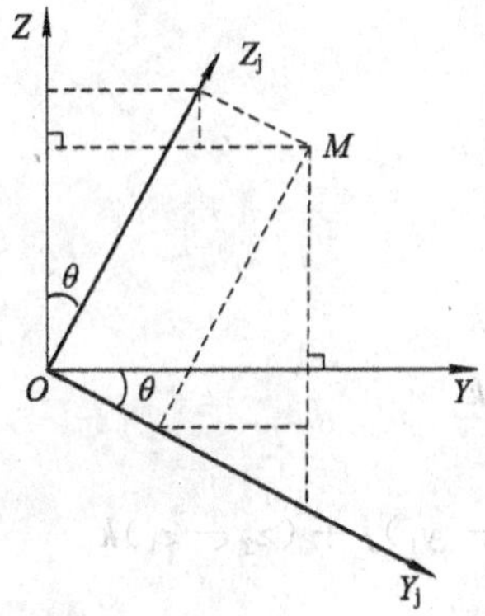

图 5　旋转横摇角 θ 示意图

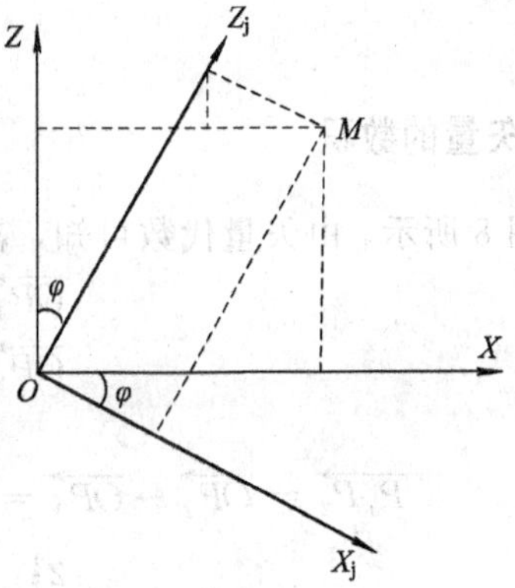

图 6　旋转纵摇角 φ 示意图

3）航向角 K 的影响

X_jOY_j 和 XOY 在同一平面内，如图 7 所示，有

$$\left.\begin{aligned} x &= x_{jK}\cos K - y_{jK}\sin K \\ y &= y_{jK}\cos K + x_{jK}\sin K \\ z &= z_{jK} \end{aligned}\right\} \tag{6}$$

将(3)式代入(4)式后再代入(5)式，结果再代入(6)式，得

$$\left.\begin{aligned} x' =& R\{[\cos E_j\cos A_j\cos\varphi + (\sin E_j\cos\theta - \cos E_j\sin A_j\sin\theta)\sin\varphi]\cos K \\ & -(\cos E_j\sin A_j\cos\theta + \sin E_j\sin\theta)\sin K\} \\ y' =& R\{(\cos E_j\sin A_j\cos\theta + \sin E_j\sin\theta)\cos K + [\cos E_j\cos A_j\cos\varphi \\ & +(\sin E_j\cos\theta - \cos E_j\sin A_j\sin\theta)\sin\varphi]\sin K\} \\ z' =& R[(\sin E_j\cos\theta - \cos E_j\sin A_j\sin\theta)\cos\varphi - \cos E_j\cos A_j\sin\varphi] \end{aligned}\right\} \tag{7}$$

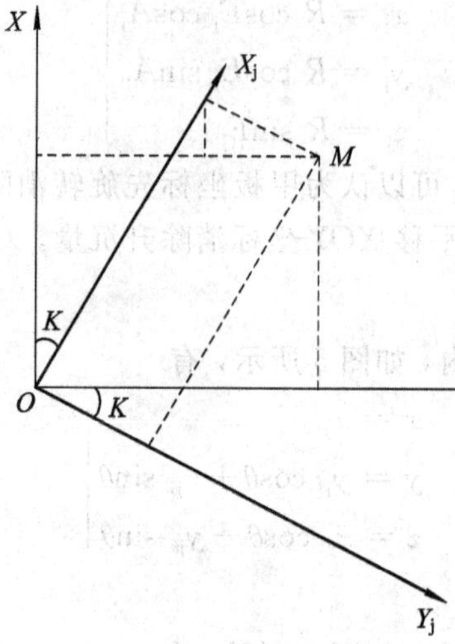

图 7　旋转航向角 K 示意图

考虑升沉量 ΔH 后，(7)式变为

$$\left.\begin{aligned} x &= x' \\ y &= y' \\ z &= z' - \Delta H \end{aligned}\right\} \tag{8}$$

3　两个矢量的数积

如图 8 所示，由矢量代数可知，若有两个矢量

$$\overrightarrow{OP_1} = x_1\boldsymbol{i} + y_1\boldsymbol{j} + z_1\boldsymbol{k} \tag{9}$$

$$\overrightarrow{OP_2} = x_2\boldsymbol{i} + y_2\boldsymbol{j} + z_2\boldsymbol{k} \tag{10}$$

则矢量

$$\overrightarrow{P_1P_2} = \overrightarrow{OP_2} - \overrightarrow{OP_1} = (x_2 - x_1)\boldsymbol{i} + (y_2 - y_1)\boldsymbol{j} + (z_2 - z_1)\boldsymbol{k} \tag{11}$$

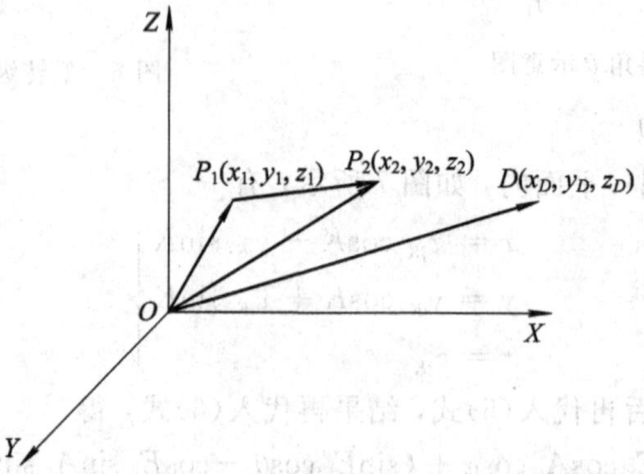

图 8　矢量的数积

若另一矢量为

$$\overrightarrow{OD} = x_D\boldsymbol{i} + y_D\boldsymbol{j} + z_D\boldsymbol{k} \tag{12}$$

矢量$\overrightarrow{P_1P_2}$和矢量$\overrightarrow{OD}$的数积 W 为

$$W=\overrightarrow{P_1P_2}\cdot\overrightarrow{OD}=|\overrightarrow{P_1P_2}||\overrightarrow{OD}|\cos\alpha \tag{13}$$

其中：α 为矢量$\overrightarrow{P_1P_2}$和$\overrightarrow{OD}$的夹角。

矢量$\overrightarrow{P_1P_2}$和$\overrightarrow{OD}$的数积表示矢量$\overrightarrow{P_1P_2}$在矢量$\overrightarrow{OD}$上的投影$|\overrightarrow{P_1P_2}|\cos\alpha$与矢量$\overrightarrow{OD}$的模$|\overrightarrow{OD}|$的乘积。由矢量代数可知

$$W=\overrightarrow{P_1P_2}\cdot\overrightarrow{OD}=(x_2-x_1)x_D+(y_2-y_1)y_D+(z_2-z_1)z_D \tag{14}$$

4 舰摇引起的测距误差

如图 9 所示，舰摇使测距系统天线相位中心 O_s 点（近似认为就是天线方位轴与俯仰轴的交点）运动。当舰船不摇，即 $K=\varphi=\theta=0$ 时，P_1 点的矢量

$$\overrightarrow{OP_1}=x_1\boldsymbol{i}+y_1\boldsymbol{j}+z_1\boldsymbol{k} \tag{15}$$

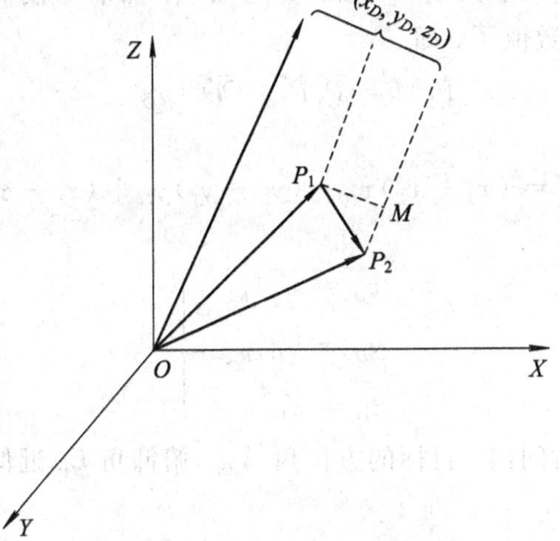

图 9 用矢量数积求测距误差的示意图

在测距采样时间内，天线相位中心在 P_2 点的矢量

$$\overrightarrow{OP_2}=x_2\boldsymbol{i}+y_2\boldsymbol{j}+z_2\boldsymbol{k} \tag{16}$$

怎样求出(15)式和(16)式中的 x_1、y_1、z_1 和 x_2、y_2、z_2？利用(7)式，其中的 $E_j=\arctan\dfrac{O_sO_1}{OO_1}$，$A_j=0$，$R=OO_s=|\overrightarrow{OP_1}|=|\overrightarrow{OP_2}|$。

将舰船静止时的 $K_1=\varphi_1=\theta_1=0$ 代入(7)式，得

$$\left.\begin{aligned}x_1&=R\cos E_j\cos A_j\\y_1&=R\cos E_j\sin A_j\\z_1&=R\sin E_j\end{aligned}\right\} \tag{17}$$

将测距采样时的 K_2、φ_2、θ_2 代入(7)式，得

$$\left.\begin{aligned}x_2&=R[(\cos E_j\cos\varphi_2+\sin E_j\cos\theta_2\sin\varphi_2)\cos K_2-\sin E_j\sin\theta_2\sin K_2]\\y_2&=R[\sin E_j\sin\theta_2\cos K_2+(\cos E_j\cos\varphi_2+\sin E_j\cos\theta_2\sin\varphi_2)\sin K_2]\\z_2&=R(\sin E_j\cos\theta_2\cos\varphi_2-\cos E_j\sin\varphi_2)\end{aligned}\right\} \tag{18}$$

目标位于 D 点，OD 为大地坐标原点与目标 D 点的距离。由于目标离 O、P_1、P_2 很远很远，近似有 $OD/\!/P_1D/\!/P_2D$，$OP_1=OP_2$ 与 OD 相比非常非常小，近似认为目标对 P_1

和 P_2 的测距系统坐标的方位和俯仰角是目标的甲板坐标 A_{jD}、E_{jD}。这样利用(7)式中，$R=OD=R_D$，E_{jD}、A_{jD}用测距系统的甲板坐标代入，即可求得在不同 K、φ、θ 时的目标大地坐标的表示式

$$\overrightarrow{OD} = x'_D\boldsymbol{i} + y'_D\boldsymbol{j} + z'_D\boldsymbol{k} \tag{19}$$

$$\left.\begin{aligned}
x'_D=&R_D\{[\cos E_{jD}\cos A_{jD}\cos\varphi + (\sin E_{jD}\cos\theta - \cos E_{jD}\sin A_{jD}\sin\theta)\sin\varphi]\cos K\\
&-(\cos E_{jD}\sin A_{jD}\cos\theta + \sin E_{jD}\sin\theta)\sin K\}\\
y'_D=&R_D\{(\cos E_{jD}\sin A_{jD}\cos\theta + \sin E_{jD}\sin\theta)\cos K + [\cos E_{jD}\cos A_{jD}\cos\varphi\\
&+(\sin E_{jD}\cos\theta - \cos E_{jD}\sin A_{jD}\sin\theta)\sin\varphi]\sin K\}\\
z'_D=&R_D[(\sin E_{jD}\cos\theta - \cos E_{jD}\sin A_{jD}\sin\theta)\cos\varphi - \cos E_{jD}\cos A_{jD}\sin\varphi]
\end{aligned}\right\} \tag{20}$$

参看图 9，P_2M 是舰摇使 P 点在 OD 方向相对不摇时的移动量。P_2M 就是引进的测距误差。为了求 P_2M，我们先求矢量$\overrightarrow{P_1P_2}$和$\overrightarrow{OD}$的数积，然后令模$|\overrightarrow{OD}|=1$，即(20)式中的 $R_D=1$ 就能得到 P_2M 的数值了，即

$$P_2M = \overrightarrow{P_1P_2}\cdot\overrightarrow{OD}\,|_{|\overrightarrow{OD}|=1} \tag{21}$$

或

$$P_2M = (x_2 - x_1)x_D + (y_2 - y_1)y_D + (z_2 - z_1)z_D \tag{22}$$

其中

$$\left.\begin{aligned}
x_D &= x'_D|_{R_D=1}\\
y_D &= y'_D|_{R_D=1}\\
z_D &= z'_D|_{R_D=1}
\end{aligned}\right\} \tag{23}$$

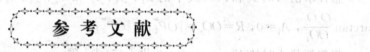

这里认为在很短的采样时间内，目标的方位角 A_{jD}、俯仰角 E_{jD} 近似不变。

5　结　　语

舰摇要引起测距测速误差。测速误差的修正公式由参考文献[1]给出。测距误差的修正公式由(22)式给出，其中的 x_1、y_1、z_1 由(17)式计算，x_2、y_2、z_2 由(18)式计算，x_D、y_D、z_D 由(23)式计算。K、φ、θ 和 ΔH 由舰船提供。

参考文献

[1]　黎孝纯．舰摇对多普勒测速精度的影响．空间电子技术，1979(3)．
[2]　黎孝纯．修正舰摇引起多普勒测速误差的实验研究．空间电子技术，1979(4)．

七、多径反射对卫星多普勒测速的影响

黎孝纯

【摘要】 本文讨论卫星信标发射的线极化波和圆极化波由地球表面反射进入多普勒测速仪所引起的测速误差，求得了光滑平面镜反射、粗糙面镜反射和粗糙面漫散射三类共九种情况的多径测速误差表达式。分析表明：降低接收天线的旁瓣能有效地减小多径测速误差；采用圆极化发射和接收要比线极化的多径测速误差小。

1 引　　言

卫星信标发射频率的不稳、电离层折射、接收机的噪声、测频数字电路、数据调制和多径信号等都会产生测速误差。本文只讨论多径信号引起的测速误差。如图1所示，信标信号分两路进入接收机：一路直接从天线进入，称为直接信号；另一路由地面反射进入，称为多径信号，多径信号要引起测速误差。由于多径信号是天线参数、极化、反射面的粗糙度和电参数、电波入射余角 β 等的复杂函数，故多径问题的研究是复杂的。在未见到国内外文献完成多径测速误差分析的情况下，本文系统且较完整地解决了这个问题。这里将反射分为三类：光滑平面镜反射、粗糙面镜反射（条件是 $\Delta h/\lambda<0.1/\sin\beta$，其中 Δh 为高斯起伏表面的标准偏差[1]，λ 为电波波长）、粗糙面漫散射（条件是 $\Delta h\gg\lambda$）。本文分析了水平极化、垂直极化和圆极化多径信号的影响，所得结果可直接用于工程设计。本文分析问题的方法很容易推广到其他系统的多径问题的研究。

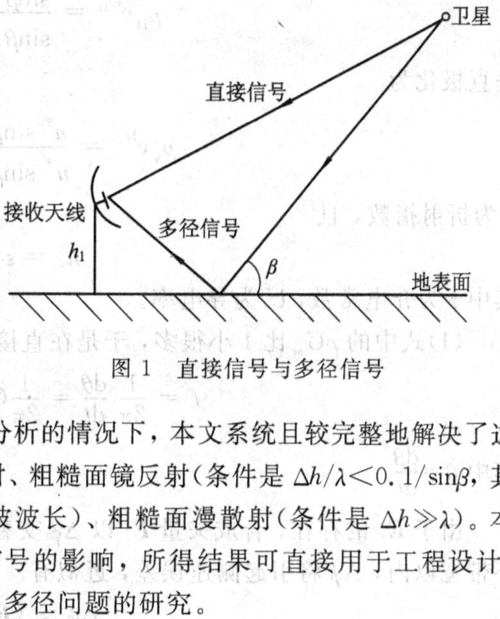

图1　直接信号与多径信号

2 线极化波多径信号的影响

2.1 光滑平面镜反射

设测速仪天线对卫星进行角跟踪，如图2所示。天线高度 h_1 一般为十几米，卫星高度 h_2 一般为数百千米，于是近似有 $r/\!/r_1$。直接波在天线 Q_1 产生的场强为 $\boldsymbol{E}_1$，反射波在 Q_1 产生的场强为 $\boldsymbol{E}_2$。反射面为光滑平面，Q_1' 为 Q_1 的镜像，$\boldsymbol{E}_2$ 和 $\boldsymbol{E}_1$ 的路程差为 d，$d\approx 2h_1\sin\beta$。路程差用相位 ϕ 表示，即有 $\phi=Kd=(4\pi h_1/\lambda)\sin\beta$。天线瞄准轴仰角为 β，在比瞄准轴低 2β 的方向上接收到反射信号。$\boldsymbol{E}_1$ 和 $\boldsymbol{E}_2$ 的矢量和用 $\boldsymbol{E}_s$ 表示为

$$\boldsymbol{E}_s=\boldsymbol{E}_1(1+\rho G_{se}e^{-j\phi})\qquad(1)$$

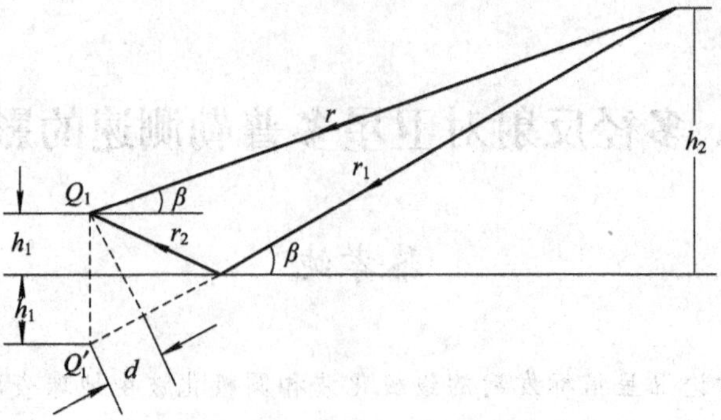

图 2　平面镜反射几何图形

其中：$\theta=\dfrac{4\pi h_1}{\lambda}\sin\beta+\phi$，$\phi$ 为反射系数的相位；ρ 为反射系数的模；G_{se} 为 $\boldsymbol{E}_2$ 进入方向的天线副瓣电平。

反射系数的模和相角与极化有关。水平极化为

$$\rho_H e^{j\phi_H}=\frac{\sin\beta-\sqrt{n^2-\cos^2\beta}}{\sin\beta+\sqrt{n^2-\cos^2\beta}} \tag{2}$$

垂直极化为

$$\rho_V e^{j\phi_V}=\frac{n^2\sin\beta-\sqrt{n^2-\cos^2\beta}}{n^2\sin\beta+\sqrt{n^2-\cos^2\beta}} \tag{3}$$

n 为折射指数，且

$$n^2=\varepsilon-j60U\lambda \tag{4}$$

其中 ε 为介电常数，U 为导电率。

(1)式中的 ρG_{se} 比 1 小很多，于是在直接信号 $\boldsymbol{E}_1$ 上加了一个旋转矢量，旋转频率

$$f=\frac{1}{2\pi}\frac{d\theta}{dt}=\frac{1}{2\pi}(4\pi h_1\dot{\beta}/\lambda)\cos\beta+\frac{d\phi}{dt} \tag{5}$$

其中 $\dot{\beta}=\dfrac{d\beta}{dt}$。

由于 $\boldsymbol{E}_2$ 的存在，合成矢量 $\boldsymbol{E}_s$ 以 $\Delta\phi$ 交替地超前或滞后于直接信号 $\boldsymbol{E}_1$。设 f 落入锁相环带宽以内，$\Delta\phi$ 将引起测速误差，近似有

$$\Delta\phi\approx(\boldsymbol{E}_2/\boldsymbol{E}_1)\sin\theta \tag{6}$$

多普勒测量是在一定采样时间 ΔT（例如 0.2 s、0.5 s、1 s 等）内计数多普勒频率，故应在 ΔT 内考虑 $\Delta\phi$ 的变化。参看后文的图 6(b)，(5)式的第二项 $\dfrac{d\phi}{dt}$ 比前项小很多，可忽略，故有

$$f\approx\frac{4\pi h_1}{2\pi\lambda}\dot{\beta}\cos\beta \tag{7}$$

在 ΔT 内，$\dot{\beta}$ 和 $\cos\beta$ 取平均值，变化很小，故取

$$\Delta\theta=\frac{4\pi h_1\dot{\beta}\cos\beta}{\lambda}\Delta T \tag{8}$$

为了计算 $\Delta\theta$，必须求 $\dot{\beta}\cos\beta$ 的值，我们考虑卫星过顶圆轨道，$\dot{\beta}\cos\beta$ 随 β 的变化曲线如图 3 所示。

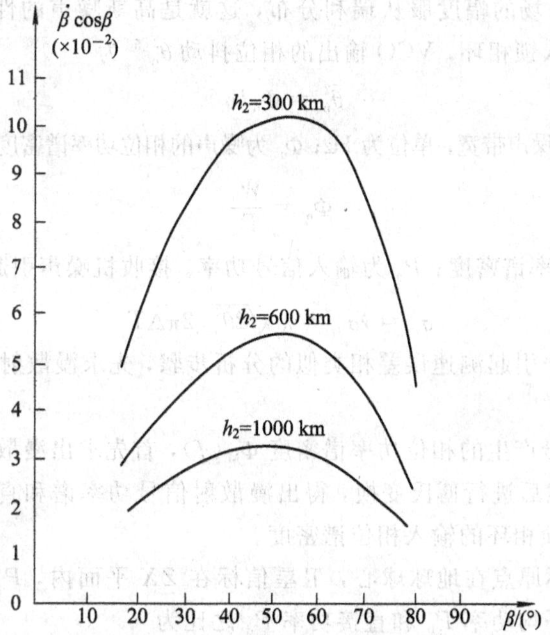

图 3 $\dot{\beta}\cos\beta$ 随 β 的变化曲线

由(6)式可见，误差函数为正弦形，$\Delta\phi$ 的有效值 $\Delta\phi_{\mathrm{rms}}$ 和振幅值 $\Delta\phi_{\max}$ 有如下关系：

$$\Delta\phi_{\mathrm{rms}} = \frac{\Delta\phi_{\max}}{\sqrt{2}} \tag{9}$$

在 ΔT 内，θ 由 θ 变到 $\theta+\Delta\theta$。如果在 ΔT 内 $\Delta\theta<90°$，则取 $\Delta\phi_{\max}=\rho G_{\mathrm{se}}\sin\Delta\theta$；如果在 ΔT 内 $\Delta\theta>90°$，则取 $\Delta\phi_{\max}=\sqrt{2}\rho G_{\mathrm{se}}$。

测频误差

$$\sigma_f = \frac{\Delta\phi_{\mathrm{rms}}}{2\pi\Delta T}$$

测速误差

$$\sigma_v = \lambda\sigma_f = \frac{\lambda\Delta\phi_{\mathrm{rms}}}{2\pi\Delta T} \tag{10}$$

2.2 粗糙面镜反射

当 $\Delta h/\lambda<0.1/\sin\beta$ 时，认为反射场以镜反射场为主，漫散射场较小。讨论问题时，认为只有镜反射分量而不考虑漫散射分量。根据参考文献[3]第 12 章第 3 节，线极化波从粗糙面镜反射的均方根反射系数 ρ_2 为

$$\rho_2 = D(\rho_{\mathrm{s}})_{\mathrm{rms}}\rho \tag{11}$$

$$(\rho_{\mathrm{s}})_{\mathrm{rms}} = \sqrt{\exp[-(4\pi\Delta h\sin\beta/\lambda)^2]} \tag{12}$$

其中：D 是考虑球形表面的修正系数；$(\rho_{\mathrm{s}})_{\mathrm{rms}}$ 是均方根散射系数。

反射系数的相角与平面镜反射情况的相同，故将(9)式、(10)式中的 ρ 用 ρ_2 代替，即可用(9)式、(10)式分别计算测频误差和测速误差。

2.3 粗糙面漫散射

反射面很粗糙时，认为反射全是漫散射信号。漫散射场的相位是随机的，在[0, 2π]之

间等概率分布，漫散射场的幅度服从瑞利分布，这就是高斯噪声的性质。大家知道，接收机噪声(高斯噪声)进入锁相环，VCO 输出的相位抖动 $\bar{\theta}_n^2$[5] 为

$$\bar{\theta}_n^2 = \Phi_n B_L \tag{13}$$

其中：B_L 为锁相环单边噪声带宽，单位为 Hz；Φ_n 为噪声的相位功率谱密度，量纲为rad^2/Hz，即

$$\Phi_n = \frac{W_i}{P_s} \tag{14}$$

W_i 为输入噪声振幅功率谱密度；P_s 为输入信号功率。接收机噪声引起的测速误差为

$$\sigma_v = \lambda\sigma_f = \lambda\sqrt{2\bar{\theta}_n^2}/2\pi\Delta T \tag{15}$$

这里采用与接收机噪声引起测速误差相类似的分析步骤，先求漫散射信号产生的相位功率谱，再求测速误差。

为了求漫散射信号产生的相位功率谱密度 $\Phi_M(f)$，首先求出漫散射信号的相关函数和直接信号功率之比，然后进行傅氏变换，得出漫散射信号功率谱和直接功率之比，这就是由漫散射信号产生的锁相环的输入相位谱密度。

如图 4 所示，坐标原点在地球球心，卫星信标在 ZX 平面内，P 为反射点。在接收机处，单位面积散射的平均功率 P_0 和直接功率 P_d 之比为

$$\frac{P_0}{P_d} = \frac{DG_{se}^2\rho^2}{4\pi}\frac{r^2}{r_1^2r_2^2}\frac{\cot^2\beta_0}{\cos^4\beta_1}\exp\left(-\frac{\tan^2\beta_1}{\tan^2\beta_0}\right) \tag{16}$$

其中

$$D = \left[1+\frac{2r_1r_2}{a(r_1+r_2)\cos\theta}\right]^{-\frac{1}{2}}\cdot\left[1+\frac{2r_1r_2}{a(r_1+r_2)}\right]^{-\frac{1}{2}} \tag{17}$$

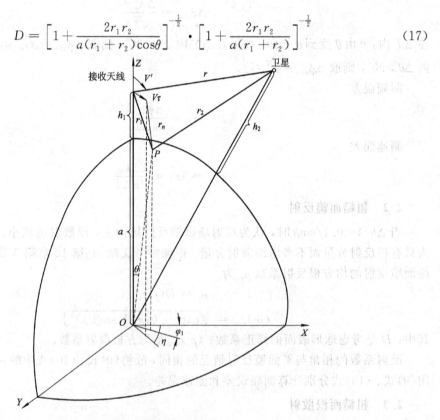

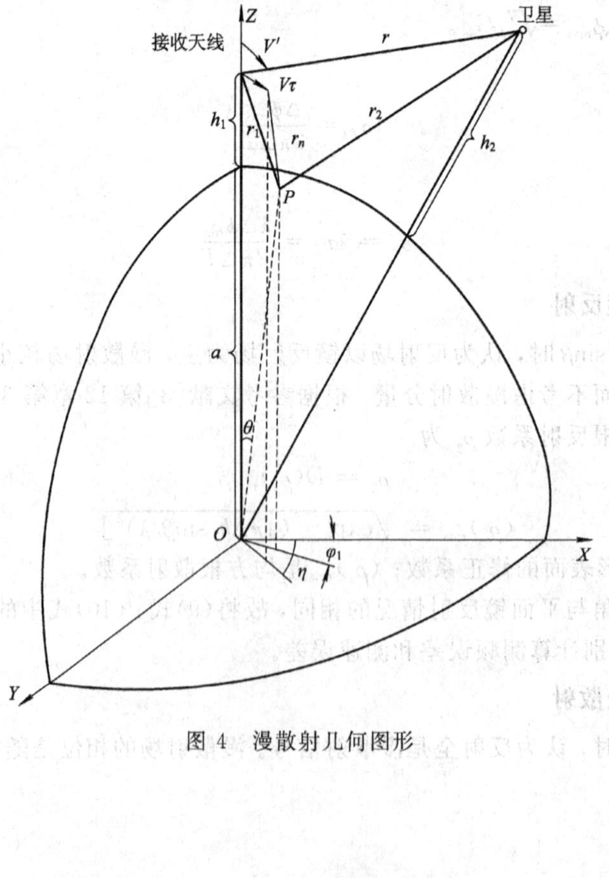

图 4 漫散射几何图形

式中：r 是直接路径距离；r_2 是信标到反射面元的距离；r_1 是反射面元到接收机的距离。

$$\tan\beta_0 = \frac{2\Delta h}{T}$$

式中：T 是起伏表面的相关距离。

ϕ_1 是 r_1 在 XOY 平面的投影与 OX 轴的夹角，接收机离地高度为 h_1，地球半径为 a，接收机不动，信标机以 $(a+h_2)$ 为半径绕地心转动，卫星线速度为 V_1，导出(16)式主要假设是：

(1) 粗糙面高度起伏为正态分布，平均值为零，标准偏差为 Δh，表面很粗糙，即 $\Delta h/\lambda \gg 1$。因此，反射完全是漫散射分量，没有镜反射分量。

(2) 表面的均方根斜率很小，即 $\Delta h/T \ll 1$。

(3) 粗糙面的相关函数是解析的。

(4) 大气折射影响不考虑。

(5) 本来是接收机不动，卫星以 $(a+h_2)$ 为半径绕地心转动，近似等效为卫星不动，接收机以 $(a+h_1)$ 为半径绕地心转动，线速度为 $V=\dfrac{V_1}{(a+h_2)}\cdot(a+h_1)$。根据参考文献[1]与参考文献[7]知，漫散射信号的自相关函数 $C(\tau)$ 为

$$C(\tau) = \int P_0 \exp[-\mathrm{j}K(r_1 - r_n)]\mathrm{d}S \tag{18}$$

其中：(r_1-r_n) 是在间隔 τ 内路径 r_1 的改变量；$\mathrm{d}S$ 是散射面单元，积分必须在整个散射面上进行。由于 $h_1 \ll a$，于是 $\theta \ll 1$。τ 开始时，接收机到散射面元距离为 r_1，r_1 在 XOY 平面内的投影与 OX 轴的夹角为 ϕ_1，τ 结束时，r_1 变为 r_n，ϕ_1 变为 η。于是有

$$r_1 - r_n \approx V\tau \sin(\theta_1 - \theta)\cos(\phi_1 - \eta) \tag{19}$$

$$\mathrm{d}S = a^2 \sin\theta \,\mathrm{d}\theta \,\mathrm{d}\phi_1 \tag{20}$$

$$\frac{C(\tau)}{P_{\mathrm{d}}} = \frac{DG_{\mathrm{se}}^2\rho^2}{4\pi}\iint \frac{r^2a^2}{r_1^2r_2^2}\frac{\cot^2\beta_0}{\cos^4\beta_1}\exp\left(-\frac{\tan^2\beta_1}{\tan^2\beta_0}\right)\exp[\mathrm{j}KV\tau \sin(\theta_1-\theta)\cos(\phi_1-\eta)]\sin\theta \,\mathrm{d}\theta \,\mathrm{d}\phi_1 \tag{21}$$

为了求这个积分必须将被积函数作适当近似，附录里求出了这个积分

$$\frac{C(\tau)}{P_{\mathrm{d}}} = DG_{\mathrm{se}}^2\rho^2 Q \exp(-\tau^2 Z + \mathrm{j}\tau\mu) \tag{22}$$

其中

$$Q = \frac{\xi_1}{H^2 + (1+H)\xi_1^2}\cdot\frac{1}{2M\tan\Gamma} \tag{23}$$

$$Z = K^2V^2\frac{4\Delta h^2}{T^2}\left\{\frac{\sin^2\Omega}{\tan^2\Gamma}\sin^2\eta + \left[\frac{(1+H\tan^2\Omega)\cos\Omega}{1+H\tan^2\Omega+\dfrac{4\xi_1}{\sin^2\Omega}}\right]^2\cos^2\eta\right\} \tag{24}$$

$$\mu = KV\sin\Omega\cos\eta \tag{25}$$

$$H = \frac{h_1}{a} \tag{26}$$

$$\Gamma = V' - \xi_1 \tag{27}$$

$$\Omega = V' - 2\xi_1 \tag{28}$$

$$M = 1 + \frac{1}{2}\frac{H^2}{\sqrt{H^2 + H\xi_1^2[H^2+(1+H)\xi_1^2]}} \tag{29}$$

当 $\theta_1=\theta_2$ 时，取 $\theta=\xi_1$，将 $\frac{C(\tau)}{P_d}$ 进行傅氏变换可得需要的漫散射信号产生的相位谱密度 $\Phi_M(f)$。在本文所讨论的情况下，H 和 ξ_1 都非常小，应用 $\tan\Omega\approx\frac{\xi_1}{H}$ 得到 $Q\approx1$，从而

$$\Phi_M(f)=DG_{se}^2\rho^2\sqrt{\frac{\pi}{Z}}\exp\left[-\frac{(\mu-2\pi f)^2}{4Z}\right] \tag{30}$$

$$Z\approx(KV\tan\beta_0\sin\beta)^2 \tag{31}$$

$\Phi_M(f)$ 随频率的变化如图 5 所示，呈高斯形状。μ 是由多普勒造成的频偏。相应高斯曲线的标准偏差为 $\sqrt{2Z}$，相应的单边带宽 B_i(Hz)为

$$B_i=\frac{\sqrt{2Z}}{2\pi}=\sqrt{2}\,\frac{V}{\lambda}\tan\beta_0\sin\beta \tag{32}$$

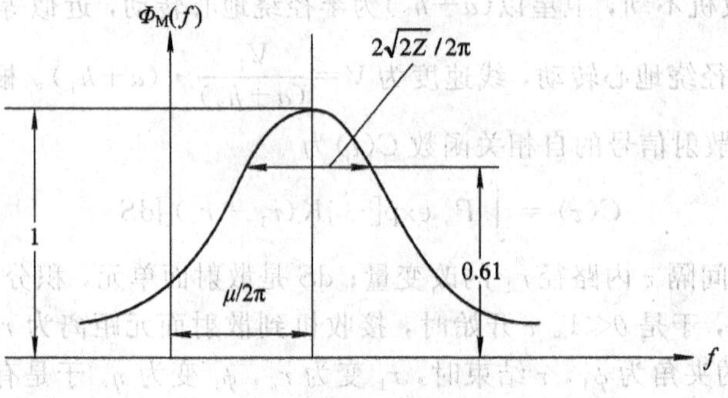

图 5　漫散射信号频谱

在接收频率处($2\pi f=\mu$)，$\Phi_M(f)$ 为最大，即

$$\Phi_{M\max}(f)=DG_{se}^2\rho^2 2\sqrt{\frac{\pi}{Z}} \tag{33}$$

测量多普勒频率应用在 β 较高区域，例如 $h_2=1000$ km，$\sin\beta\approx1$，$\tan\beta_0=0.1$，$f_{高}=400$ MHz，$f_{低}=150$ MHz，则 $B_{i高}\approx1.3$ kHz，$B_{i低}\approx488$ Hz。一般采用窄带锁相环，子午仪的环路带宽为 10 Hz。因此，$B_i\gg B_L$，在环路带宽内近似取 $\Phi_M(f)=\Phi_{M\max}(f)$，环路输出相位抖动为

$$\bar{\theta}_M^2=\Phi_{M\max}(f)B_L \tag{34}$$

测速误差为

$$\sigma_v=\lambda\sqrt{2\Phi_{M\max}(f)B_L}/2\pi\Delta T \tag{35}$$

3　圆极化波多径信号的影响

本节用线极化波的组合表示圆极化波，将前一节关于线极化波分析推广到圆极化发射和接收的情况。因为实际应用中，接收和发射多半为圆极化的。

3.1　光滑平面镜反射

圆极化波从光滑平面反射后产生两个圆极化波，一个呈左旋(与直接波同旋向，称为同旋波)，另一个呈右旋(与直接波反旋向，称为反旋波)。参考文献[6]给出了同旋波反射系数 $\rho_{CS1}e^{j\phi_{CS1}}$ 和反旋波反射系数 $\rho_{CO1}e^{j\phi_{CO_1}}$，即

$$\rho_{CS1}e^{j\phi_{CS1}}=\frac{1}{2}(\rho_V e^{j\phi_V}+\rho_H e^{j\phi_H}) \tag{36}$$

$$\rho_{CO1}e^{j\phi_{CO1}} = \frac{1}{2}(\rho_V e^{j\phi_V} - \rho_H e^{j\phi_H})$$

其中

$$\rho_{CS1} = \frac{1}{2}[\rho_H^2 + \rho_V^2 + 2\rho_V\rho_H\cos(\phi_H - \phi_V)]^{\frac{1}{2}} \tag{37}$$

$$\phi_{CS1} = \arcsin\left[\frac{\rho_V}{2\rho_{CS1}}\left(\sin\phi_V - \frac{\rho_H}{\rho_V}\sin\phi_H\right)\right] \tag{38}$$

$$\rho_{CO1} = \frac{1}{2}[\rho_H^2 + \rho_V^2 - 2\rho_V\rho_H\cos(\phi_H - \phi_V)]^{\frac{1}{2}} \tag{39}$$

知道了反射系数的模和相角，用 2 节中线极化波从光滑平面镜反射的相同分析步骤求多径测速误差表示式。所得测速误差表示式形式与(10)式相同，只是在求 $\Delta\phi_{rms}$ 时用 ρ_{CS1} 代替 ρ 就行了。

图 6(a)表示光滑平面反射系数的模，图 6(b)表示相角。仰角较小时，圆极化反射系数与线极化反射系数相差很小；仰角较高时，圆极化反射系数显著减小。

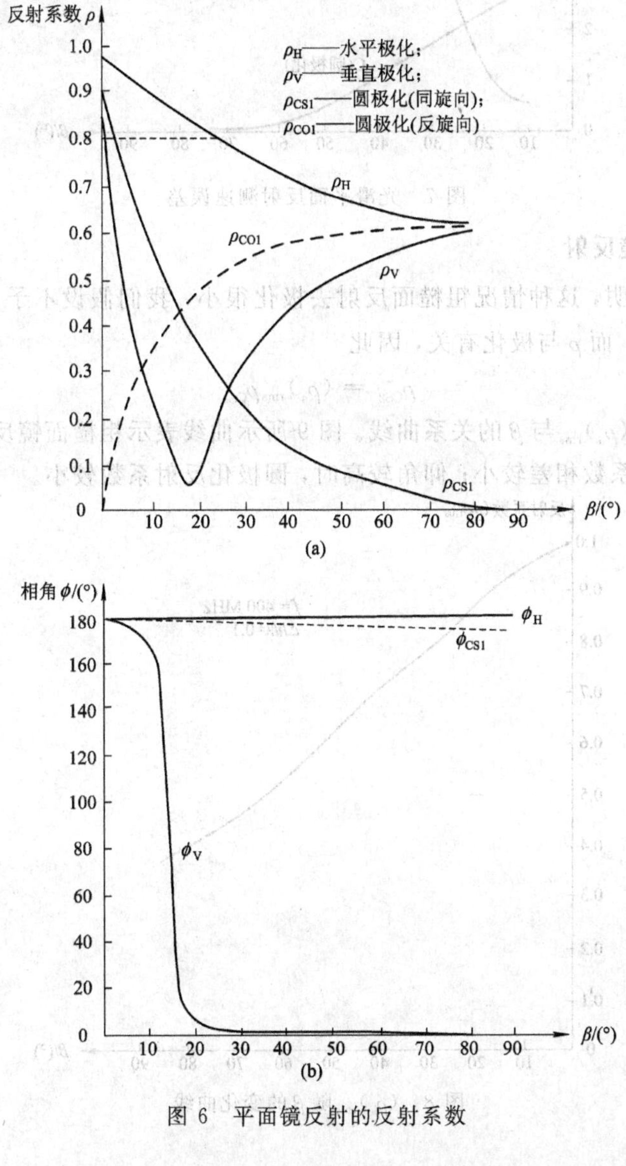

图 6　平面镜反射的反射系数

图 7 表示光滑平面反射时，线极化和圆极化的多径测速误差。可以看出，采用圆极化时，多径测速误差较小。

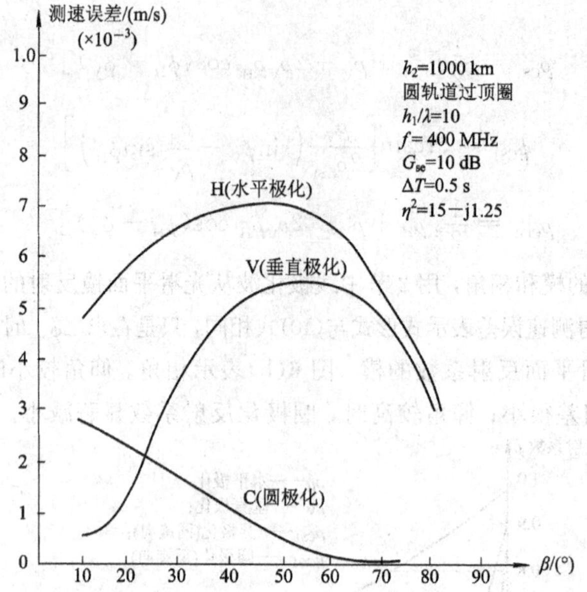

图 7　光滑平面反射测速误差

3.2　粗糙面镜反射

理论和实践证明，这种情况粗糙面反射去极化很小，我们假设不予去极化，(11)式中 $(\rho_s)_{rms}$ 与极化无关，而 ρ 与极化有关，因此

$$\rho_{CS2} = (\rho_s)_{rms}\rho_{CS1} \tag{40}$$

图 8 所示曲线表示 $(\rho_s)_{rms}$ 与 β 的关系曲线。图 9 所示曲线表示粗糙面镜反射时的反射系数。仰角较小时，反射系数相差较小；仰角较高时，圆极化反射系数较小。

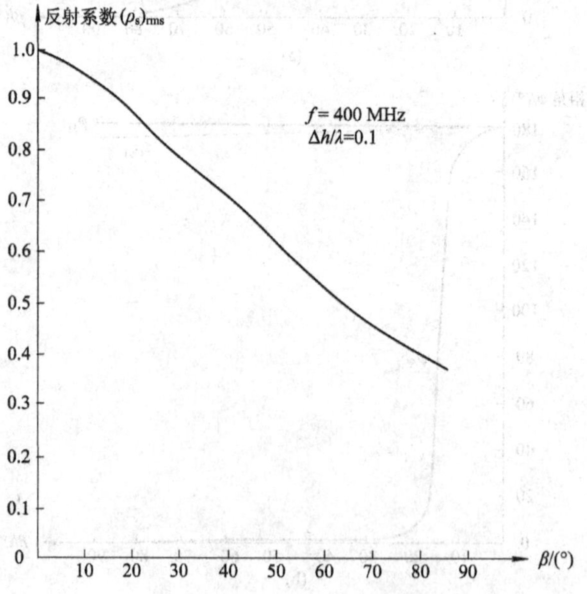

图 8　$(\rho_s)_{rms}$ 随 β 的变化曲线

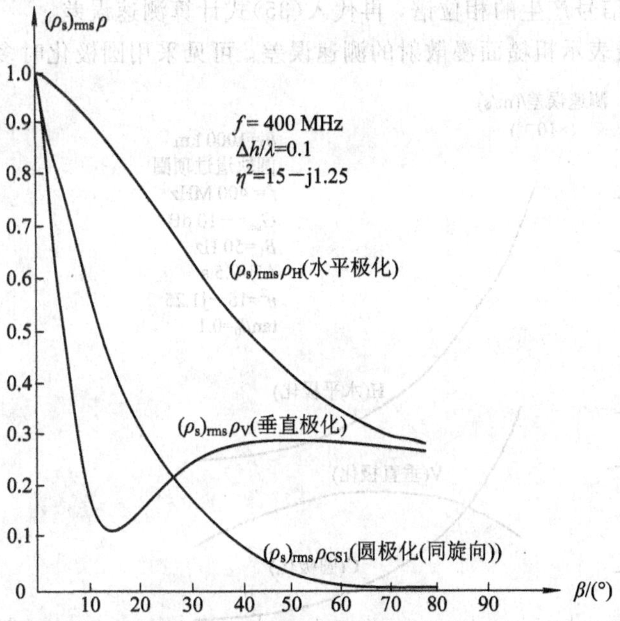

图 9 粗糙面镜反射的反射系数

图 10 所示曲线表示粗糙面镜反射时的多径测速误差。可以看出，采用圆极化时多径测速误差较小。

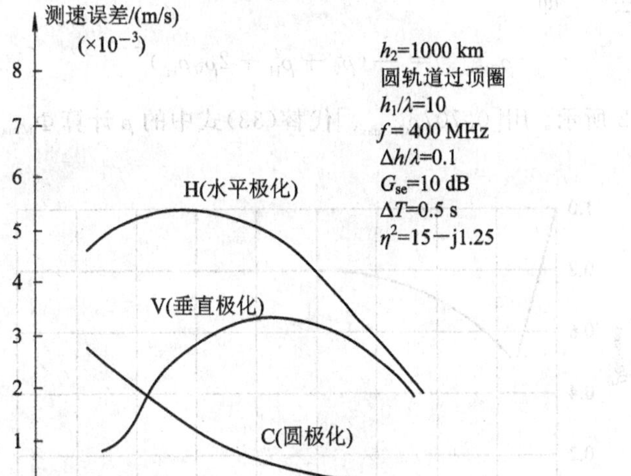

图 10 粗糙面镜反射的多径测速误差

3.3 粗糙面漫散射

圆极化波投射在粗糙面上也产生同旋反射波和反旋反射波，圆极化波的粗糙面漫散射问题没有完全解决。参考文献[2]证明，在粗糙面均方根斜率小的情况下，圆极化波漫散射信号主要由镜反射点周围的小块面积决定，因而漫散射仍具有强的反旋向特性。参考文献[7]在分析问题时认为圆极化波漫散射具有反旋向特性。

作为近似估算，本文将(33)式中的 ρ 用光滑平面镜反射的同旋圆极化反射系数代替，即得圆极化漫散射信号产生的相位谱，再代入(35)式计算测速误差。

图 11 所示曲线表示粗糙面漫散射的测速误差。可见采用圆极化时多径测速误差较小。

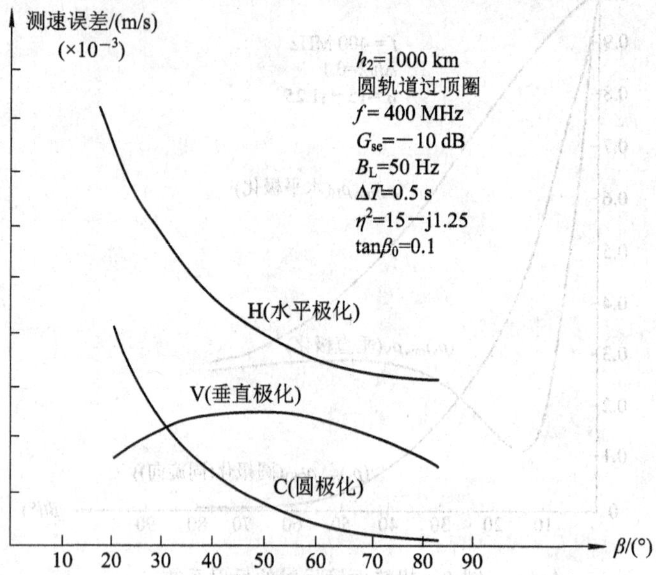

图 11 漫散射多径信号引起的测速误差

当粗糙面均方根斜率不是很小时，我们建议采用同旋信号与反旋信号各占 1/2 功率求最大反射系数的方法[6]，即

$$\rho_{Ci(\max)} = \frac{1}{2}(\rho_V^2 + \rho_H^2 + 2\rho_V\rho_H)^{\frac{1}{2}} \tag{41}$$

$\rho_{Ci(\max)}$的变化如图 12 所示。用[$0.707\rho_{Ci(\max)}$]代替(33)式中的 ρ 计算 $\Phi_{M\max}(f)$，再由(35)式计算测速误差。

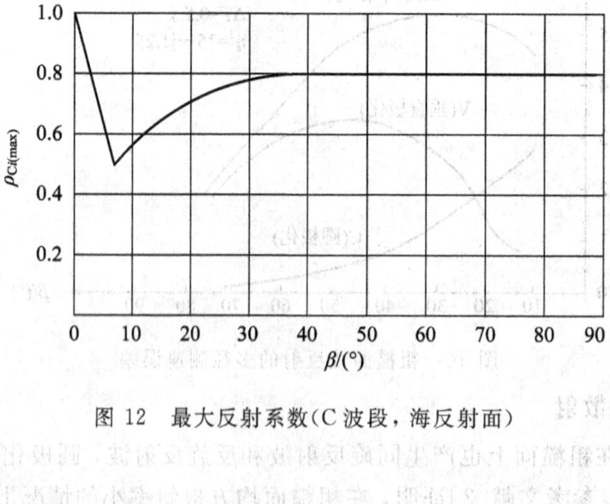

图 12 最大反射系数(C 波段，海反射面)

4 结 语

(1) 多径信号要引起测速误差。测速误差是天线参数、电波入射余角 β、极化、反射面的粗糙度和电参数等的复杂函数。各种极化波(线极化波和圆极化波)从光滑平面镜反射和粗糙面镜反射的测速误差计算公式如(10)式表示，只需代入各自的反射系数即可。漫散射

测速误差由(35)式计算。在计算 $\Phi_M(f)$时代入各种极化的反射系数即可。

(2) 因多径测速误差与接收天线副瓣电平成正比，故减小天线副瓣电平可有效减小多径测速误差。在较高仰角范围，采用圆极化接收和发射多径测速误差较线极化的小。

(3) 通过以子午仪参数为例的计算表明：多径测速误差在 0.01 m/s 以下。

附　录

为了求(21)式的积分，必须将被积函数作适当的近似。

1. 求 $\tan^2\beta_1$ 的近似式

由(21)式可见，β_1 趋于 0 时，$\frac{P_0}{P_d}$最大，其变化依赖于包含 $\tan^2\beta_1$ 的项，同时 $\cos^4\beta_1$ 变化缓慢，于是在$\frac{P_0}{P_d}$最大点，$\tan^2\beta_1$ 对 ϕ_1 和 θ 的偏导数等于 0，即

$$\frac{\partial\ \tan^2\beta_1}{\partial\phi_1}=0 \tag{A-1}$$

$$\frac{\partial\ \tan^2\beta_1}{\partial\theta}=0 \tag{A-2}$$

其中

$$\tan^2\beta_1=\frac{\sin^2\theta_1+\sin^2\theta_2-2\ \sin\theta_1\ \sin\theta_2\ \cos\phi_1}{(\cos\theta_1+\cos\theta_2)^2} \tag{A-3}$$

由(A-1)式得 $\phi_1=0$ 和 $\phi_1=\pi$，由于(A-2)式 $\phi_1=\pi$ 不可能，因此取 $\phi=0$。对(A-2)式，有

$$\frac{\partial\ \tan^2\beta_1}{\partial\theta}=\frac{\partial}{\partial\theta}\left(\frac{\sin\theta_1-\sin\theta_2}{\cos\theta_1+\cos\theta_2}\right)=0 \tag{A-4}$$

因为 $h_1\ll a$，根据几何关系，有

$$\begin{aligned} r_1^2 &= a^2+(a+h_1)^2-2a(a+h_1)\cos\theta \\ &\approx h^2+(1+H)a^2\theta^2 \\ &= a^2[H^2+(1+H)\theta^2] \end{aligned} \tag{A-5}$$

其中 $H=\frac{h_1}{a}$，近似取

$$\sin(\theta_1-\theta)\approx\frac{a\theta}{r_1}=\frac{\theta}{\sqrt{H^2+(1+H)\theta^2}} \tag{A-6}$$

并且 $\theta_2=V'-\theta$，显然

$$\frac{d\theta_2}{d\theta}=1$$

$$\frac{d\theta_1}{d\theta}=1+\frac{1}{\sqrt{H^2+H\theta^2}}\left[\frac{H^2}{H^2+(1+H)\theta^2}\right] \tag{A-7}$$

利用这些关系，由(A-4)式可导出

$$\frac{\partial\ \tan^2\beta_1}{\partial\theta}=2\left(\frac{\sin\theta_1-\sin\theta_2}{\cos\theta_1+\cos\theta_2}\right)\left\{\left[\frac{(\sin\theta_1-\sin\theta_2)\sin\theta_1+\cos\theta_1(\cos\theta_1+\cos\theta_2)}{(\cos\theta_1+\cos\theta_2)^2}\right]\frac{d\theta_1}{d\theta}\right.$$

$$\left.-\left[\frac{(\sin\theta_1-\sin\theta_2)\sin\theta_2-\cos\theta_2(\cos\theta_1+\cos\theta_2)}{(\cos\theta_1+\cos\theta_2)^2}\right]\right\}$$

$$=2\left(\frac{\sin\theta_1-\sin\theta_2}{\cos\theta_1+\cos\theta_2}\right)\left\{\left(\frac{\sin\theta_1-\sin\theta_2}{\cos\theta_1+\cos\theta_2}\right)^2+1\right.$$

$$\left.+\left[\frac{1+\cos(\theta_1+\theta_2)}{(\cos\theta_1+\cos\theta_2)^2}\right]\left[\frac{H^2}{\sqrt{H^2+H\theta^2}\left[H^2+(1+H)\theta^2\right]}\right]\right\}=0 \qquad (A-8)$$

(A-8)式中，花括弧内的量总是正的，结果$\frac{\partial\tan^2\beta_1}{\partial\theta}=0$必须在$\theta_1=\theta_2$时产生。

这些结果的物理意义是：对于平均漫散功率的主要贡献是从镜反射点($\phi_1=0$，$\theta_1=\theta_2$)周围来的。从数学上讲，表示在镜反射点P_0/P_d有高峰。在高峰周围，以下近似是很精确的：

$$\tan^2\beta_1\approx\frac{1}{2}\left(\frac{\partial^2\ \tan^2\beta_1}{\partial\phi_1^2}\right)\phi_1^2+\frac{1}{2}\left(\frac{\partial^2\ \tan^2\beta_1}{\partial\theta^2}\right)(\theta-\xi_1)$$

$$=\frac{1}{4}(\tan^2\Gamma)\phi^2+M^2(\theta-\xi_1)^2 \qquad (A-9)$$

其中

$$\Gamma=V'-\xi_1$$

$$M=1+\frac{1}{2}\frac{H^2}{\sqrt{H^2+H\xi_1^2}\left[H^2+(1+H)\xi_1^2\right]} \qquad (A-10)$$

当$\theta_1=\theta_2$时，取$\theta=\xi_1$。

2. 求$\frac{a^2}{r_1^2}\sin\theta$的近似式

由于取$\phi=0$，可把三度空间系统图4变成两度坐标来研究，参看图A-1，由正弦定理得

$$\frac{a^2}{r_1^2}\sin\theta=\frac{\sin^2(\theta_1-\theta)}{\sin\theta} \qquad (A-11)$$

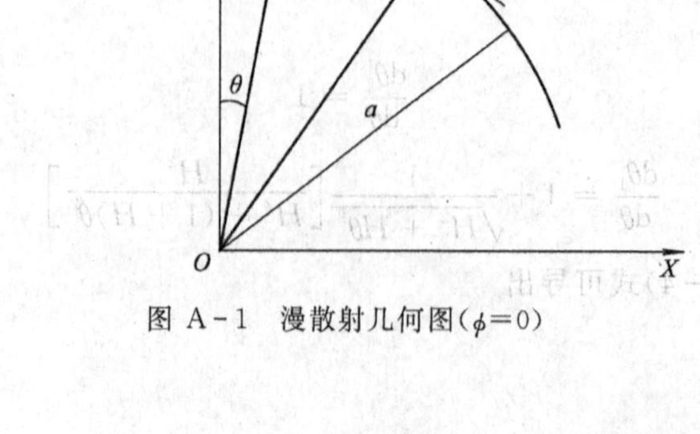

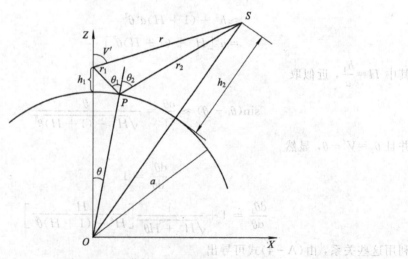

图 A-1　漫散射几何图($\phi=0$)

参看(A-6)式并注意 $\sin\theta \approx \xi_1$，得

$$\frac{a^2}{r_1^2}\sin\theta \approx \frac{\xi_1}{H^2+(1+H)\xi_1^2} \tag{A-12}$$

3. 求 r_1-r_n 的近似值

$$\begin{aligned} r_1-r_n &\approx V\tau\ \sin(\theta_1-\theta)\cos(\phi-\eta) \\ &= \underbrace{V\tau\ \sin(\theta_1-\theta)\cos\phi\ \cos\eta}_{\text{I}} + \underbrace{V\tau\phi_1\ \sin(\theta_1-\theta)\sin\eta}_{\text{II}} \end{aligned} \tag{A-13}$$

在Ⅰ中：利用$(\theta_1-\theta)$在 $\theta=\xi_1$ 附近展成泰勒级数

$$\sin(\theta_1-\theta)=\sin(\theta_1-\xi_1)+J(\theta_1-\xi_1)=\sin\Omega+J(\theta-\xi_1) \tag{A-14}$$

其中

$$\sin(\theta_1-\xi_1)=\sin\Omega \tag{A-15}$$

$$\Omega=V'-2\xi_1 \tag{A-16}$$

$$J=\frac{H^2}{[H^2+(1+H)\xi_1^2]^{3/2}} \tag{A-17}$$

在 Ⅱ 中

$$\sin(\theta_1-\theta)\approx\sin(\theta-\xi_1)=\sin\Omega \tag{A-18}$$

故

$$r_1-r_n=V\tau\ \sin\Omega\ \cos\eta+V\tau J(\theta-\xi_1)\cos\eta+V\tau\phi\ \sin\Omega\ \sin\eta \tag{A-19}$$

将(A-9)式、(A-12)式、(A-19)式代入(21)式中得

$$\begin{aligned} \frac{C(\tau)}{P_d} &= \frac{DG_{se}^2\rho^2}{4\pi}\ \frac{(\cot\beta_0)\xi_1}{H^2+(1+H)\xi_1^2}\exp(jKV\tau\ \sin\Omega\ \sin\eta) \\ &\cdot\int_{-\infty}^{+\infty}\exp\left(-\frac{1}{4}\ \frac{\tan^2\Gamma}{\tan^2\beta_0}\phi^2+jKV\tau\phi\ \sin\Omega\ \sin\eta\right)d\phi \\ &\cdot\int_{-\infty}^{+\infty}\exp\left(-\frac{M^2(\theta-\xi_1)^2}{\tan^2\beta_0}+jKV\tau J(\theta-\xi_1)\cos\eta\right)d(\theta-\xi_1) \end{aligned} \tag{A-20}$$

因被积函数有窄带高斯形状，所以积分限取为$-\infty$到$+\infty$得其近似值是可以的，求得

$$\frac{C(\tau)}{P_d}=DG_{se}^2\rho^2Q\exp(-\tau^2Z+j\tau\mu) \tag{A-21}$$

其中

$$Q=\frac{\xi_1}{H^2+(1+H)\xi_1^2}\ \frac{1}{2M\tan\Gamma} \tag{A-22}$$

$$Z=K^2V^2\ \frac{4\Delta h}{T^2}\left\{\frac{\sin^2\Omega}{\tan^2\Gamma}\sin^2\eta+\left[\frac{(1+H\ \tan^2\Omega)\cos\Omega}{1+H\ \tan^2\Omega+\dfrac{4\xi_1}{\sin^2\Omega}}\right]^2\cos^2\eta\right\} \tag{A-23}$$

$$\mu=KV\ \sin\Omega\ \cos\eta \tag{A-24}$$

参考文献

[1] Muehldorf E I. The Effect of Multipath Reflections on Spaceborne Interferometer Accuracy. IEEE Transactions on Aerospace and Electronic System，1971，7(1)：122-131.

[2] Staras H. Rough surface scattering on a communication link. Rad. Sci.，1968，3：623 - 631.

[3] Bechmann P，Spizzichino A. The Scatterin of Electromagnetic Warei from Rough Surfaces. New York：Macmillan，1963.

[4] Bechmann P. Scattering by Non - Gaussian Surfaces. IEEE Transactions on Antenna and Propagation，1973，21(2)：169 - 175.

[5] 杨士中，黎孝纯，宋景光，等. 锁相技术基础. 北京：邮电出版社，1978.

[6] Katz I. Radar Reflectivity of the Ocean Surface for Circular Polarization. IEEE Transactions on Antenna and Propagation，1963，11：451 - 563.

[7] Durrani S H，Staras H. Multipath problems in communication between low altitude spacecraft and stationary satellites. RCA. Rev.，1968：77 - 105.

八、多径反射对卫星侧音测距的影响

黎孝纯

【摘要】 本文讨论卫星发射的线极化波和圆极化波由地球表面(陆地和海水)反射进入侧音测距系统所引起的测距误差，求得了光滑平面镜反射、粗糙面镜反射和粗糙面漫散射三类共九种情况的测距误差表示式。分析表明：降低接收天线的旁瓣能有效地减小多径测距误差；采用圆极化发射和接收要比线极化的多径测距误差小。本文计算出了C波段由于多径信号引起的测距误差。

1 引 言

直到现在，地球表面的多径反射仍是测量雷达实现低仰角跟踪的主要障碍。即便在高仰角范围内，多径信号对连续波雷达的测距精度影响也很严重[1,2,6,7,10]。由于多径信号是天线参数、极化、反射面的粗糙度和电参数、电波入射余角β等的复杂函数，故多径问题的研究是复杂的。一般反射分为三类：光滑平面镜反射、粗糙面镜反射(条件是$\Delta h/\lambda<0.1/\sin\beta$，其中$\Delta h$为高斯起伏表面的标准偏差，$\lambda$为电波波长)、粗糙面漫散射(条件是$\Delta h\gg\lambda$)。近十年来，主要研究粗糙面漫散射的问题，因为随着λ的减小，从较低仰角增加的整个范围，多径信号漫散射分量存在并随β的增加而增加，国外很重视多径问题的研究，如参考文献[1]~[10]，国内见到的研究论文很少，如参考文献[12]。

本文不同于参考文献[10]，而是采用作者在参考文献[12]中的研究方法完成了对多径测距误差的分析。

侧音测距系统中，将低频(数kHz或数百kHz)侧音信号调制(例如调相)在载波上发送给目标，接收并解调目标转发的信号，比较并测定收发二侧音的相位差，就可求得雷达至目标的距离。设测量相位的误差为$\Delta\Phi$，则相应的测距误差σ_R为

$$\sigma_R=\frac{\lambda_R}{4\pi}\Delta\Phi \tag{1}$$

其中，λ_R为侧音波长。

2 光滑平面镜反射多径信号对测距的影响

设雷达天线对卫星进行角跟踪，如图1所示。天线高度h_1一般为数米至数十米，卫星高度h_2一般为数百千米，于是近似有$r/\!/r_1$。直接波在天线(Q_1点)产生的信号为$u_1(t)$，反射波在天线产生的信号为$u_m(t)$，反射面为光滑平面，点Q_1的镜像为Q_1'。$u_m(t)$与$u_1(t)$的路程差d为

$$d=2h_1\sin\beta \tag{2}$$

路程差用时延 τ 表示为

$$\tau = \frac{d}{c} = \frac{2h_1\ \sin\beta}{f\lambda} \tag{3}$$

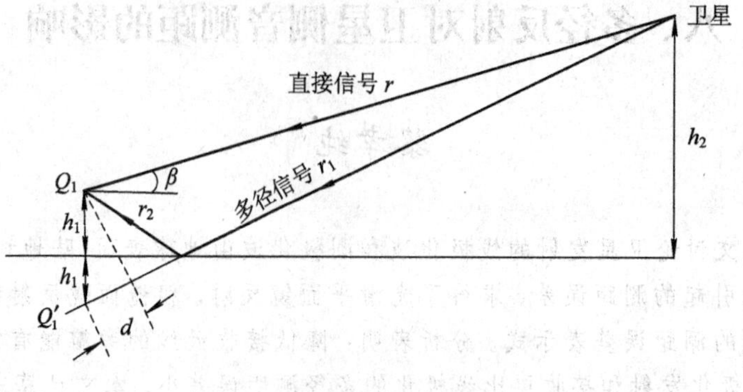

图 1　多径信号和直接信号

天线瞄准轴仰角为 β，在比瞄准轴低 2β 方向上收到多径信号 $u_m(t)$。直接信号 $u_1(t)$ 为侧音调相信号，设侧音角频率为 Ω，调相指数为 m，则有

$$\begin{aligned} u_1(t) &= A_1\cos(\omega t + m\sin\Omega t) \\ &= A_1 J_0(m)\cos\omega t \\ &\quad + A_1 J_1(m)[\cos(\omega+\Omega)t - \cos(\omega-\Omega)t] \\ &\quad + A_1 J_2(m)[\cos(\omega+2\Omega)t + \cos(\omega-2\Omega)t] \\ &\quad + A_1 J_3(m)[\cos(\omega+3\Omega)t - \cos(\omega-3\Omega)t] \\ &\quad + \cdots \end{aligned} \tag{4}$$

接收机里进行相干检测，相干参考为 $-\sin\omega t$，则往往滤去高频项，只取基波项，检测输出

$$u_{1a}(t) = A_1 J_1(m)\sin\Omega t \tag{5}$$

多径信号 $u_m(t)$ 相对直接信号有一延时 τ，

$$u_m(t) = A_1\rho G_{se}\cos[\omega(t-\tau) + m\sin\Omega(t-\tau) + \varphi] \tag{6}$$

其中 ρ 为反射系数的模，φ 为反射系数的相角，G_{se} 为多径信号进入方向的接收天线旁瓣电平与主瓣最大值之比。

$$\begin{aligned} u_m(t) &= A_1 G_{se}\rho J_0(m)\cos[\omega(t-\tau)+\varphi] \\ &\quad + A_1 G_{se}\rho J_1(m)\{\cos[(\omega+\Omega)(t-\tau)+\varphi] - \cos[(\omega-\Omega)(t-\tau)+\varphi]\} \\ &\quad + A_1 G_{se}\rho J_2(m)\{\cos[(\omega+2\Omega)(t-\tau)+\varphi] + \cos[(\omega-2\Omega)(t-\tau)+\varphi]\} \\ &\quad + A_1 G_{se}\rho J_3(m)\{\cos[(\omega+3\Omega)(t-\tau)+\varphi] - \cos[(\omega-3\Omega)(t-\tau)+\omega]\} \\ &\quad + \cdots \end{aligned} \tag{7}$$

在解调直接信号时也解调了多径信号，参考信号为 $-\sin\omega t$，解调输出只取基波

$$u_{dm}(t) = A_1 G_{se}\rho J_1(m)\sin[\Omega(t-\tau)]\cos(\omega\tau - \varphi) \tag{8}$$

去侧音测距的将是直接侧音和多径信号之矢量和 $u_{d\Sigma}(t)$

$$u_{d\Sigma}(t) = A_1 J_1(m)[1 + \rho G_{se}\cos(\omega\tau - \varphi)e^{-j\theta}] \tag{9}$$

其中

$$\theta = \Omega\tau = \frac{4\pi h_1}{\lambda_R}\sin\beta \tag{10}$$

λ_R 为侧音波长，由于 $\rho G_{se}\cos(\omega\tau-\varphi)$ 比 1 小得多，于是在直接信号上加了一个旋转矢量 $u_{dm}(t)$，旋转频率 f_1 为

$$f_1=\frac{1}{2\pi}\frac{d\theta}{dt}=\frac{1}{2\pi}\left(\frac{4\pi h_1\dot{\beta}}{\lambda_R}\right)\cos\beta \tag{11}$$

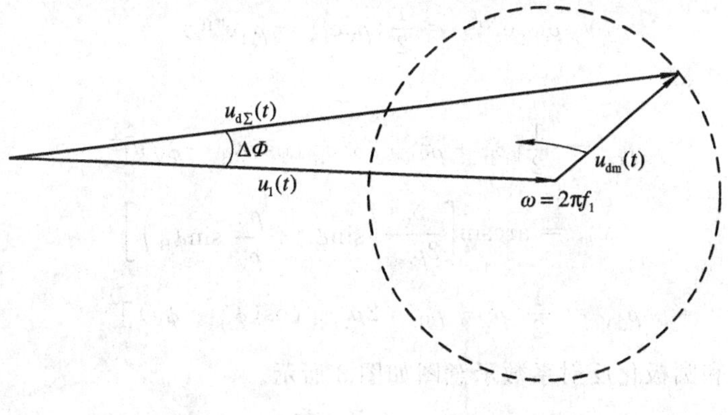

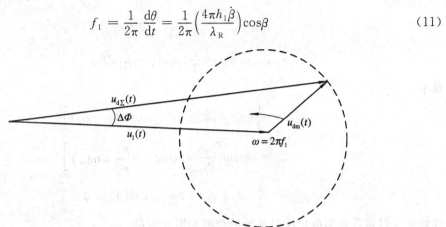

图 2　多径信号和直接信号的矢量和

由于 $u_{d\Sigma}(t)$ 以 $\Delta\Phi$ 交替地超前或滞后于直接信号，假设 $\rho G_{se}\cos(\omega\tau-\varphi)<1$ 并且 $\cos(\omega\tau-\varphi)\approx1$，直接信号加多径信号矢量图如图 2 所示，其中

$$\Delta\Phi=\rho G_{se}\cos(\omega\tau-\varphi)\sin2\pi f_1 t \tag{12}$$

试估计 f_1 的大小。例如，$f_2\geqslant300$ km，则 $\beta\cos\beta\leqslant0.01$，取侧音为 220 kHz，$\lambda_R=1363.64$ m，取 $h_1=30$ m，则 $f_1=4.4\times10^{-4}$ Hz，可见多径信号引起的相位 $\Delta\Phi$ 变化是缓慢的。$\cos(\omega\tau-\varphi)$ 引起 $\Delta\Phi$ 有变化，取最坏情况

$$\Delta\Phi_{max}=\rho G_{se} \tag{13}$$

有效值 $\Delta\Phi_{cps}$ [5] 为

$$\Delta\Phi_{cps}=\frac{\Delta\Phi_{max}}{\sqrt{2}} \tag{14}$$

测距误差

$$\sigma_{Rm}=\frac{\lambda_R}{4\pi}\Delta\Phi_{cps}=\frac{\lambda_R}{4\pi}\frac{\rho G_{se}}{\sqrt{2}} \tag{15}$$

(15)式中的反射系数与极化有关系。

水平极化反射系数 $\rho_H e^{j\phi_H}$ 为

$$\rho_H e^{j\phi_H}=\frac{\sin\beta-\sqrt{n^2-\cos^2\beta}}{\sin\beta+\sqrt{n^2-\cos^2\beta}} \tag{16}$$

垂直极化反射系数 $\rho_V e^{j\phi_V}$ 为

$$\rho_V e^{j\phi_V}=\frac{n^2\sin\beta-\sqrt{n^2-\cos^2\beta}}{n^2\sin\beta+\sqrt{n^2-\cos^2\beta}} \tag{17}$$

n 为复折射指数，且

$$n^2=\varepsilon-j60U\lambda$$

e 为相对介电常数，U 为导电率，λ 为射频波长。

圆极化波从光滑平面反射后产生两个圆极化波：一个与直接波同旋向，叫同旋波；另

一个与直接波反旋向，叫反旋波。参考文献[7]给出了同旋波反射系数 $\rho_{CS1}e^{j\phi_{CS1}}$ 和反旋波反射系数 $\rho_{CO1}e^{j\phi_{CO1}}$，即

$$\rho_{CS1}e^{j\phi_{CS1}} = \frac{1}{2}(\rho_V e^{j\phi_V} + \rho_H e^{j\phi_H}) \tag{18}$$

$$\rho_{CO1}e^{j\phi_{CO1}} = \frac{1}{2}(\rho_V e^{j\phi_V} - \rho_H e^{j\phi_H}) \tag{19}$$

其中

$$\rho_{CS1} = \frac{1}{2}[\rho_H^2 + \rho_V^2 + 2\rho_V\rho_H\cos(\phi_H - \phi_V)]^{\frac{1}{2}} \tag{20}$$

$$\phi_{CS1} = \arcsin\left[\frac{\rho_V}{2\rho_{CS1}}\left(\sin\phi_V + \frac{\rho_H}{\rho_V}\sin\phi_H\right)\right] \tag{21}$$

$$\rho_{CO1} = \frac{1}{2}[\rho_V^2 + \rho_H^2 - 2\rho_V\rho_H\cos(\phi_H - \phi_V)]^{\frac{1}{2}} \tag{22}$$

线极化反射系数和圆极化反射系数示意图如图 3 所示。

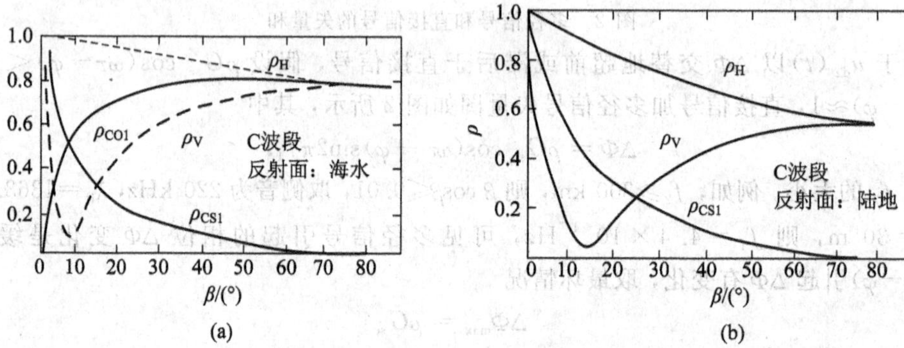

图 3　光平面镜反射线极化和圆极化反射系数

从(15)式可知，测距误差正比于侧音波长 λ_R，正比于天线旁(背)瓣电平，正比于反射系数的模。从图 3 可见，在较高仰角范围内，同旋圆极化反射系数比线极化反射系数要小，故采用圆极化发射和接收比用线极化时的多径测距误差要小。

3　粗糙面镜反射多径信号对测距的影响

当 $\Delta h/\lambda < 0.1/\sin\beta$ 时，我们认为只有镜反射分量而没有漫散射分量。据参考文献[3]第 12 章第 3 节，线极化波从粗糙面镜反射的均方根反射系数 ρ_2 为

$$\rho_2 = (\rho_s)_{rms}\rho \tag{23}$$

其中：ρ 为光滑平面镜反射系数，即 2 节中求出的反射系数；$(\rho_s)_{rms}$ 为均方根散射系数，其均方值为

$$\overline{|\rho_s|^2} = \exp\left[-\left(\frac{4\pi\Delta h\sin\beta}{\lambda}\right)^2\right] \tag{24}$$

反射系数的相角与平面镜反射时的相同。所以反射系数模为

垂直极化　$$\rho_{V2} = (\rho_s)_{rms}\rho_V \tag{25}$$

水平极化　$$\rho_{H2} = (\rho_s)_{rms}\rho_H \tag{26}$$

同旋圆极化　$$\rho_{CS2} = (\rho_s)_{rms}\rho_{CS1} \tag{27}$$

反旋圆极化 $$\rho_{CO2}=(\rho_s)_{rms}\rho_{CO1} \tag{28}$$

$(\rho_s)_{rms}$随β的变化曲线如图4所示。图5表示各种极化反射系数的模。可见在较高仰角时，同旋圆极化反射系数较小。

粗糙面镜反射多径测距误差计算公式与(15)式相同，只需分别用(25)式～(27)式的反射系数代替(15)式中的ρ即可计算相应极化的多径测距误差。可见在较高仰角时，由于同旋圆极化反射系数较小，故测距误差较小。

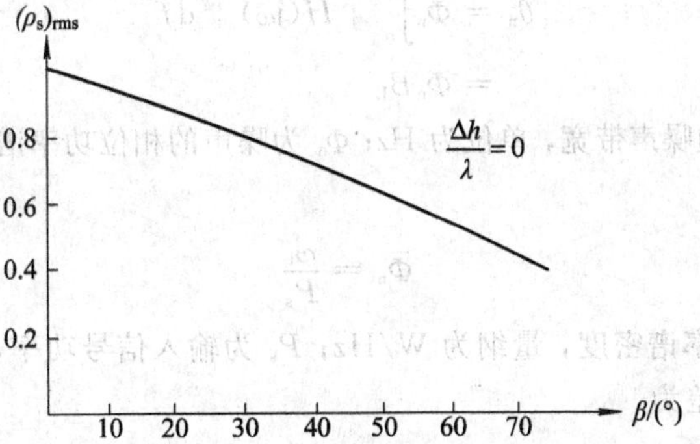

图4　均方根散射系数与入射余角β的关系

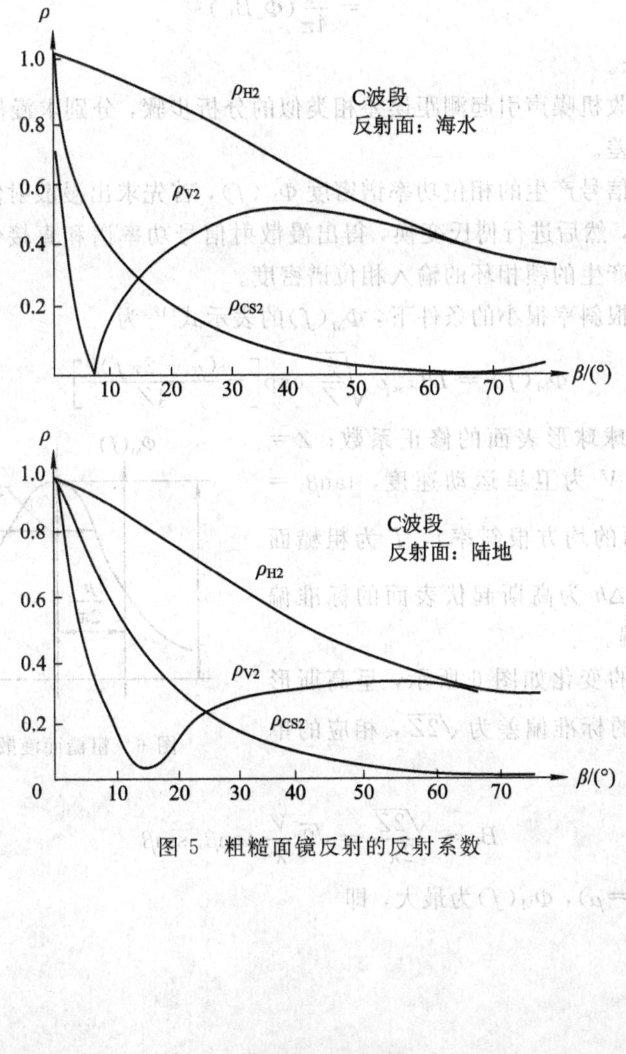

图5　粗糙面镜反射的反射系数

4　粗糙面漫散射多径信号对测距的影响

反射面很粗糙($\Delta h \gg \lambda$)时，从粗糙面来的信号全是漫散射分量，没有镜反射分量。分析表明：漫散射场的相位是随机的，并在$[0, 2\pi]$之间等概率分布，漫散射场的幅度(很多不相关波之和)服从瑞利分布。这就是窄带高斯噪声的性质。大家知道，接收机噪声(高斯噪声)进入锁相环，VCO 输出的均方相位抖动 $\bar{\theta}_n^2$[11] 为

$$\begin{aligned}\bar{\theta}_n^2 &= \Phi_n \int_0^{\infty} |H(j\omega)|^2 df \\ &= \Phi_n B_L\end{aligned} \tag{29}$$

其中：B_L 为锁相环单边噪声带宽，单位为 Hz；Φ_n 为噪声的相位功率谱密度，量纲为 rad^2/Hz，即

$$\bar{\Phi}_n = \frac{\omega_i}{P_s} \tag{30}$$

ω_i 为输入噪声振幅功率谱密度，量纲为 W/Hz；P_s 为输入信号功率，量纲为 W。接收机噪声引起的侧音测距误差为

$$\begin{aligned}\sigma_{Rm} &= \frac{\lambda_R}{4\pi}(\bar{\theta}_n^2)^{\frac{1}{2}} \\ &= \frac{\lambda_R}{4\pi}(\Phi_n B_L)^{\frac{1}{2}}\end{aligned} \tag{31}$$

其中 λ_R 为侧音波长。

这里采用与接收机噪声引起测距误差相类似的分析步骤，分别求漫散射信号产生的相位功率谱和测距误差。

为了求漫散射信号产生的相位功率谱密度 $\Phi_M(f)$，首先求出漫散射信号的相关函数和直接信号功率之比，然后进行傅氏变换，得出漫散射信号功率谱和直接信号功率之比，这就是由漫散射信号产生的锁相环的输入相位谱密度。

在粗糙面均方根斜率很小的条件下，$\Phi_M(f)$的表示式[12]为

$$\Phi_M(f) = DG_{se}^2\rho^2\sqrt{\frac{\pi}{Z}}\exp\left[-\frac{(\mu - 2\pi f)^2}{4Z}\right] \tag{32}$$

其中：D 为考虑地球球形表面的修正系数；$Z=(KV\tan\beta_0\sin\beta)^2$，$V$ 为卫星运动速度，$\tan\beta_0=\frac{2\Delta h}{T}$(正比于粗糙面的均方根斜率)，$T$ 为粗糙面起伏的相关距离，Δh 为高斯起伏表面的标准偏差；μ 为多普勒频偏。

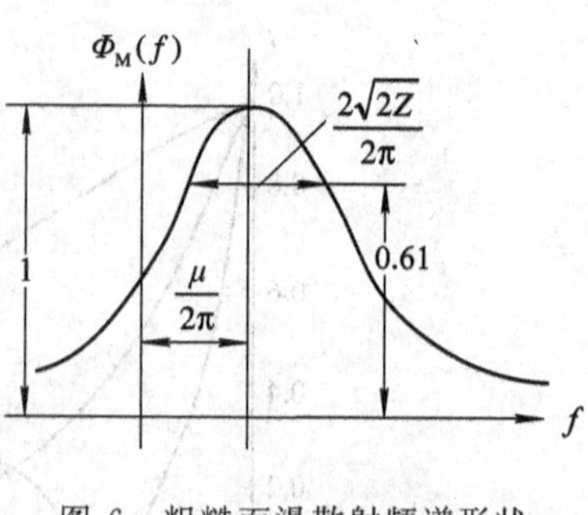

图 6　粗糙面漫散射频谱形状

$\Phi_M(f)$随频率的变化如图 6 所示，呈高斯形状，相应高斯曲线的标准偏差为 $\sqrt{2Z}$，相应的单边带宽 B_i(Hz)为

$$B_i = \frac{\sqrt{2Z}}{2\pi} = \sqrt{2}\,\frac{V}{\lambda}\tan\beta_0\sin\beta \tag{33}$$

在接收频率处($2\pi f=\mu$)，$\Phi_M(f)$为最大，即

$$\Phi_{\text{Mmax}}(f) = DG_{\text{se}}^2\rho^2 2\sqrt{\frac{\pi}{Z}} \tag{34}$$

一般 $B_i \gg B_L$，在 B_L 内 $\Phi_M(f)$ 近似取为 $\Phi_{\text{Mmax}}(f)$，漫射多径信号引起侧音环输出的相位抖动 $\bar{\theta}_M^2$ 为

$$\bar{\theta}_M^2 = \Phi_{\text{Mmax}}(f)B_L \tag{35}$$

漫射信号引起的测距误差 σ_{Rm} 为

$$\sigma_{\text{Rm}} = \frac{\lambda_R}{4\pi}[\Phi_{\text{Mmax}}(f)B_L]^{-\frac{1}{2}} \tag{36}$$

为了得到水平极化和垂直极化的测距误差公式，只需将(36)式中求 $\Phi_{\text{Mmax}}(f)$ 时用相应的反射系数 ρ_H 或 ρ_V 代替 ρ 即可。

圆极化波投射在粗糙面上也产生同旋反射波和反旋反射波，圆极化波的粗糙面漫散射问题没有完全解决。参考文献[2]证明，在粗糙面均方根斜率小的情况下，圆极化波漫散射信号主要由镜反射点周围的小块面积决定，因而漫散射仍具有强的反旋向特性。参考文献[6]在分析问题时认为圆极化波漫散射具有反旋向特性。

作为近似估算，本文将(34)式中的 ρ 用光滑平面镜反射的同旋圆极化反射系数代替，即得圆极化漫散射信号产生的相位谱，再代入(36)式计算测距误差。

当粗糙面均方根斜率不是很小时，我们建议采用同旋信号与反旋信号各占 $\frac{1}{2}$ 功率求最大反射系数的方法[7]

$$\rho_{Ci(\max)} = \frac{1}{2}(\rho_V^2 + \rho_H^2 + 2\rho_V\rho_H)^{\frac{1}{2}} \tag{37}$$

$\rho_{Ci(\max)}$ 的变化如图 7 所示。用 $0.707\rho_{Ci(\max)}$ 代替(34)式中的 ρ 计算 $\Phi_{\text{Mmax}}(f)$，再由(36)式近似计算测距误差。

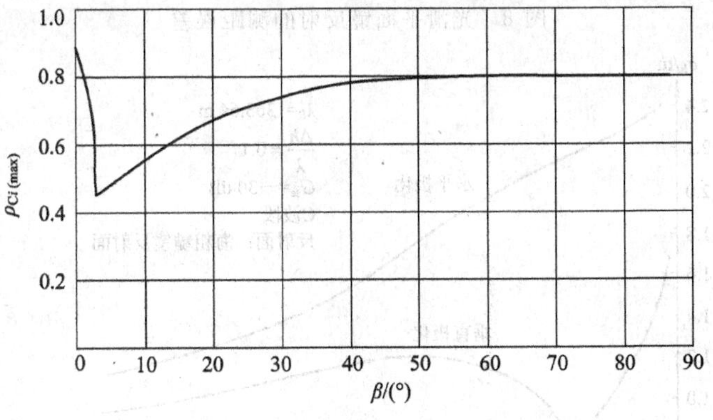

图 7　最大反射系数 $\rho_{Ci(\max)}$

5 结　　语

(1) 多径信号要引起测距误差。线极化波和圆极化波从光滑平面镜反射和粗糙面镜反射的多径测距误差用(15)式计算，只需代以相应的反射系数即可。粗糙面漫散射多径测距误差用(36)式计算，对不同极化只需代以相应光滑面反射系数即可。

(2) 多径测距误差与接收天线的旁瓣电平成正比，所以降低旁瓣电平能有效地减小多

径测距误差。

(3) 由于圆极化波经反射后具有反旋向的特性，因此在较高仰角范围内采用圆极化发射接收的多径测距误差比线极化的要小。

(4) 侧音测距的多径误差计算举例。图 8 为 C 波的光滑海平面镜反射各种极化的多径测距误差；图 9 为海粗糙镜反射时的测距误差；图 10 为海粗糙漫散射的测距误差；图 11 为海粗糙漫散射按最大反射系数计算的测距误差。可见漫散射时的测距误差很小，比光滑平面反射时的测距误差小得多；漫散射功率分布在比侧音环的 B_L 宽得多的带宽内，进入侧音环引起测距误差的是漫散射功率的极少部分。

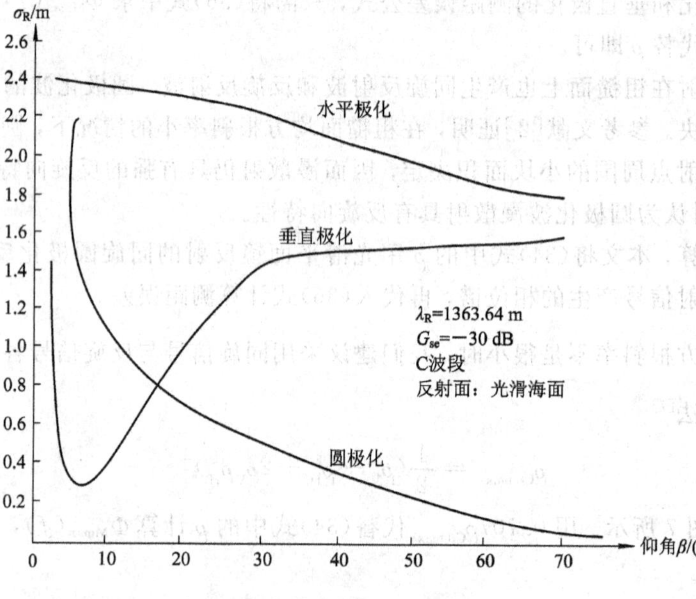

图 8 光滑平面镜反射的测距误差

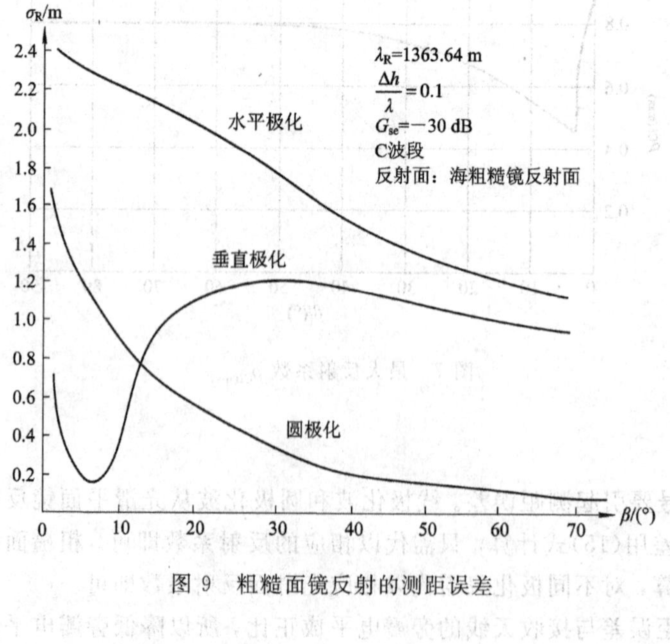

图 9 粗糙面镜反射的测距误差

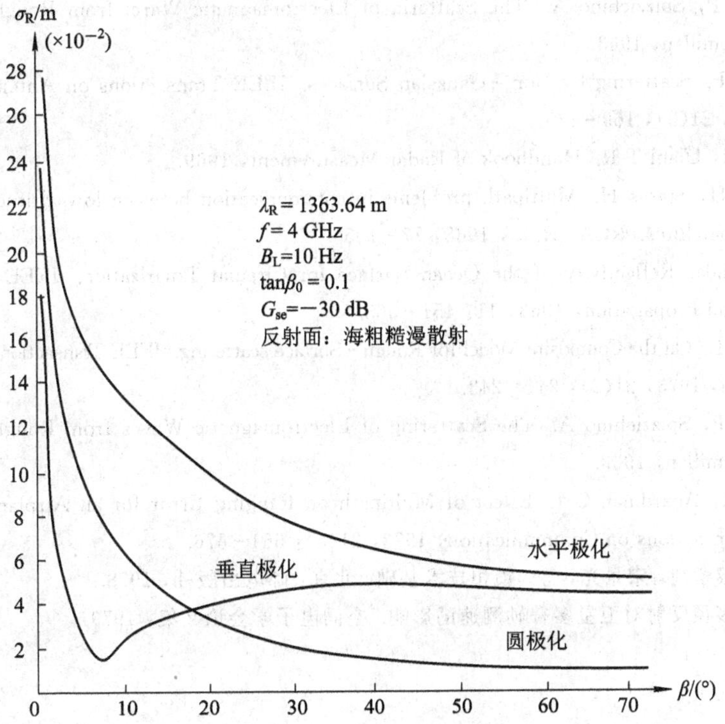

图 10 粗糙面漫散射引起的测距误差

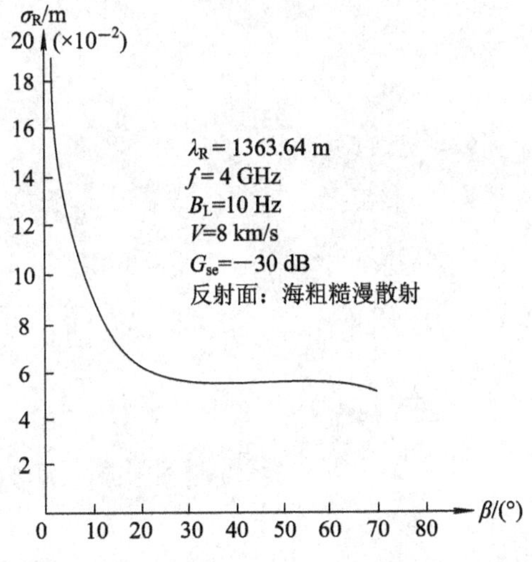

图 11 漫散射按最大反射系数计算出的测距误差

参 考 文 献

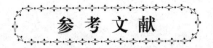

[1] Muehldorf E I. The Effect of Multipath Reflections on Spaceborne Interferometer Accuracy. IEEE Transactions on Aerospace and Electronic System，1971，7(1)：122 - 131.

[2] Staras H. Rough surface scattering on a communication link. Rad. Sci.，1968，3：623 - 631.

[3] Bechmann P, Spizzichino A. The Scatterin of Electromagnetic Warei from Rough Surfaces. New York: Macmillan, 1963.

[4] Bechmann P. Scattering by Non-Gaussian Surfaces. IEEE Transactions on Antenna and Propagation, 1973, 21(2): 169-175.

[5] Barton D K, Ulanl T R. Handbook of Radar Measurement, 1969.

[6] Durrani S H, Staras H. Multipath problems in communication between low altitude spacecraft and stationary satellites. RCA. Rev., 1968: 77-105.

[7] Katz I. Radar Reflectivity of the Ocean Surface for Circular Polarization. IEEE Transactions on Antenna and Propagation, 1963, 11: 451-563.

[8] Burrows M L. On the Composite Model for Rough-Surface scattering. IEEE Transactions on Antenna and Propagation, 1973, 21(2): 241-243.

[9] Bechmann P, Spizzichino A. The Scattering of Electromagnetic Waves from Rough Surfaces. New York: Macmillan, 1963.

[10] Bello P A, Aoardman C J. Effect of Multipath on Ranging Error for an Airplane-satellite Link. IEEE Transactions on Communication, 1973, 21(5): 564-576.

[11] 杨士中，黎孝纯，宋景光，等. 锁相技术基础. 北京：邮电出版社，1978.

[12] 黎孝纯. 多径反射对卫星多普勒测速的影响. 空间电子学会论文集，1979.

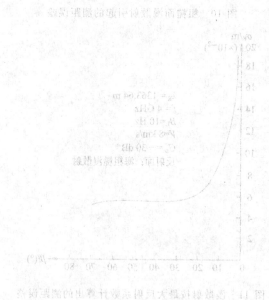

第三部分

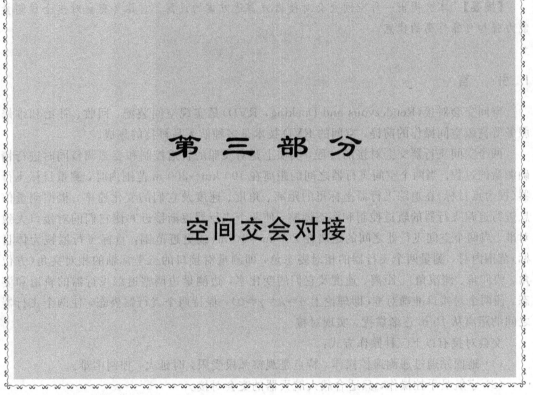

空间交会对接

九、空间交会对接微波雷达

黎孝纯

【摘要】 本文提出一种空间交会对接微波雷达方案的设想。它具有交会对接全程测量能力强和可靠性高的优点。

1 引　　言

空间交会对接(Rendezvous and Docking，RVD)是实现空间装配、回收、补给和维修服务等高级空间操作的前提，空间的 RVD 技术是多种航天高科技的集成。

两个空间飞行器交会对接的过程，实质上是对飞船的轨道控制和姿态调整同时进行精确测量的过程。当两个空间飞行器之间的距离在 100 km～200 m 范围内时，测量目标飞行器(视为点目标)在追踪飞行器坐标里的距离、角度、速度及它们的变化速率，根据测量信息进行追踪飞行器的轨道控制和姿态调整，使两个飞行器逐渐接近并使它们的对接口大致对准。当两个空间飞行器之间的距离在 200 m～10 m(或更近范围，目标飞行器视为体目标)范围内时，测量两个飞行器的相对姿态角，即测量对接口的三坐标轴的相对夹角(方位角、俯仰角、侧滚角)、距离、速度及它们的变化率，边测量边调整追踪飞行器的轨道和姿态，使两个对接口准确对准(即理论上 $\alpha=\beta=\gamma=0$)，保持两个飞行器姿态，使两个飞行器之间的距离从 10 m 逐渐靠拢，实现对接。

交会对接有以下三种操作方式：

(1) 地面站通过遥测遥控操作，特点是观察弧段受限，时延大，控制困难。

(2) 宇航员手控操作，只适合载人航天器的交会对接。

(3) 自主交会对接，适合无人或有人航天器的交会对接。

目前，美国和俄罗斯已在不同程度上掌握了载人和无人自动交会对接技术，欧洲航天局制定了高级自主的不载人 RVD 方案，并已开展了相关工作，日本也开展了这方面的工作。而我国，根据目前情况，采用在地面测控网支持下的自动交会对接技术研究为宜。

2 交会对接的阶段划分

目前，可以把交会对接划分为远距离引导段、近距离引导段、逼近段和对接段 4 个阶段。

交会对接的阶段划分如图 1 所示。

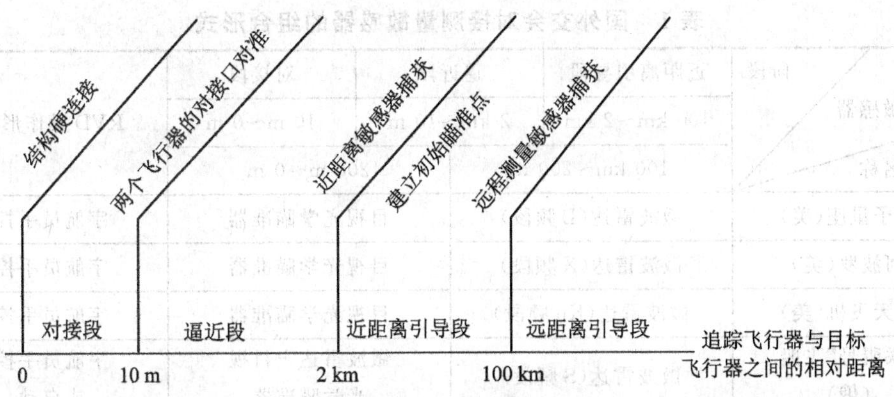

图 1 交会对接的阶段划分

2.1 远距离引导段

追踪飞行器从发射入轨后，进入近地点 200 km、远地点 370 km 的初轨道，在地面测控网的引导下，经多次变轨到 370 km 的圆轨道，这时追踪飞行器的轨道与目标飞行器的轨道高度相距 30 km。在此期间，追踪飞行器上的远程测量敏感器开始能捕捉到目标飞行器的信号，直到两者相距 100 km 左右时，追踪飞行器能可靠地捕获到目标飞行器的信号，两者建立通信联系。此时，远距离引导结束，两个飞行器之间的相对距离为 100 km，相对速度为 50 m/s～60 m/s。

2.2 近距离引导段

近距离引导段是从追踪飞行器上的远程测量敏感器捕获目标(相距 100 km)开始，到追踪飞行器距目标飞行器 2 km 时为止。追踪飞行器上的测量系统测出两个飞行器之间的相对距离、速度、角度及它们的变化率。此阶段结束时，两个飞行器的对接口大致对齐，建立初始瞄准点。此时，两个飞行器的相对速度约为 2 m/s。

2.3 逼近段

在逼近段，两个飞行器之间的相对距离在 2 km 到 10 m 之间。此阶段测量系统必须精确测量两个飞行器之间的相对位置和相对姿态，根据这些测量信息，控制追踪飞行器并调整姿态，使两个对接口对齐，即两个对接口的三轴相对夹角分别为 0，其误差在允许范围内，追踪飞行器沿着对接轴向目标飞行器靠近，此时，两个飞行器的相对速度约为 0.3 m/s。

2.4 对接段

在对接段，两个飞行器之间的相对距离从 10 m 缩短到 0 m。此阶段飞行器之间的相对位置和相对姿态变化都不大，相对速度小于 0.3 m/s，主要是进行一次对接前的确认检查。当两个飞行器开始接触时，对接敏感器便发出接触信号，这时保持姿态和轨道位置，撞锁开始动作，然后利用指示撞锁合拢的信号启动对接后继阶段。

3 国外交会对接测量系统简况

国外交会对接测量敏感器的组合形式如表 1 所示，交会对接微波雷达的性能参数如表 2 所示，由此可以看出以下几点：

表 1　国外交会对接测量敏感器的组合形式

<table>
<tr><td rowspan="3">阶段
敏感器
工程名称</td><td>近距离引导段</td><td colspan="2">逼近段</td><td>对接段</td><td rowspan="3">RVD 操作形式</td></tr>
<tr><td>100 km～2 km</td><td colspan="2">2 km～10 m</td><td>10 m～0 m</td></tr>
<tr><td colspan="2">100 km～200 m</td><td colspan="2">200 m～0 m</td></tr>
<tr><td>双子星座(美)</td><td colspan="2">微波雷达(L 频段)</td><td colspan="2">目视光学瞄准器</td><td>宇航员手控</td></tr>
<tr><td>阿波罗(美)</td><td colspan="2">微波雷达(X 频段)</td><td colspan="2">目视光学瞄准器</td><td>宇航员手控</td></tr>
<tr><td>航天飞机(美)</td><td colspan="2">微波雷达(Ku 频段)</td><td colspan="2">目视光学瞄准器</td><td>宇航员手控</td></tr>
<tr><td>“联盟号”飞船(俄)</td><td colspan="2">微波雷达(S 频段)</td><td colspan="2">微波雷达＋目视光学瞄准器</td><td>宇航员手控或自动</td></tr>
<tr><td>欧洲航天局方案</td><td colspan="2">微波雷达(S 频段)</td><td colspan="2">激光雷达＋位置检测器(PDS)＋电视</td><td>自主 RVD</td></tr>
</table>

(1) 100 km～200 m 段都采用微波雷达作测量敏感器，200 m～0 m 段都具有目视光学瞄准器。

(2) 200 m～0 m 段的测量是 RVD 的关键测量，俄罗斯的“联盟号”飞船的测量系统是全程无线电系统，即微波雷达具有 200 m～0 m 段测量姿态的功能。

(3) RVD 的发展方向是自主自动交会对接，已使用的多为宇航员手控操作。

(4) 微波雷达的使用频段在升高。L、S、X、Ku 频段都已用于交会对接微波雷达。

表 2　交会对接微波雷达的性能参数

工程名称	频段	距离测量	速度测量	角度测量
双子星座(美)	L	非相干脉冲测距应答式，范围 150 km～450 km，精度 1%R 或 23 m	距离微分测速，范围 ±150 m/s，精度 5%V	比幅单脉冲，范围 ±25°，精度 0.5°
阿波罗(美)	X	连续波体制，音频调相测距，范围 720 km，精度 1%R 或 25 m	多普勒测速，范围 ±150 m/s，精度 1%V	比幅单脉冲，精度 0.12°
航天飞机(美)	Ku	脉冲测距，范围 30 m～500 km，精度 1%R	脉冲多普勒测速，范围 1.5 m/s～150 m/s	比幅单脉冲，精度 0.57°，角速度精度 0.008°/s
“联盟号”飞船(俄)	S	连续波体制，副载波调相测距，范围 0 m～100 km，精度见表 3	多普勒测速，范围 1.5 m/s～150 m/s，精度见表 3	圆锥扫描测角，范围和精度见表 3
欧洲航天局方案	S	连续波体制，调相测距，范围 200 m～100 km，精度 0.5 m	多普勒测速，范围 ±0.2 m/s	顺序波瓣比幅测角，范围±30°，角精度±0.3°，角速度精度 0.003°/s

表 3 KYPC("联盟号"飞船)系统测量参数

序号	测量参数	测量范围	测量误差
1	姿态角 α，β	±180°	0.7°+0.3$\alpha(\beta)$
2	视线角度 ψ，θ	±15°	0.4°+0.1$\psi(\theta)$
3	视线角速度 $\dot{\psi}$，$\dot{\theta}$	±1.5°/s	0.003°/s+0.05$\dot{\psi}(\dot{\theta})$
4	相对距离 ρ	0～100 km	10 m+0.0025ρ
5	径向速度 $\dot{\rho}$	±400 m/s	0.03 m/s+0.0005$\dot{\rho}$
6	倾斜角度 T	±180°	3°+0.2T+0.1ρ
7	主动航天器在被动航天器坐标内心角度位置 ψ_n，θ_n	±30°	1°+0.3$\psi_n(\theta_n)$

4 交会对接微波测量系统方案

4.1 RVD 测量敏感器组合形式

在交会对接测量系统方案中，相对距离在 100 km～200 m 之间，用微波雷达作测量敏感器。相对距离在 200 m～0 m 之间，RVD 测量(RVD 最关键的一段测量)已有的方案大致分为两种：第一种是"微波雷达+电视"，例如俄罗斯的 RVD 测量系统；第二种是"激光雷达+位置检测器(PDS)+电视"，例如欧洲航天局拟定的自主 RVD 的测量系统。

交会对接测量敏感器组合如表 4 所示。经过各种 RVD 测量系统方案的比较，考虑到微波雷达具有搜寻角度范围大、有一定的测量精度和技术成熟的优点，我们认为所采用的交会对接微波雷达具有交会对接全过程测量能力，在逼近段和对接段，"微波雷达+光电成像系统"的组合形式是合理的。

表 4 交会对接测量敏感器组合

阶 段	距 离	测量敏感器
近距离引导段	100 km～2 km	微波雷达
逼近段	2 km～200 m	微波雷达
	200 m～10 m	微波雷达+光电成像系统
对接段	10 m～0 m	微波雷达+光电成像系统

4.2 微波测量系统的功能和测量要求

4.2.1 各阶段 RVD 过程中，微波雷达系统的功能

各阶段 RVD 过程中，微波雷达系统的功能如下：

(1) 搜索捕获目标。目标飞行器距离追踪飞行器 100 km 时，追踪飞行器上的天线能可靠地捕获目标飞行器。

(2) 跟踪测量。目标飞行器距离追踪飞行器 100 km～0 m 时，追踪飞行器上的天线要跟踪目标飞行器，测量目标飞行器在追踪飞行器雷达坐标中的距离、速度、角度(方位角、俯仰角)及它们的变化率，将测量信息送至控制系统。

(3) 相对姿态测量。目标飞行器距离追踪飞行器 200 m～0 m 时(目标飞行器视为体目标),微波测量系统要测量两个飞行器的相对姿态角,即测量两个对接口的三坐标轴的相对夹角(方位角、俯仰角、侧滚角)及其变化率。

4.2.2　RVD 各阶段中,微波雷达系统的主要测量参数及其精度

具体的测量参数和测量精度应该是交会对接自主程度、采用的对接机构形式、飞船控制形式、采用的测量设备性能等多方面协调的结果。在这里只从微波雷达的性能角度提出主要的测量参数及其精度,如表 5 所示,供参考。

表 5　测量参数及其精度

参数名称 \ 参数值 \ 阶段	近距离引导段	逼近段	对接段
	100 km～2 km	2 km～10 m	10 m～0 m
相对距离 R	100 km～200 m	200 m～10 m	10 m～0 m
精度 ΔR	⩽1 m	⩽1 m	⩽1 m
相对速度 V	±100 m/s	±2 m/s	±1 m/s
精度 ΔV	⩽0.03 m/s	⩽0.03 m/s	⩽0.03 m/s
方位角 α	±30°	±30°	±30°
$\Delta\alpha$	⩽0.4°	⩽0.4°	⩽0.4°
$\Delta\dot{\alpha}$	⩽0.004°/s	⩽0.004°/s	⩽0.004°/s
俯仰角 β	±30°	±30°	±30°
$\Delta\beta$	⩽0.4°	⩽0.4°	⩽0.4°
$\Delta\dot{\beta}$	⩽0.004°/s	⩽0.004°/s	⩽0.004°/s
侧滚角 γ		±90°	±90°
$\Delta\gamma$		⩽3°	⩽3°
$\Delta\dot{\gamma}$		⩽0.3°/s	⩽0.3°/s

4.3　微波雷达频段选择

RVD 微波雷达使用频段选择可从以下几个方面考虑。

(1) 使用频率应在国际电联规定频段范围以内。

(2) 参考国外 RVD 微波雷达选用频段及发展趋势。由表 1 和表 2 知,国外 RVD 微波雷达采用 L、S、X、Ku 频段,其中 S 和 Ku 是最为典型的两个考虑选用的频段。

(3) 从飞船允许天线安装尺寸,给定重量功耗比较 S 频段和 Ku 频段。对于我们拟定的技术方案,为了使作用距离达到 100 km～2 km,保证测角精度达到 0.4°并考虑到空间捕获困难而天线波速不宜太窄,暂定跟踪天线波速宽度为 12°。在两频段工作时,天线波速宽度(12°)和增益(20 dB)保持不变的情况下,S 频段和 Ku 频段天线比较见表 6,由此可以看出:S 频段传播损失小 15 dB;Ku 频段的天线尺寸小得多,重量也小一些。若限制天线尺寸小于 700 mm,Ku 和 S 各有所长。

(4) S和Ku两频段研制难度比较。S和Ku都是成熟的，从技术上讲S要容易一些。从仪器配套来看，S频段的仪器是很全的，Ku频段的仪器相对少些，若有经费支持，仪器问题是可以解决的。

(5) 飞船电磁兼容性比较。若现有的飞船设备在S频段已有多组频率，RVD微波雷达再选用S频段，则要增加F1、F2、F3、F4等多个频率，使电磁兼容比较难解决。相反，若选用Ku频段，则问题相对容易解决些。

从以上考虑，作用距离在100 km内也够了，尽量减少天线尺寸、重量和电磁兼容性，选用Ku频段是适宜的。

表6 S频段和Ku频段天线比较

序号	性能参数	Ku频段	S频段
1	参考频率	12.5 GHz	2.2 GHz
2	参考距离 R	100 km	100 km
3	基本传播损失 $Lo=20\lg\left(\frac{4R\pi}{\lambda}\right)$	154 dB	139 dB
4	主跟踪天线 A_1 的口径尺寸 D_1	120 mm	700 mm
5	次跟踪天线 A_2 的口径尺寸 D_2	100 mm	570 mm
6	主跟踪天线 A_1 的纵向尺寸 H_1	150 mm	400 mm
7	次跟踪天线 A_2 的纵向尺寸 H_2	100 mm	200 mm
8	天线重量 W	12 kg	16 kg
9	主跟踪天线 A_1 的展开机构	需要	需要
10	次跟踪天线 A_2 的展开机构	不需要	不需要

4.4 微波雷达测量系统的组成及工作原理

微波雷达测量系统的天线布置如图2所示。两个飞行器的设备简化原理框图如图3所示。

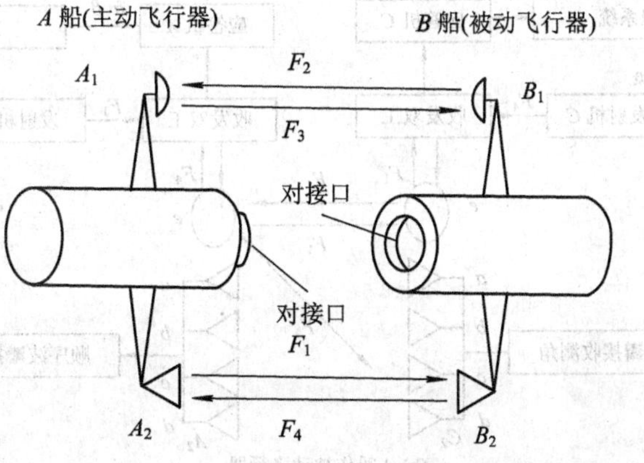

图2 微波雷达测量系统的天线布置

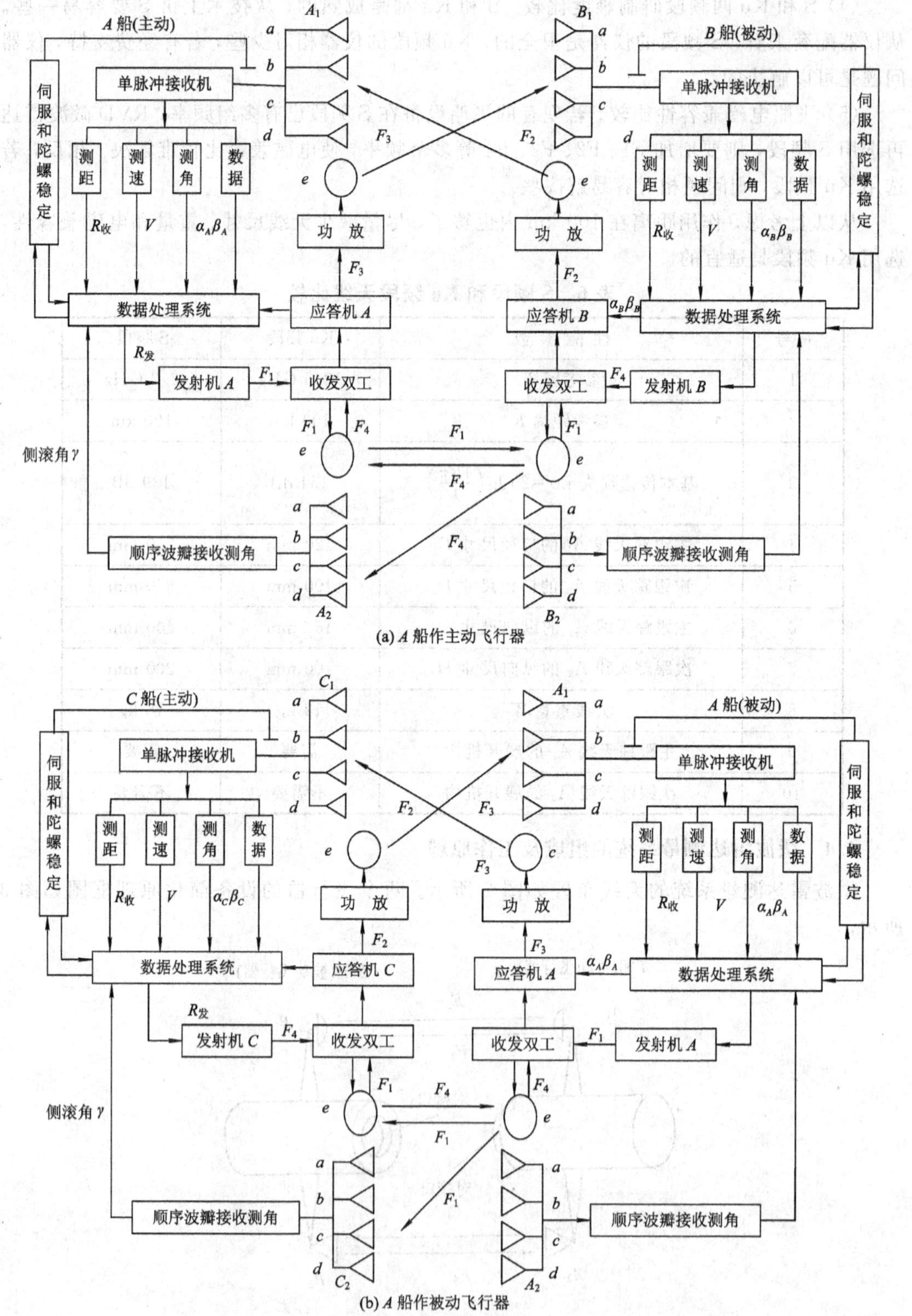

图 9-3 主、被动微波雷达测量系统简化框图

在追踪飞行器 A 上装有天线 A_1 和 A_2，A_1 和 A_2 以飞行器纵轴为中心，呈 180°安装，即 A_1 在飞行器 A 的正上方，A_2 在飞行器 A 的正下方。在目标飞行器上装有天线 B_1 和 B_2，B_1 和 B_2 以飞行器纵轴为中心，呈 180°安装，即 B_1 在飞行器 B 的正上方，B_2 在飞行器 B 的正下方。天线这样安装是为了满足追踪飞行器和目标飞行器微波雷达的设备(天线)兼容的要求。每个天线都有一个撑杆，每根杆长 0.5 m(暂定)。

天线 A_1：具有陀螺稳定。暂定频率为 Ku 频段。A_1 为五喇叭天线，中心喇叭发射 90°波束信号，边缘四喇叭接收，形成单脉冲跟踪测角信号，其和波束宽度 12°，差波束宽度 16°，圆极化天线可方位和俯仰扫描搜索跟踪。

天线 A_2：没有陀螺稳定。天线瞄准轴与飞行器纵轴平行，A_2 是喇叭天线，中心喇叭具有收发功能，波束宽度 60°，边缘喇叭顺序波瓣接收形成角误差信号，波束宽度 36°，圆极化。

天线 B_1：同天线 A_1。

天线 B_2：同天线 A_2。

工作原理如下：

• 捕获：准备交会对接时，需要目标飞行器的对接口背着运动方向，对接口滚动轴偏离运动方向小于 10°，姿态稳定。追踪飞行器的对接口朝着飞行器的运动方向。目标飞行器在追踪飞行器前方 100 km～150 km，高约 30 km 处开始交会对接。此时，追踪飞行器上 A_2 天线的中心喇叭发射信号(频率为 F_1 信号)，目标飞行器 B_2 天线的中心喇叭接收 F_1 信号，经相干应答机后从 B_1 天线的中心喇叭转发 F_2(频率为 F_2)信号，A_1 天线进行 ±30°的圆锥扫描，当收到 F_2 信号后转入自动角跟踪。

• 跟踪测量：A_1 天线搜索和跟踪具有陀螺稳定。当 A_1 天线转入自动跟踪后，即可对目标飞行器进行角度测量，由转轴上的角度传感器输出角度信息，由陀螺输出角度信息和角速度信息。A_1 天线波束宽度为 12°，角跟踪精度优于 0.4°。距离和速度测量是采用统一载波体制方式进行的，测距音对 F_1 信号进行调相，经 A_2 的中心喇叭发射，目标飞行器 B_2 天线的中心喇叭接收 F_1 后经应答机相干转发以 F_2 频率由 B_1 天线的中心喇叭发出，A_1 天线跟踪接收 F_2，并锁相解调得到测距音进行测距，锁定残余载波进行多普勒测速。

• 相对姿态测量：当两个飞行器距离在 200 m～0 m 时，使两个飞行器的对接口准确对准，微波雷达系统要测量两个飞行器的相对姿态。方法是分别测量对接口的三坐标轴之间的相对夹角，即方位角、俯仰角和侧滚角，并调整主动飞行器的轨道和姿态，使相对夹角(方位角、俯仰角和侧滚角)均等于 0。

A_1 天线的边缘喇叭单脉冲跟踪 B_1 天线的中心喇叭发射的 F_2 信号，调整追踪飞行器姿态，使方位角和俯仰角为零，即天线瞄准垂直于追踪飞行器的对接口面。

B_1 天线边缘喇叭单脉冲跟踪 A_1 天线的中心喇叭发射的 F_3 信号，形成方位差和俯仰差信号，这个误差信号通过通信信道传输到追踪飞行器上，通过调整追踪飞行器的轨道和姿态，使方位差和俯仰差信号为零，即 A_1B_1 为天线 B_1 的瞄准轴，垂直于目标飞行器的对接口面。

此时，A_1 和 B_1 两天线共视线，但是 AB 两个飞行器的对接轴平行而不一定共线，它绕 A_1B_1 轴有一侧滚角。

A_2 天线的边缘喇叭接收 B_2 天线的中心喇叭发射的 F_4 信号，形成方位差和俯仰差信号。调整追踪飞行器的轨道和姿态，使方位差和俯仰差信号为零，即使得两个飞行器的侧滚角为0，即两个对接口完全对准了。

5 追踪飞行器和目标飞行器的微波雷达测量兼容性考虑

在图2所示示意图中，A_2 天线安装在 A_1 天线的正下方，B_2 天线安装在 B_1 天线的正下方，是从天线在“目标”、“追踪”两个状态下有兼容性设计的。

第一种状态：B 飞船作目标飞行器，A 飞船作追踪飞行器，如图3(a)所示。

工作过程如下：

(1) A_2e 发射 F_1，B_2e 接收 F_1，经应答机转发频率为 F_2，B_1e 发射 F_2，A_1abcd 接收 F_2，进行角跟踪。

(2) A_1e 发射 F_3，B_1abcd 接收 F_3，测出 α_B 和 β_B，经应答机 B 后再经 F_2 传到追踪飞行器。

(3) B_2e 发射 F_4，A_2abcd 接收 F_4，测侧滚角。

第二种状态：A 飞船作目标飞行器，C 飞船作追踪飞行器，如图3(b)所示。

工作过程如下：

(1) C_2e 发射 F_4，A_2e 接收 F_4，经应答机转发频率为 F_3，A_1e 发射 F_3，C_1abcd 接收 F_3，进行角跟踪。

(2) C_1e 发射 F_2，A_1abcd 接收 F_2，测出 α_A 和 β_A，经应答机 A 后再经 F_3 传到追踪飞行器 C。

(3) A_2e 发射 F_1，C_2abcd 接收 F_1，测 C 飞船和 A 飞船的相对侧滚角。

6 结　语

空间交会对接微波雷达是否具备逼近段和对接段测量能力，即是否具备测量两个飞行器相对姿态的能力，世界各国的做法是不同的，特别是美俄两航天超级大国是不同的。中国的路怎么走是值得很好研究的。世界各国的经验、中国的国情以及国际合作的形势是我们规划的重要因素。本文的研究是初步的，只起一个抛砖引玉的作用。

在本方案形成过程中，钟鹰、陈学华同志作了很多工作。

第 四 部 分

双星定位系统

十、双星定位入站信号快捕系统研究

黎孝纯　薛丽

【摘要】 本文叙述双星定位入站信号快捕系统攻关研究结果分为三个(阶段)部分:

(1) 同步码(速率为 8 Mb/s)输入信噪比为 −20 dB 的快捕系统的实现方案,并对方案进行实验验证。

(2) 同步码(速率为 8 Mb/s)输入信噪比为 −22 dB 的快捕系统的实现方案,并对方案进行实验验证。

(3) 同步码(速率为 4 Mb/s)输入信噪比为 −22 dB 的快捕系统的实现方案,并对方案进行实验验证。

1 引　言

早在 1983 年陈芳允教授就提出了利用两颗同步卫星对地球表面和空中目标进行定位的建议。

大家知道,双星定位通信系统由两颗同步卫星、地面中心站和用户设备三大部分组成。其设计特点是卫星数量少,用户设备简单,一切复杂性集中到地面中心站,即"一切奥妙集中于地面中心站"。

低信噪比下,扩频码的快速捕获是双星定位系统中最关键的技术之一,自 1986 年以来,我国一直将其列为攻关的难题,在世界范围内也算是难题。第一,中心站的入站信号为随机到达的长约为 20 ms 的射频脉冲,这种脉冲是扩频码对载波进行 BPSK 调制后的信号,信噪比极低(例如为 −20 dB 以下)。中心站必须捕获扩频码,然后跟踪测距,解扩载波捕获,相干数据解调。在通常情况下,完成这些功能并不难,但要求必须在 20 ms 内完成上述功能,而且输入信噪比极低,这就使问题变得很难了。第二,美国 Geostar 公司宣称,它拥有此项技术,是美国政府批准的专利,不出售。Geostar 公司就凭借这些专利与世界上一些国家合作建立双星定位系统。

这是一个工程难题,必须要有一个合理、完善的解决方案,而且要做出设备,达到规定的指标,设备工作稳定可靠,才算攻克了这个难题。只有一个方案,没有做出设备,或做出的设备未达到规定的指标,不算攻克了这个难题。主要的技术问题陈述如下:

输入到中心站的信号格式如图 1 所示。一帧里包含捕获段和跟踪数据段,共长 20 ms 左右。捕获段的 PN_0 码(又称同步码)和跟踪数据段的 PN_1 码的速率均是 8 Mb/s。捕获段的 PN_0 码是 4 个码长为 1024 位的 PN 码[2]。

难题是采用什么办法能在 PN_0 码结束时刻产生一个视频脉冲,去置位跟踪段的延迟锁定环本码产生器,使 PN_1 码粗同步。技术要求是:

(1) 输入信噪比 −20 dB(16 MHz 带宽内)。

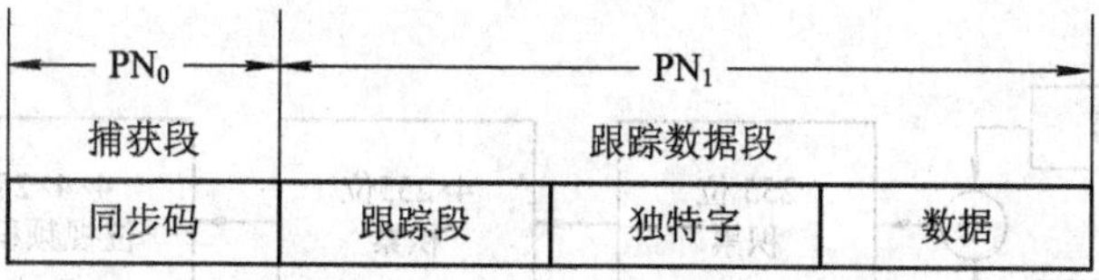

图1　输入信号格式

(2) 输入信噪比 －20 dB下，捕获概率达90％。

(3) 视频脉冲的精度在±1/2码元以内。

(4) 同步脉冲下降1 dB时，允许载波多普勒频率变化不小于±1.5 kHz。

这些要求是很难达到的。国内几个单位同时攻关这个难题。中国航天科技集团公司五院西安分院(原五〇四所)经过6年的攻关研制，采用抽头延迟线和声表面波长延迟线实现同步码的信号积累，突破了此项关键技术。1992年2月，经鉴定委员会测试组测试，其性能指标优于国际水平。

2　同步码(速率为8 Mb/s)输入信噪比为－20 dB的快捕系统

2.1　技术指标要求

技术指标要求如下：

(1) 中心频率：65.254 MHz。

(2) 码速率：8.152 Mb/s。

(3) 输入信噪比：－20 dB(16 MHz带宽内)。

(4) 输出信噪比：13 dB以上。

(5) 同步码捕获概率：90％；虚警概率：10^{-5}。

(6) 输出脉冲精度：±1/2码元以内。

(7) 输出脉冲下降1 dB时，允许载频多普勒频率变化不小于±1.5 kHz。

2.2　快捕系统的原理

参考文献[2]推荐的同步码PN_0的信号格式如图2所示，其中A为255位短PN码，$\bar{A}$为其反码，$A\bar{A}AA$为巴克码编码，每组$A\bar{A}AA$之间有一间隔N_i，图2中的间隔分别为4、6、2码片。

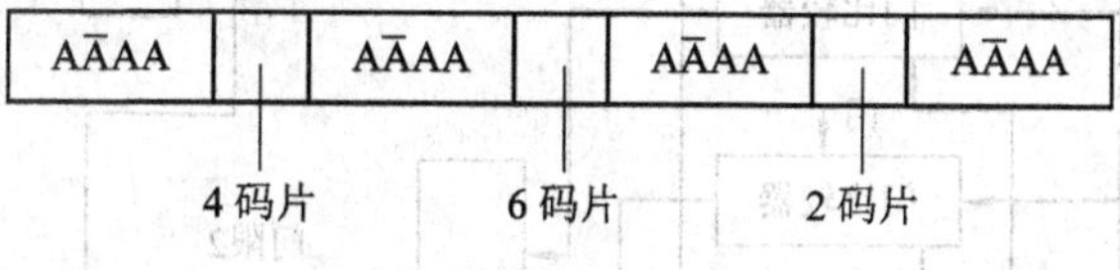

图2　同步码信号格式

同步码的快捕系统采用匹配滤波方案进行中频积累和视频积累，其原理图如图3所示。码发生器产生如图2所示的码；噪声源产生62.5 MHz±8 MHz内幅度平坦的噪声；255位积累采用抽头延迟线完成，对同步序列中单一序列A进行匹配接收；4×255位积累采用匹配滤波方案，由固定延迟线构成横向滤波器，对前面的255位相关积累获得的4个峰值信号$A\bar{A}AA$进行巴克码相关处理；4×4×255位视频积累将4个1020位叠加的相关峰在视频累加起来，从而获得初始化同步脉冲，经过判决器后输出粗同步信号，启动其他系统的工作。

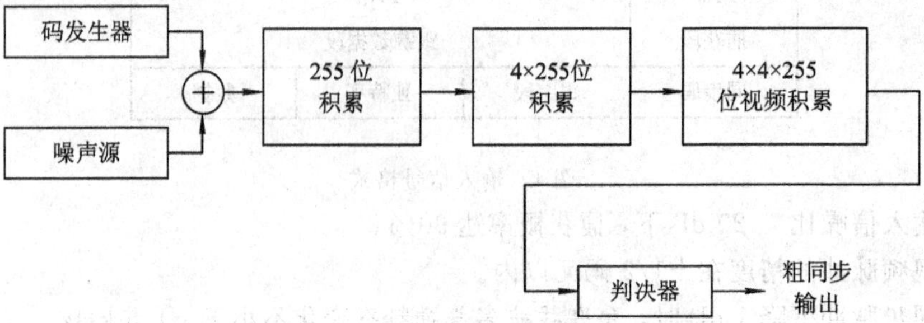

图3　同步码捕获原理图

整个快捕系统的实现框图见图4。图中，声表面波抽头延迟线完成A(或$\bar{A}$)码的积累，再由三条声表面波固定延迟线和相加器构成$A\bar{A}AA$的相关积累，即完成了中频积累。视

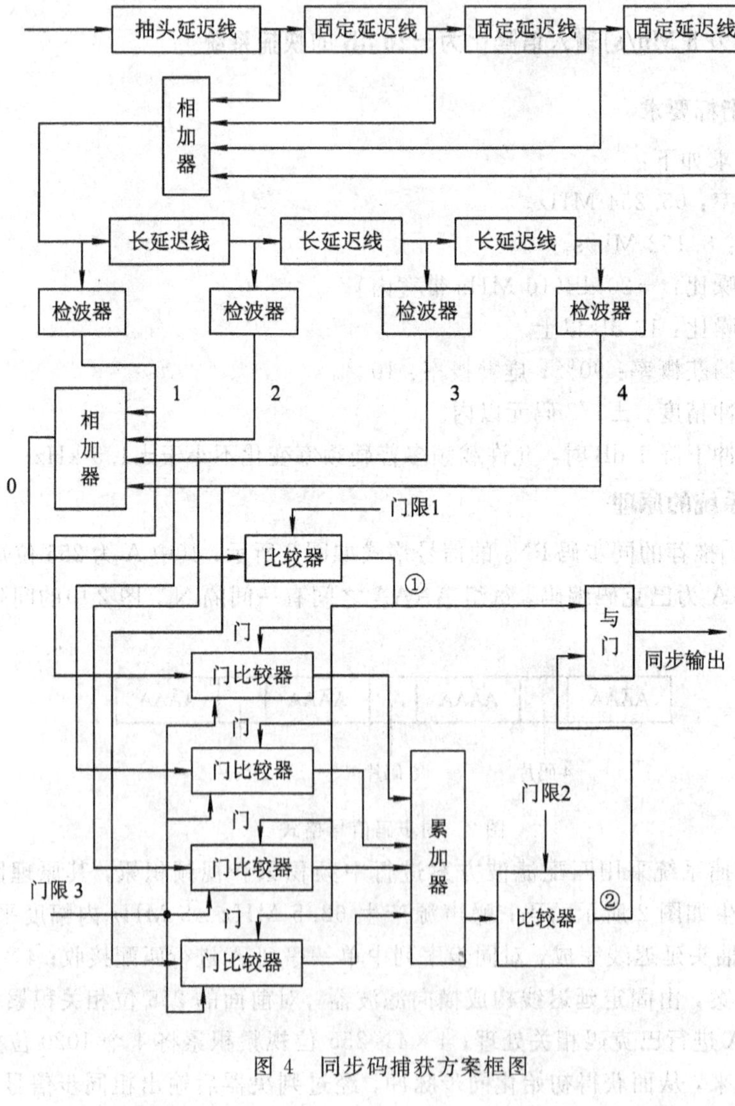

图4　同步码捕获方案框图

频积累由三条声表面波长延迟线、四个检波器和相加器完成。视频积累后输出的信号 0 送判决器。判决器由比较电路和与门电路构成。首先将经过中频积累和视频积累后的信号 0 送比较器，超过门限 1 时，输出脉冲①，用脉冲①启动 4 路门比较器，使得 4 路信号 1、2、3、4 同时和门限 3 比较，超过门限 3 时就输出脉冲，再将 4 路脉冲线性相加，然后和门限 2 比较，超过门限 2 时就输出脉冲②，最后将脉冲①和脉冲②经过一与门，若与门输出为高电平，则表示达到粗同步。视频积累前后各点波形如图 5 所示。

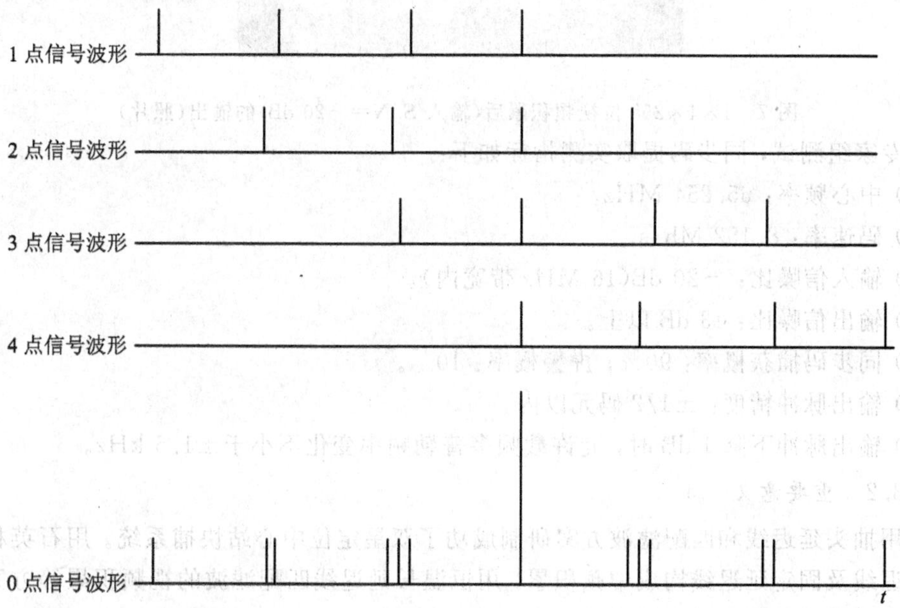

图 5　视频积累前后各点波形图

2.3　获得的成果及重要意义

2.3.1　获得的成果

研制成功了双星定位中心站快捕系统。图 6 是抽头延迟线完成的 255 位 PN 码中频积累的相关峰(照片)。图 7 是 4×4×255 位视频积累后(输入 $S/N=-20$ dB)的输出(照片)。

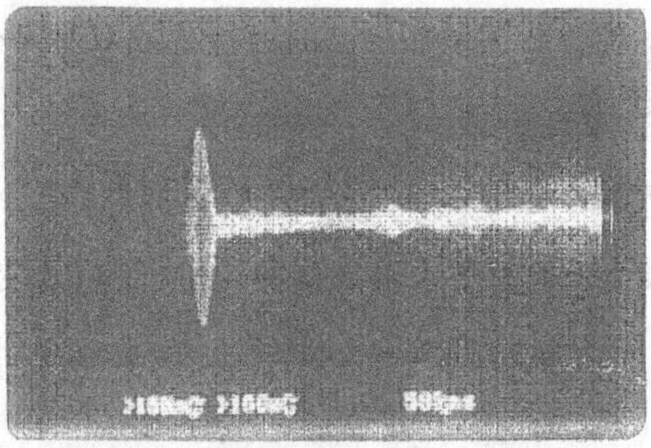

图 6　抽头延迟线完成的 255 位 PN 码中频积累的相关峰(照片)

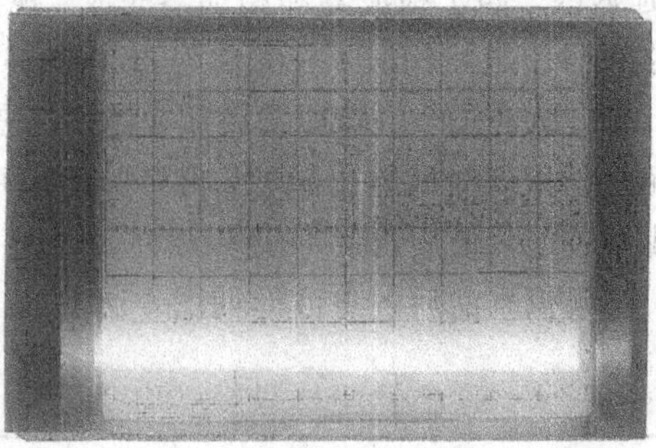

图 7 4×4×255 位视频积累后(输入 S/N=－20 dB)的输出(照片)

经专家组测试，同步码提取实测指标如下：

(1) 中心频率：65.254 MHz。

(2) 码速率：8.152 Mb/s。

(3) 输入信噪比：－20 dB(16 MHz 带宽内)。

(4) 输出信噪比：13 dB 以上。

(5) 同步码捕获概率：90%；虚警概率：10^{-5}。

(6) 输出脉冲精度：±1/2 码元以内。

(7) 输出脉冲下降 1 dB 时，允许载频多普勒频率变化不小于±1.5 kHz。

2.3.2 重要意义

采用抽头延迟线和匹配滤波方案研制成功了双星定位中心站快捕系统。用石英材料的抽头延迟线及固定延迟线构成中频积累，用恒温长延迟线匹配滤波的视频积累等方案是一个完善合理的立足国内现有器件的方案，是一个创新。

按上述方案研制出的系统，结构简单，工作稳定，温度适应范围宽，要求信号输入电平不高。当输入信噪比为－18 dB 时，同步码捕获概率为 99%，虚警概率为 10^{-6}；当输入信噪比为－20 dB 时，同步码捕获概率为 90%，虚警概率为 10^{-5}。输出脉冲下降 1 dB 时，允许多普勒频率变化不小于 1.5 kHz，同步码抖动小于 1/2 码元。这一指标达到了国际上 RDSS 系统的指标要求。

我国从 1986 年以来，为同步码提取的“快捕”攻关被突破了。

快捕系统的研制成功，使得我国依靠自己的力量建成双星定位系统成为可能，加快了中国双星定位系统的研制进程。

3 同步码(速率为 8 Mb/s)输入信噪比为－22 dB 的快捕系统

本节对同步码速率为 8 Mb/s 时要求输入信噪比由－20 dB 变为－22 dB 后的快捕系统进行实验研究。

3.1 技术指标要求

技术指标要求如下：

(1) 中心频率：65.254 MHz。

(2) 码速率：8.152 Mb/s。

(3) 输入信噪比：－22 dB(16 MHz 带宽内)。

(4) 输出信噪比：14 dB 以上。

(5) 同步码捕获概率：90%；虚警概率：10^{-5}。

(6) 输出脉冲精度：±1/2 码元以内。

(7) 输出脉冲下降 1 dB 时，允许载频多普勒频率变化不小于±1.5 kHz。

3.2 快捕系统的原理

3.2.1 输入信号格式和同步码信号格式

输入信号格式仍是如图 1 所示的信号格式。同步码信号格式如图 8 所示。A 代表 255 位 PN 码，$\bar{A}$ 为 A 的反码。每四个 PN 码为一组。在一组内，A 与 $\bar{A}$ 成巴克码编码。例如，一种形式为 $A\bar{A}AA$。组之间的间隔 N_1 为 8 码元宽度，N_2 为 4 码元宽度，N_3 为 2 码元宽度，N_4 为 6 码元宽度，N_5 为 10 码元宽度(各组之间的间隔 N_i 也可以设置为其他数值)。用这样的同步码去对 65 MHz 的载波进行 BPSK(双相相移键控)扩频调制。同步码的速率为 8.152 Mb/s。可以看出，图 8 比图 2 多两组 $A\bar{A}AA$，即增加了同步码的长度。

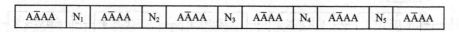

$A\bar{A}AA$	N_1	$A\bar{A}AA$	N_2	$A\bar{A}AA$	N_3	$A\bar{A}AA$	N_4	$A\bar{A}AA$	N_5	$A\bar{A}AA$

图 8 同步码信号格式

3.2.2 捕获系统的原理

同步码的快捕系统采用匹配滤波方案进行中频积累和视频积累，其原理图如图 9 所示。码发生器产生如图 8 所示的码；噪声源产生 65.24 MHz±8 MHz 内幅度平坦的噪声；255 位积累采用抽头延迟线完成，对同步序列中单一序列 A 进行匹配接收；4×255 位积累采用匹配滤波方案，由固定延迟线构成横向滤波器，对前面的 255 位相关积累获得的 4 个峰值信号(每个峰代表一个 A 或 $\bar{A}$)$A\bar{A}AA$ 进行巴克码相关处理，获得 6 个积累峰，每个峰代表一个 $A\bar{A}AA$，即完成了中频积累；6×4×255 位视频积累将 6 个 1020 位叠加的相关峰在视频累加起来，从而获得初始化同步脉冲，经过判决器后输出粗同步信号，启动其他系统的工作。

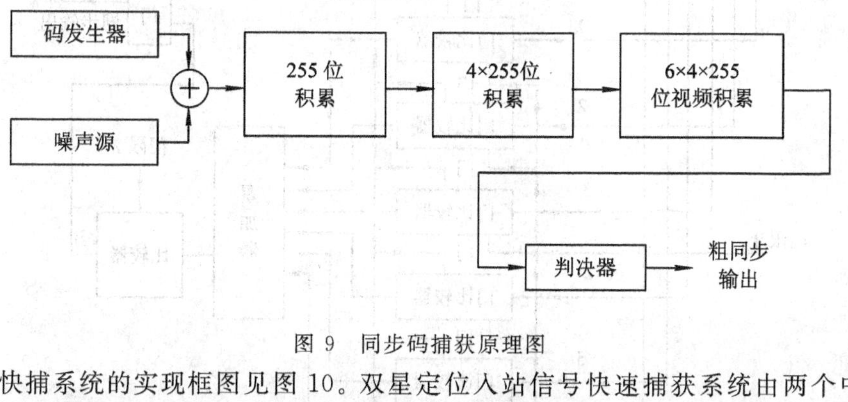

图 9 同步码捕获原理图

整个快捕系统的实现框图见图 10。双星定位入站信号快速捕获系统由两个中频积累器、一个视频积累器和一个判决器等四部分组成。判决器的输出送延迟锁定环实现粗同步。同步码由 24 个 255 位 PN 码组成。第一个中频积累器由石英基片制成的 255 位声表面波(SAW)抽头延迟线构成。同步码进入第一个中频积累器，完成对每个 255 位 PN 码的匹配滤波，即完成 255 位中频积累。第二个中频积累器由石英基片制成的 3 条 SAW 固定延迟线和相加器组成，它把每四个相关峰在中频上加起来。这样，就得到6个高的相关峰。视频积累器由铌酸锂制成的5条SAW长延迟线和相加器组成，它把6个相关峰检波以后加起来，得到一个高信噪比的视频脉冲。主相关峰的高度为旁瓣的6倍。视频积累后输出的信号0送判决器。判决器由比较电路和与门电路构成。首先将经过中频积累和视频积累后的信号0送比较器，超过门限1时，输出脉冲①，用脉冲①启动6路门比较器，使得6路信号1、2、3、4、5、6同时和门限3比较，超过门限3时就输出脉冲，再将6路脉冲线性相加，然后和门限2比较，超过门限2时就输出脉冲②，最后将脉冲①和脉冲②经过一与门，若与门输出为高电平，则表示达到粗同步。

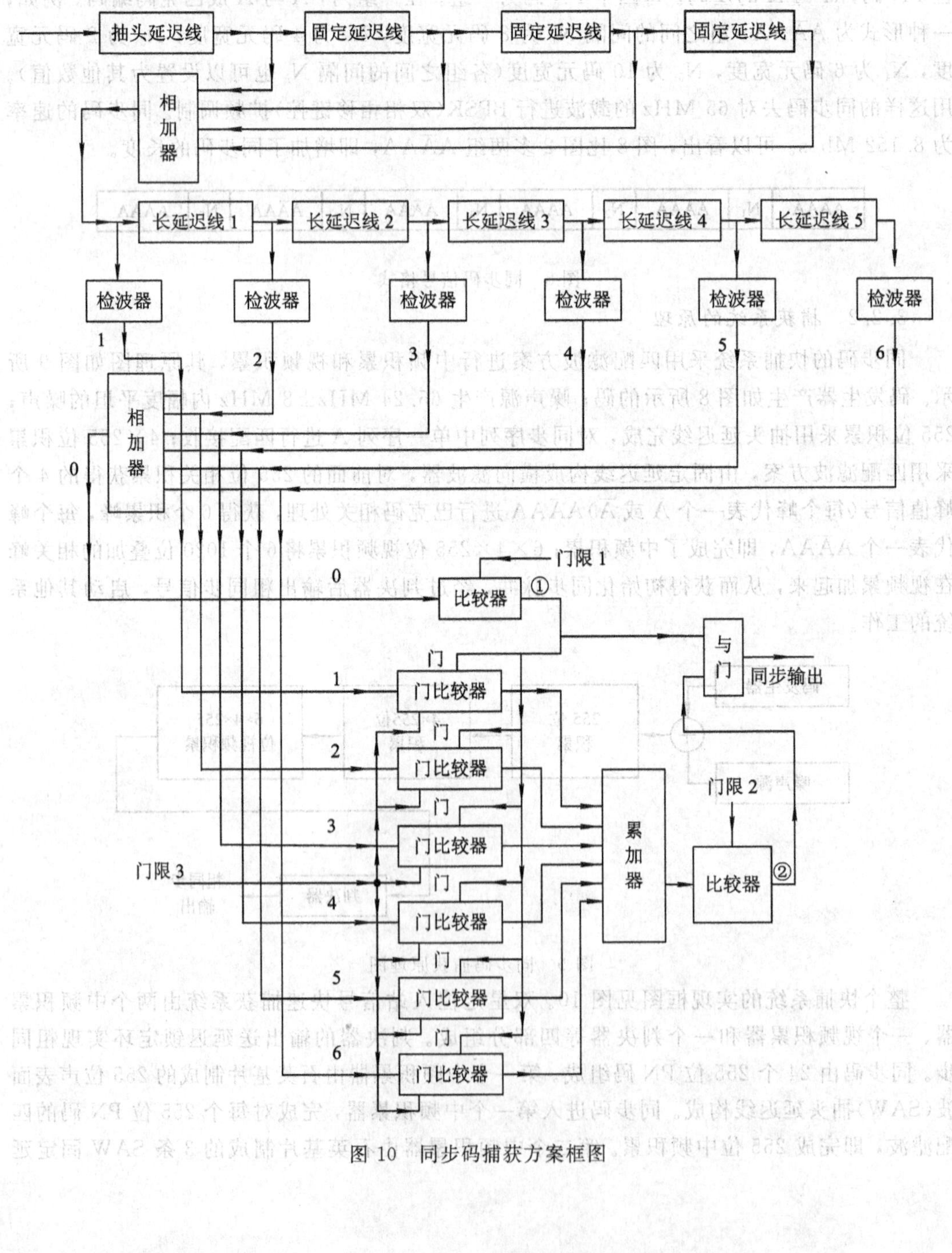

图10 同步码捕获方案框图

3.3 实验结果

按上述改进方案成功研制出了双星定位中心站快捕系统。图 11 是抽头延迟线完成的 255 位 PN 码中频积累的相关峰(照片)。图 12 是 6×4×255 位视频积累后的输出(照片)。

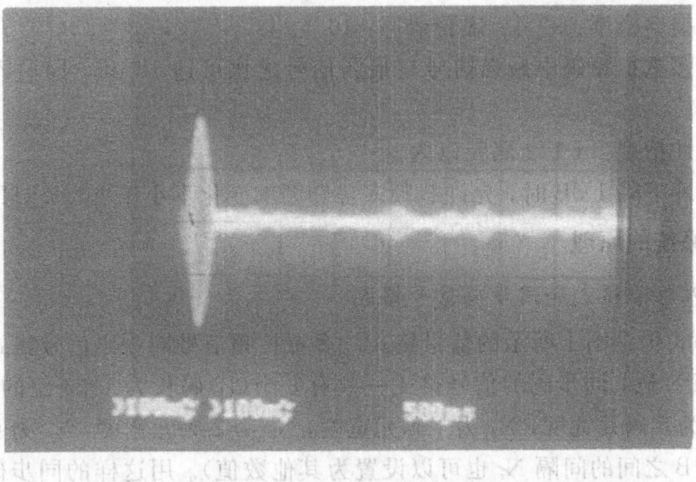

图 11 抽头延迟线完成的 255 位 PN 码中频积累的相关峰(照片)

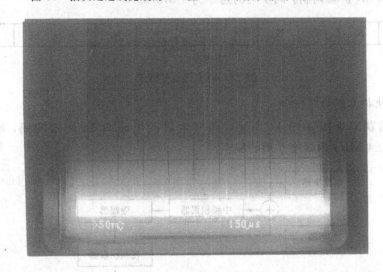

图 12 6×4×255 位视频积累后的输出(照片)

经专家组测试：当输入信噪比为－20 dB 时，同步码捕获概率为 99%，虚警概率为 10^{-6}；当输入信噪比为－22 dB 时，同步码捕获概率为 90%，虚警概率为 10^{-5}；输出脉冲下降 1 dB 时，允许多普勒频率变化不小于 1.5 kHz，同步码抖动小于 1/2 码元。这一指标优于国际上 RDSS 系统指标 2 dB。

4 同步码(速率为 4 Mb/s)输入信噪比为－22 dB 的快捕系统

本节对同步码速率为 4 Mb/s 时要求输入信噪比为－22 dB 的快捕系统进行实验研究。

4.1 技术指标要求

技术指标要求如下：

(1) 中心频率：65.254 MHz。

(2) 码速率：4 Mb/s。

(3) 输入信噪比：−22 dB(8 MHz 带宽内)。

(4) 输出信噪比：14 dB 以上。

(5) 同步码捕获概率：99%；虚警概率：10^{-6}。

(6) 输入的多重扩频码中最强信号与最弱信号之比可达 12 dB，即输入多重信号动态范围可达 12 dB。

(7) 输出脉冲精度：±1/2 码元以内。

(8) 输出脉冲下降 1 dB 时，允许载频多普勒频率变化不小于±1.5 kHz。

4.2 快捕系统的原理

4.2.1 输入信号格式和同步码信号格式

输入信号格式仍是图 1 所示的信号格式。多重扩频信号同步码信号格式如图 13 所示。B 代表 1023 位 PN 码，同步码的信号格式一共有 6 个(B)码长为 1023 位的 PN 码，B 与 B 之间的间隔 N_1 为 8 码元宽度，N_2 为 4 码元宽度，N_3 为 2 码元宽度，N_4 为 6 码元宽度，N_5 为 10 码元宽度(B 之间的间隔 N_i 也可以设置为其他数值)。用这样的同步码去对 65 MHz 的载波进行 BPSK 扩频调制。同步码的速率为 4 Mb/s。

B	N_1	B	N_2	B	N_3	B	N_4	B	N_5	B

图 13 同步码信号格式

4.2.2 快捕系统的原理

同步码捕获原理图如图 14 所示，码发生器产生如图 13 所示的码，噪声源产生 65.254 MHz±4 MHz 内幅度平坦的噪声。

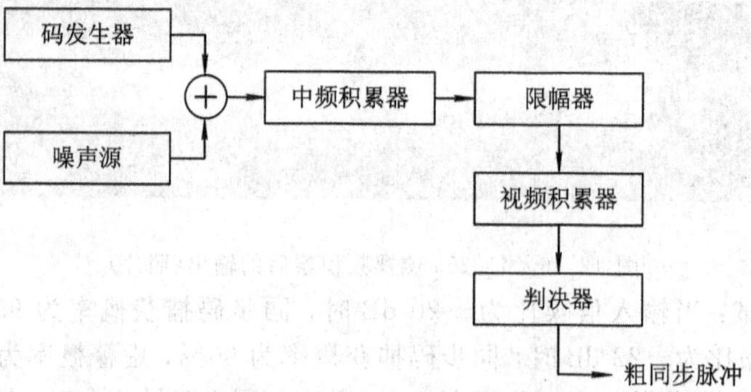

图 14 同步码捕获原理图

多重扩频信号快速捕获系统由中频积累器、限幅器、视频积累器和判决器等部分组成。判决器的输出脉冲送延迟锁定环实现粗同步。

整个快捕系统的实现框图见图 15，输入到中频积累器的同步码由 6 个 1023 位(码速率为 4 Mb/s)PN 码组成。中频积累器对每一个 1023 位 PN 码进行中频积累，它是将 1023 位

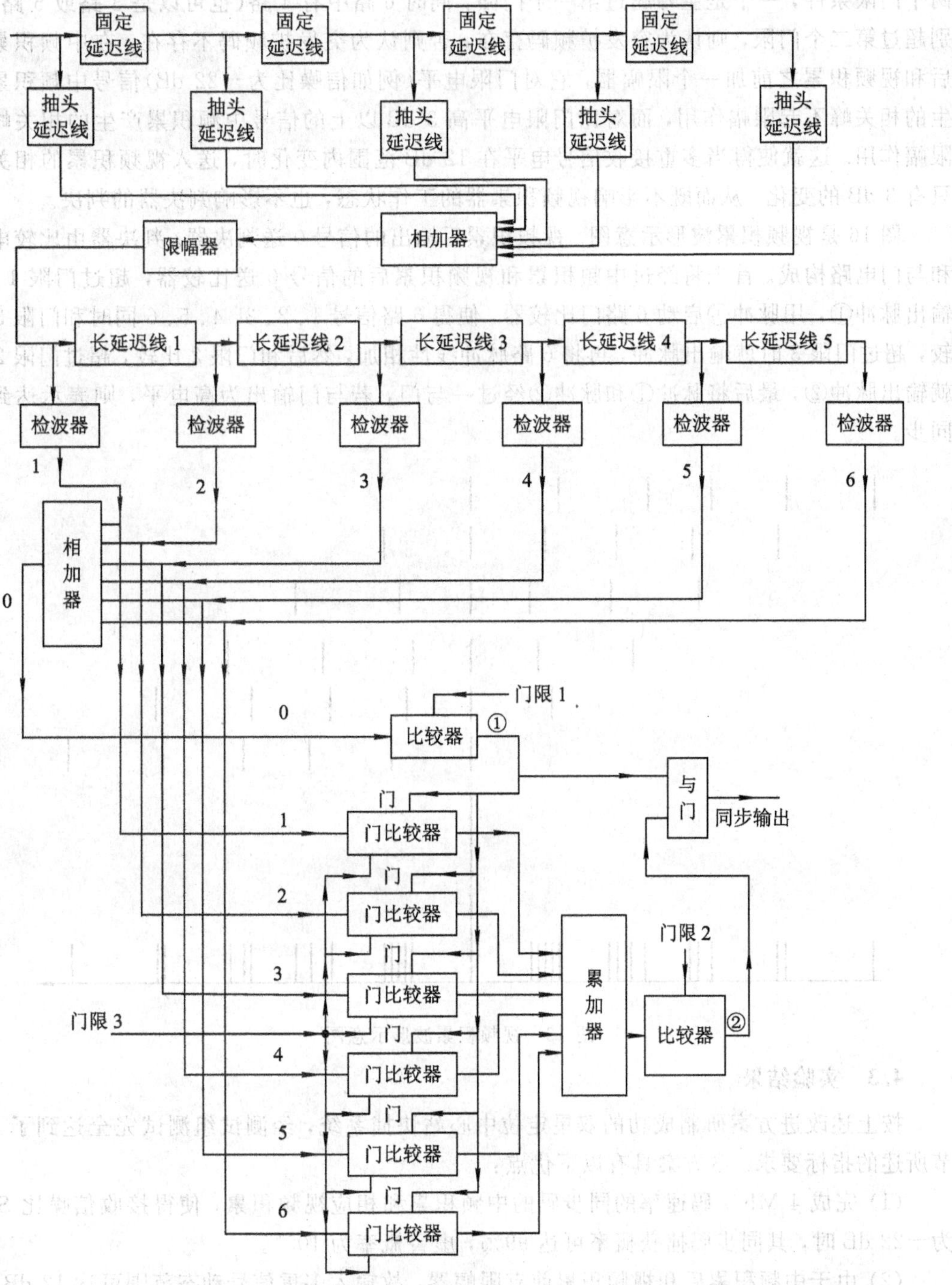

图 15　同步码捕获方案框图

PN 码分成五段，用 4 条 SAW 固定延迟线和 5 条 SAW 抽头延迟线对五段分别匹配滤波，进行级联实现 1023 位 PN 码的中频积累，这样就得到 6 个相关峰。视频积累器由铌酸锂制成的 5 条 SAW 长延迟线（每条延迟线的延迟时间约 250 μs）组成。它把 6 个相关峰分别振幅检波后加起来，得到一个高信噪比的视频积累脉冲，主相关峰为旁瓣的 6 倍。判决器有两个门限条件，一个是主峰超过第一个门限，同时6路中有4路(也可以是3路或5路)分别超过第二个门限，则认为突发扩频码存在，否则认为突发扩频码不存在。在中频积累之后和视频积累之前加一个限幅器，它对门限电平(例如信噪比为－22 dB)信号中频积累产生的相关峰不起限幅作用，而对比门限电平高3 dB以上的信号中频积累产生的相关峰起限幅作用。这就使得当多重接收信号电平在12 dB范围内变化时，送入视频积累的相关峰只有3 dB的变化，从而既不影响视频积累器的工作状态，也不影响判决器的判决。

图16是视频积累波形示意图。视频积累后输出的信号0送判决器。判决器由比较电路和与门电路构成。首先将经过中频积累和视频积累后的信号0送比较器，超过门限1时，输出脉冲①，用脉冲①启动6路门比较器，使得6路信号1、2、3、4、5、6同时和门限3比较，超过门限3时就输出脉冲，再将6路脉冲线性相加，然后和门限2比较，超过门限2时就输出脉冲②，最后将脉冲①和脉冲②经过一与门，若与门输出为高电平，则表示达到粗同步。

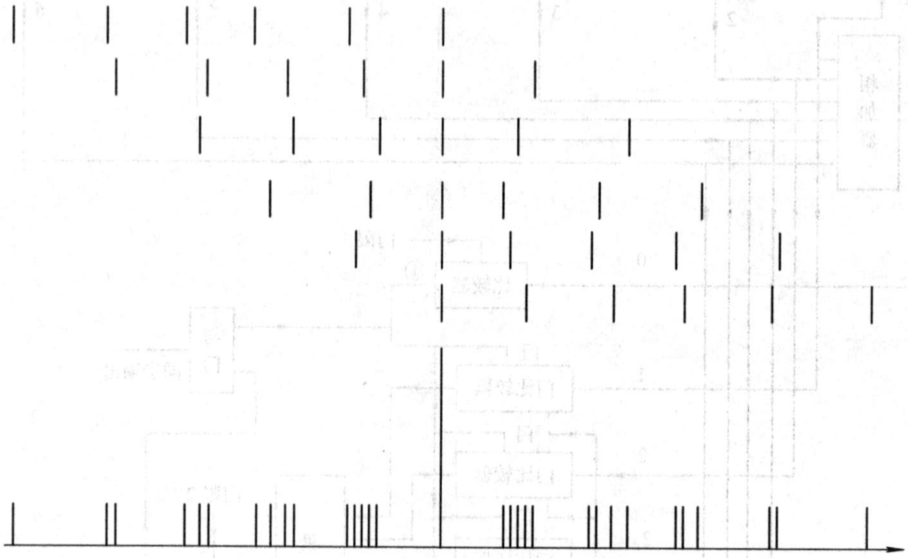

图16 视频积累波形示意图

4.3 实验结果

按上述改进方案研制成功的双星定位中心站快捕系统，经测试组测试完全达到了4.1节所述的指标要求。本方案具有以下优点：

(1) 完成4 Mb/s码速率的同步码的中频积累和相应视频积累，使得接收信噪比S/N为－22 dB时，其同步码捕获概率可达99%，虚警概率为10^{-6}。

(2) 由于中频积累后和视频积累前有限幅器，故输入多重信号动态范围可达12 dB。

(3) 视频积累器用的5条SAW长延迟线分别装在5个恒温槽内，通过调节恒温槽的温度即可调节每条长延迟线的延迟时间，使之达到规定的值，其误差小于0.006 μs，这种获得长延迟并精确度高的设备很简单。

(4) 适合多重接收要求，由于同步码所占的时间约为1.54 ms，所以捕获很快。

参考文献

[1] 薛丽. 双星定位入站信号中同步头序列的检测. 航天测控技术研讨会论文集，1994.

[2] 童铠，等. 卫星无线电测定业务和标准. 北京：国防工业出版社，1989.

[3] 陈芳允，刘志逵，等. 发展我国的星基定位通信系统. 飞行器测控技术，1987(1).

[4] 叶飞，陆文福. 双星定位系统入站信号在低信噪比条件下的快速捕获. 中国空间科学技术，1991(3).

[5] 黎孝纯. 突发信号同步码捕获装置. 空间飞行器测控年会论文集，1991.

[6] 薛丽. 双星定位入站信号快捕系统的判决装置研究. 航天测控技术研讨会论文集，1993.

第五部分

调频调相应答机距离零值测量

十一、调频调相应答机距离零值测量方法

黎孝纯

【摘要】 提出上行大频偏调频、下行调相侧音测距应答机距离零值测试方法。此方法的优点是设备简单、测量精度高。理论和实验证明，这种方法是正确的。

【关键词】 应答机　距离　测量

1 概　　述

应答机距离零值即应答机本身时延 τ_0 用距离 R_0 来表示，并有

$$R_0 = \frac{C\tau_0}{2} \tag{1}$$

式中：C 为光速；τ_0 为应答机的温度 T、调制度 m、输入信号强度 $P_入$ 与多普勒频率 f_d 等的函数，即

$$\tau_0 = f(T, m, P_入, f_d) \tag{2}$$

所以，当要说明应答机的 R_0 等于多少时，必须注明是在什么条件(T，m，$P_入$，f_d)下的值。应答机出厂时，要同时提交 R_0-T、R_0-m、$R_0-P_入$、R_0-f_d 的变化曲线，供卫星测控站扣除应答机时延 τ_0，从而提高测量卫星距离的精度。

应答机在任何返修调试后，都应重新测量其 R_0。所以，应答机的研制、生产和试验都离不开 R_0 测试设备。

2 PM－PM 应答机的 R_0 测量方法

PM－PM 应答机是上行调相下行调相应答机，而且上下行调制指数都相等。这种应答机的 R_0 测试已解决，方法如图 1 所示。

S_1、S_2 置于“自校”，测得“自校”状态的时延 $\tau_{自校}$。

S_1、S_2 置于“测量”，测得“测量”状态的时延 $\tau_{测量}$。

应答机的时延 τ_0 为

$$\tau_0 = \tau_{测量} - \tau_{自校} - \tau_{1-2} - \tau_{3-4} + \tau_{5-6} \tag{3}$$

式中：τ_{1-2}、τ_{3-4}、τ_{5-6} 为电缆时延。

(3)式成立的条件是：

① S_1、S_2 处于“自校”、“测量”两种状态时，进入测试设备(以下简称“台子”)的信号参数($P_入$，m，T，f_d)都相等。这种情况下，认为两种状态下“台子”对信号的时延都相等，$\tau_{测量}-\tau_{自校}$ 就能扣除“台子”的时延，只剩下应答机的时延了。

② R_0 测试变频器在两种状态下的时延相等。这个假设是允许的。经测试，变频器的时延为 3～4 ns，是很小的。在“自校”状态，R_0 测试变频器的作用是把上行频率信号变频为

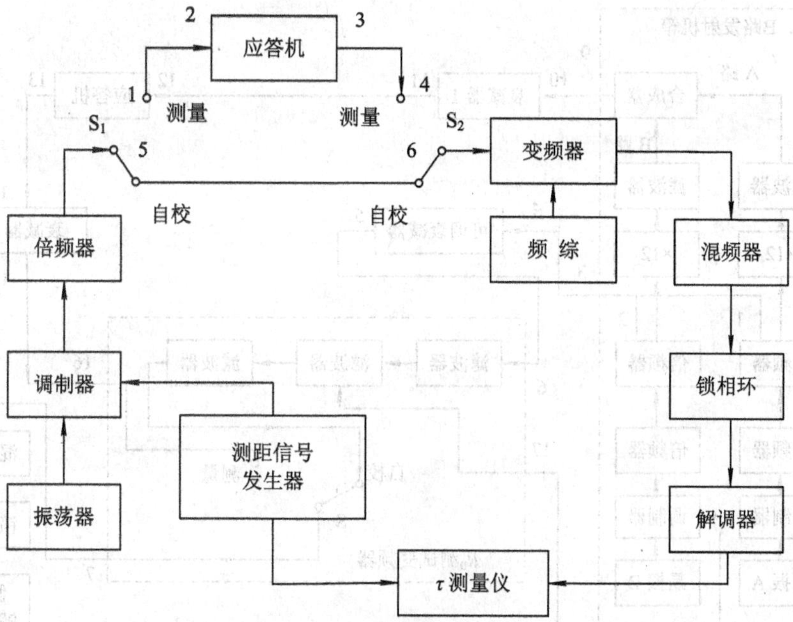

图 1　PM-PM 应答机 R_0 测量原理图

下行频率的信号。在"测量"状态，变频器对从应答机来的下行频率信号只起通过作用，不变频。

3　FM-PM 应答机的 R_0 测量方法

3.1　为什么不能用 PM-PM 应答机的 R_0 测量方法

FM-PM 应答机的上行为大频偏调频(例如调制度为 7.2)，下行为小调制度调相(例如调制度为 0.6)。若再用如图 1 所示的方法，"测量"状态时，进入"台子"接收机的是调制度为 0.6 的信号；"自校"状态时，进入"台子"接收机的是调制度为 7.2 的信号。很明显，两种状态中，"台子"接收通路的时延是不同的(因信号参数——调制度不等)，所以不能用 $\tau_{测量}-\tau_{自校}$ 来把"台子"的时延扣除，也就得不到应答机的 τ_0 了。

3.2　FM-PM 应答机的 R_0 测量方法

如图 2 所示，应答机有 A 机和 B 机，所以，测试设备对应有 A 路和 B 路通路。测 A 机的 R_0 时，自校信号从"1"点引出(测 B 机的 R_0 时，自校信号从"2"点引出)，通过"可调衰减器"进入"R_0 测试变频器"，变成下行频率信号到开关 S，开关处于"自校"状态，自校信号进入混频器端口"8"。

可以看到，若 A 路 12 倍频器输出的调制度为 7.2，则 12 倍频前引出的"自校"信号的调制度为 0.6(7.2÷12)，刚好与应答机的下行信号调制度相等(都等于 0.6)。

本文后面叙述的方法可以测量出"12 倍频器"的时延，也可以测出"R_0 测试变频器"的时延。这样，当 S 处于"自校"状态时，测得时延 $\tau_{自校}$，当 S 处于"测量"状态时，测得包含应答机的时延 $\tau_{测量}$。$\tau_{测量}-\tau_{自校}$ 就能扣除"台子"的时延(因为做到了"测量"和"自校"两种状态进入"台子"的信号参数都相等)。

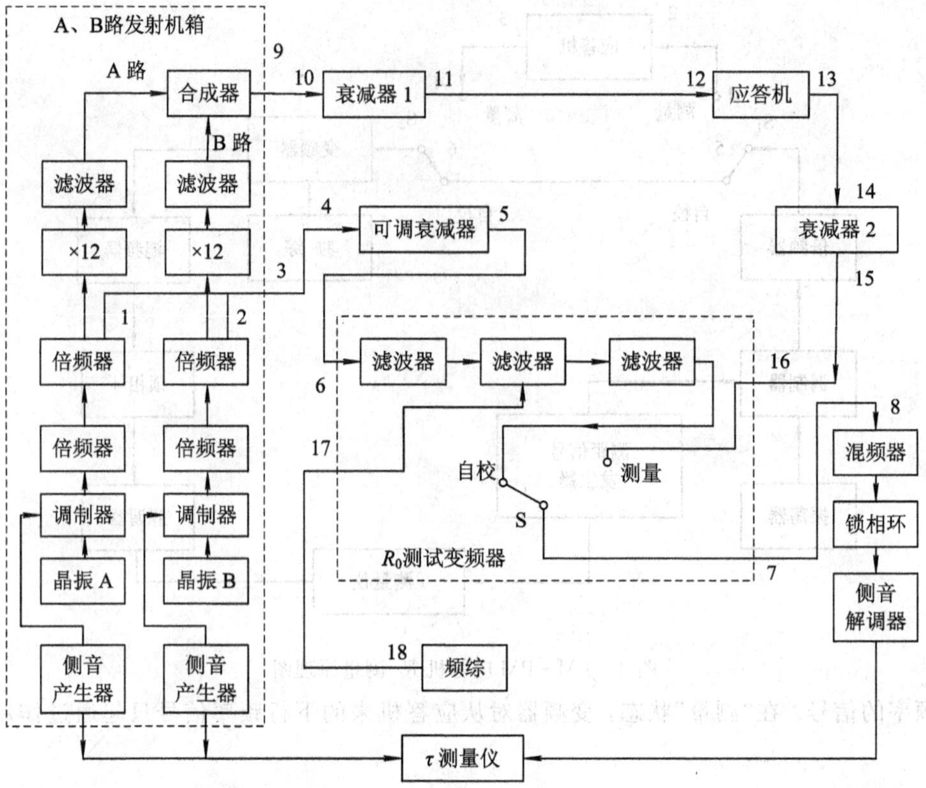

图 2 FM－PM 应答机 R_0 测量原理图

3.3 应答机时延 τ_0 的计算方法

应答机时延 τ_0 的计算公式如下：

$$
\begin{aligned}
\tau_0 = & (\tau_{测量} - \tau_{自校}) - (\tau_{9-10-11-12} + \tau_{13-14-15-16} + \tau_{16-S-7} + \tau_{1-9}) \\
& + (\tau_{1-3} + \tau_{3-4-5-6} + \tau_{6-S-7}) + T/4
\end{aligned}
\tag{4}
$$

式中：τ_{1-9} 是含 12 倍频器的时延；τ_{6-S-7} 是混频器的时延；$T/4$ 是考虑到自校为鉴相，应答机为鉴频的情况必须加 $T/4$（因为自校信号为小调制度调频信号，但自校是鉴相解调，它比用鉴频解调时延要多 $T/4$，这样求应答机时延用 $\tau_{测量} - \tau_{自校}$ 就多扣除了 $T/4$ 时延，所以要加 $T/4$），其中 T 为侧音周期；其余均属于电缆时延，可以方便测出。

4 方法正确性的证明

4.1 三个基本概念

上述方法基于三个基本概念。第一个概念是微波倍频器（此处为 12 倍频器）是近似理想的恒幅度响应，并具有线性相频特性。这种假设是合理的，因为 12 倍频器的输入为 500 MHz，输出为 6 GHz，带宽数十兆，我们调频应用带宽 ±250 kHz 以内，在这个频带内，恒幅、线性相频特性的假设是合理的。第二个概念是倍频器使调制度乘以一个倍频次数。第三个概念是对正弦侧音而言调相和调频是统一的，只差个 $T/4$。

4.2　已调频信号通过恒幅线性相位系统的时延

4.2.1　群时延和相位时延

假设系统具有恒定幅度响应和下式的线性相位响应，其中 $\theta(\omega)$为

$$\theta(\omega) = -T\omega - \theta_0 \tag{5}$$

则群时延 $D(\omega)$为

$$D(\omega) = -\frac{\mathrm{d}\theta(\omega)}{\mathrm{d}\omega} = T \tag{6}$$

相位时延 $\tau_P(\omega)$为

$$\tau_P(\omega) = -\frac{\theta(\omega)}{\omega} = T + \frac{\theta_0}{\omega} \tag{7}$$

4.2.2　已调频信号通过系统的时延

已调频信号 $f(t)$为

$$f(t) = \cos\varphi(t) = \cos(\omega_0 t + \mu\ \sin\omega_m t) \tag{8}$$

其中：ω_0 为载频，单位是弧度/秒；$\mu=\Delta\omega/\omega_m$ 为调制度，$\Delta\omega$ 为偏离 ω_0 的最大频偏，ω_m 为调制频率；$\varphi(t)$为瞬时相位角，即

$$\varphi(t) = \omega_0 t + \mu\ \sin\omega_m t$$

$$\omega(t) = \frac{\mathrm{d}\varphi(t)}{\mathrm{d}t} = \omega_0 + \Delta\omega\ \cos\omega_m t \tag{9}$$

$f(t)$的富氏级数表示式为

$$f(t) = \sum_{k=-\infty}^{\infty} \mathrm{J}_K(\mu)\cos(\omega_0 + k\omega_m)t \tag{10}$$

其中：$\mathrm{J}_K(\mu)$是 K 阶第一类贝塞尔函数。因此，$f(t)$的频谱为载频和无限多个边带，每个边带以调制频率 ω_m 的整数信号与载频隔开。

系统对 $f(t)$的响应是由这些正弦波的时延波形叠加而成的。这些正弦波按(5)式移动了合适的相位，设为 $u(t)$，即

$$u(t) = \sum_{k=-\infty}^{\infty} \mathrm{J}_K(\mu)\cos[(\omega_0 + k\omega_m)(t-T) - \theta_0] \tag{11}$$

$u(t)$重新写成调频信号，即

$$u(t) = \cos[\omega_0(t-T) - \theta_0 + \mu\ \sin\omega_m(t-T)] \tag{12}$$

其瞬时相位为

$$\varphi_1(t) = \omega_0(t-T) - \theta_0 + \mu\ \sin\omega_m(t-T) \tag{13}$$

而其瞬时角频率为

$$\omega_1(t) = \frac{\mathrm{d}\varphi_1(t)}{\mathrm{d}t} = \omega_0 + \Delta\omega\ \sin\omega_m(t-T) \tag{14}$$

比较(14)式和(9)式可见：信号信息——瞬时频率，即鉴频器鉴出 $\Delta\omega\ \sin\omega_m(t-T)$并没有畸变，只是延迟了 T 秒（T 是系统的群时延）。

由此，我们可以得出以下重要结论：

(1) 如果系统在整个信号带宽上的群时延恒定（例如为 T），那么已调频信号通过后，信号信息（瞬时频率）没有畸变，只是延迟了一个 T 秒。

(2) 当调制信号为正弦波时，已调相波的表示式和已调频波的表示式类似，对调相波结论(1)也是正确的。

(3) 若系统在信号带宽上的群时延恒定，正弦已调相波和同正弦的已调频波通过该系统，则调制信号的时延相等，都等于 T 秒。

4.3 混频器和倍频器的时延测量

在如图 2 所示的测量 FM-PM 应答机 R_0 的方案中，一个关键问题是要测出"R_0 测试变频器"的时延和"12 倍频器"的时延。如果这两个时延不能测得，则无法确定这个方案的 R_0 的准确性。

4.3.1 混频器的时延测量

混频器的时延测量如图 3 所示。方波产生器输出前沿 2～5 ns 的方波对频综进行脉冲调制，定向耦合器输出矩形射频(0.5 GHz)脉冲，一路进入上混频器，上混频器输出 4 GHz 信号，再经下混频器变到 0.5 GHz 信号送示波器 B 路。定向耦合器的另一路输出送示波器 A 路，比较 B 对 A 的延迟，即两个混频器的延迟之和，我们假设上混频器和下混频器的时延相等，即可得一个混频器的时延。经测试多个混频器，时延为 3～5 ns，一般取 4 ns。

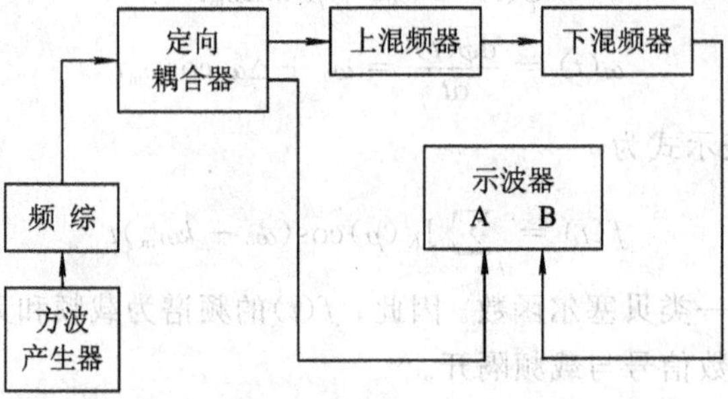

图 3 混频器时延测量原理

4.3.2 12 倍频器的时延测量

如图 4 所示，方波产生器输出方波对频综进行脉冲调制，定向耦合器的一路以 0.5 GHz 信号输出送示波器 A 路作计时的开始，定向耦合器的另一路输出送 12 倍频器，12 倍频器输出 6 GHz，再用下混频器输出 0.5 GHz 信号送示波器 B 路。我们测出：12 倍频器与下混频器的总时延为 9 ns，下混频器的时延为 4 ns，所以，12 倍频器的时延为 5 ns。

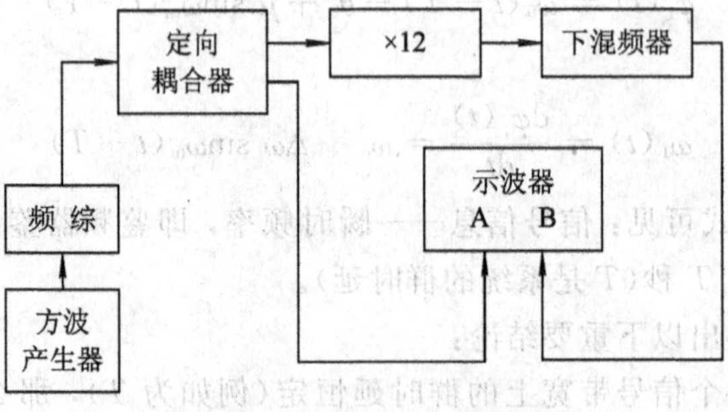

图 4 12 倍频器时延测量原理

这里要说明的是：混频器或12倍频器的实际带宽不是满足输入脉冲前沿(3～6 ns)不失真传输所需带宽要求的，所以输出前沿变缓，但是这个变缓后的前沿也在10 ns之内。可以推得：侧音调频信号通过它引起失真应远比矩形波小，因它所需带宽很窄。在这样窄的使用带宽内，恒幅线性相位特性是成立的，可以把用矩形波通过12倍频器的时延作为侧音调频信号通过该倍频器的时延。

5 结　语

提出了用12倍频器作调制度变换器的调频调相应答机距离零值测量方法，对方法的正确性进行了分析论证。

十二、调频调相应答机距离零值分析

黎孝纯　薛丽

【摘要】 本文对参考文献[1]提出的“调频调相应答机距离零值测量方法”进行了数学分析，得出了主侧音、次侧音在“自校”和“测量”状态下的数学表示式，进一步明确了主侧音和次侧音测量 R_0 的计算公式。实验证明，这些结果是正确的。

1 概　　述

应答机距离零值即应答机本身时延 τ_0 用距离 R_0 来表示，有

$$R_0 = \frac{C\tau_0}{2} \tag{1}$$

式中：C 为光速；τ_0 为应答机的温度 T、调制度 m、输入信号强度 $P_{入}$ 与多普勒频率 f_d 等的函数，即

$$\tau_0 = f(T,\ m,\ P_{入},\ f_d) \tag{2}$$

所以，当要说明应答机的 R_0 等于多少时，必须注明是在什么条件(T，m，$P_{入}$，f_d)下的值。应答机出厂时，要同时提交 R_0-T、R_0-m、$R_0-P_{入}$、R_0-f_d 的变化曲线，供卫星测控站扣除应答机时延 τ_0，从而提高测量卫星距离的精度。

上行调相下行调相(简称 PM-PM)应答机的 R_0 测试已经解决。上行调频下行调相(简称 FM-PM)应答机的 R_0 测试以及相应地面测控站的 R_0 测试一直是个大难题。1990 年底我们提出了“调频调相应答机距离零值测量方法”[1]。

此方法的优点是：设备简单；能及时自校；测量精度高。能及时自校是必须的、重要的，因为测量设备(应答机 R_0 测试设备或地面测控设备)本身的 R_0 是 T、$P_{入}$、m、f_d 等的函数。及时(如开关切换)自校能有效地提高精密测量设备的测量精度。“迪克辐射计”以它的测量精度和测量原理闻名于世界，其核心是采取瞬时自动自校，以保证高精度测量。

调频调相应答机 R_0 测量方法如图 1 所示。

应答机有 A 机和 B 机，所以测试设备对应的有 A 路和 B 路通路。测 A 机的 R_0 时，自校信号从“1”点引出(测 B 机的 R_0 时，自校信号从“2”点引出)，通过“可调衰减器”进入“R_0 测试变频器”，变成下行频率信号到开关 S，开关处于“自校”状态，自校信号进入混频器端口“8”。

可以看到，若 A 路 12 倍频器输出的调制度为 7.2，则 12 倍频前引出的“自校”信号的调制度为 0.6(7.2÷12)，刚好与应答机的下行信号调制度相等(都等于 0.6)。

参考文献[1]叙述的方法可以测出“12 倍频器”的时延，也可以测出“R_0 测试变频器”的时延。这样，当 S 处于“自校”状态时，测得时延 $\tau_{自校}$；当 S 处于“测量”状态时，测得包含应答机在内的时延 $\tau_{测量}$。$\tau_{测量}-\tau_{自校}$ 就能把测试设备的时延扣除，得到应答机的时延 τ_0(因为做到了“测量”和“自校”两种状态进入测试设备的信号参数都相等)。

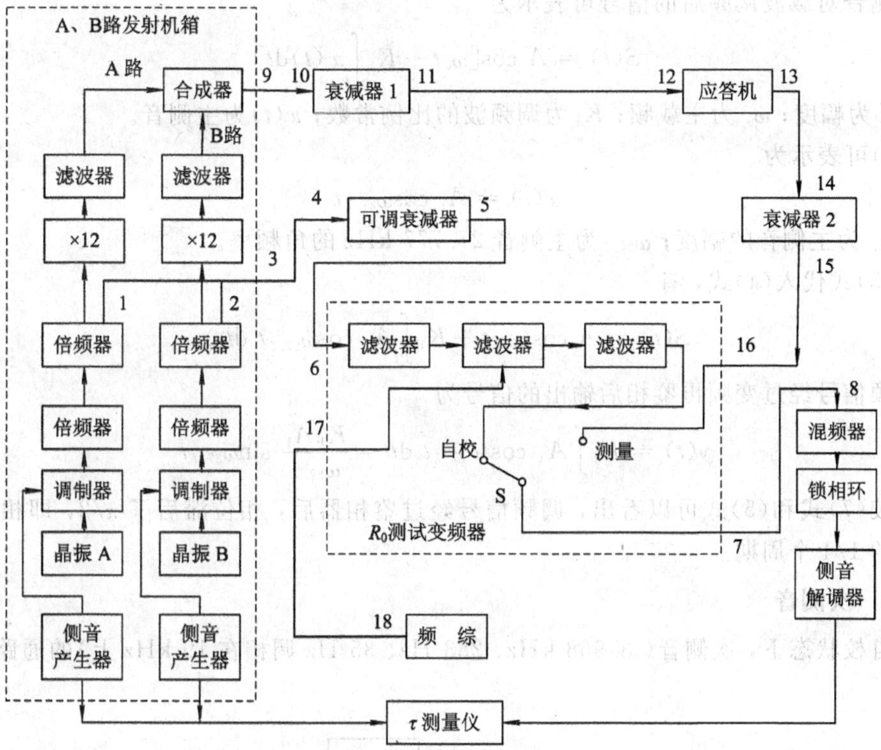

图 1 应答机 R_0 测试框图

应答机时延 τ_0 的计算公式为

$$\tau_0 = (\tau_{测量} - \tau_{自校}) - (\tau_{9-10-11-12} + \tau_{13-14-15-16} + \tau_{16-S-7} + \tau_{1-9}) + (\tau_{1-3} + \tau_{3-4-5-6} + \tau_{6-S-7}) + T/4 \tag{3}$$

式中：τ_{1-9}是含 12 倍频器的时延；τ_{6-S-7}是混频器的时延；$T/4$ 是考虑到自校为鉴相，应答机为鉴频的情况必须加 $T/4$，其中 T 为侧音周期；其余均属于电缆时延，可以方便测出。

2 自校状态的分析

2.1 主侧音

在自校状态下，主侧音(27.777 kHz)的通路如图 2 所示。

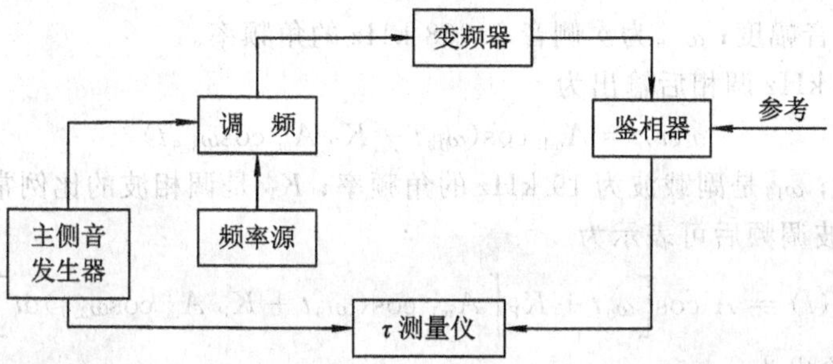

图 2 主侧音自校状态下的通路

主侧音对载波调频后的信号可表示为

$$S(t) = A\cos[\omega_0 t + K_F \int_t x(t)\mathrm{d}t] \tag{4}$$

式中：A 为幅度；ω_0 为主载频；K_F 为调频波的比例常数；$x(t)$ 为主侧音。

$x(t)$ 可表示为

$$x(t) = A_1 \cos\omega_{27.7} t \tag{5}$$

式中：A_1 为主侧音的幅度；$\omega_{27.7}$ 为主侧音 27.777 kHz 的角频率。

将(5)式代入(4)式，有

$$S(t) = A\cos(\omega_0 t + K_F \int_t A_1 \cos\omega_{27.7} t\,\mathrm{d}t) \tag{6}$$

调频信号经过变频再鉴相后输出的信号为

$$y(t) = K_F \int_t A_1 \cos\omega_{27.7} t\,\mathrm{d}t = \frac{K_F A_1}{\omega_{27.7}} \sin\omega_{27.7} t \tag{7}$$

比较(7)式和(5)式可以看出，调频信号经过鉴相器后，相位滞后了 $\pi/2$，即相位滞后主侧音的 1/4 个周期。

2.2　次侧音

在自校状态下，次侧音(3.968 kHz、283 Hz、35 Hz 调相在 19 kHz 上)的通路如图 3 所示。

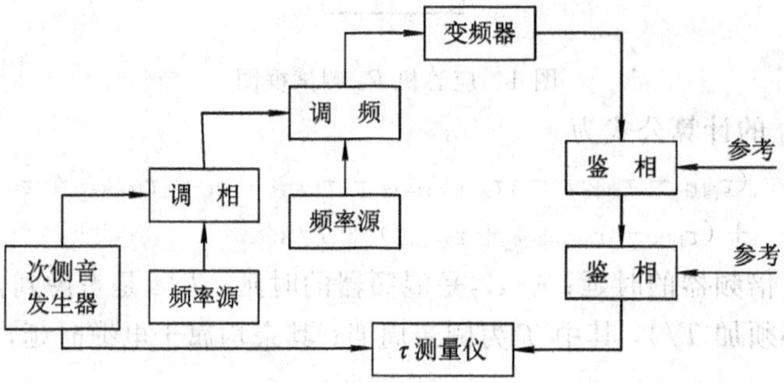

图 3　次侧音自校状态下的通路

这里以次侧音 3.968 kHz 为例来说明。

设次侧音为

$$x(t) = A_m \cos\omega_{3.9} t \tag{8}$$

式中：A_m 为次侧音幅度；$\omega_{3.9}$ 为次侧音 3.968 kHz 的角频率。

对副载波 19 kHz 调相后输出为

$$x(t) = A_{m1} \cos(\omega_{19} t + K_P A_m \cos\omega_{3.9} t) \tag{9}$$

式中：A_{m1} 是幅度；ω_{19} 是副载波为 19 kHz 的角频率；K_P 是调相波的比例常数。

该信号对载波调频后可表示为

$$S(t) = A\cos\left[\omega_0 t + K_F \int_t A_{m1} \cos(\omega_{19} t + K_P A_m \cos\omega_{3.9})\mathrm{d}t\right] \tag{10}$$

第一次鉴相后，输出为

$$y_1(t) = K_F \int_t A_{m1} \cos(\omega_{19} t + K_P A_m \cos\omega_{3.9})\mathrm{d}t \tag{11}$$

式中：

$$\cos(\omega_{19}t + K_P A_m \cos\omega_{3.9})$$
$$= \cos(\omega_{19}t)\cos(K_P A_m \cos\omega_{3.9}t) - \sin(\omega_{19}t)\sin(K_P A_m \cos\omega_{3.9}t) \quad (12)$$

将 $\cos(K_P A_m \cos\omega_{3.9} t)$和 $\sin(K_P A_m \cos\omega_{3.9} t)$分别分解成正弦波的表达式，即

$$\cos(K_P A_m \cos\omega_{3.9}t) = J_0(K_P A_m) + 2\sum_n (-1)^n J_{2n}(K_P A_m)\cos[(2n\omega_{3.9}t)] \quad (13)$$

$$\sin(K_P A_m \cos\omega_{3.9}t) = 2\sum_n (-1)^{n-1} J_{2n-1}(K_P A_m)\cos[(2n-1)\omega_{3.9}t] \quad (14)$$

其中，$J_n(x)$为贝塞尔函数。

由于次侧音 3.968 kHz 调相到 19 kHz 上的调制度为 0.6～0.8，又贝塞尔函数随 n 的增加而减小，因此作工程近似分析，(13)式和(14)式中略去二次谐波及其以上的所有项，即得

$$\cos(K_P A_m \cos\omega_{3.9} t) = J_0(K_P A_m) \quad (15)$$
$$\sin(K_P A_m \cos\omega_{3.9} t) = 2J_1(K_P A_m)\cos\omega_{3.9}t \quad (16)$$

所以有

$$\cos(\omega_{19}t + K_P A_m \cos\omega_{3.9} t)$$
$$= \cos(\omega_{19}t)J_0(K_P A_m) - 2J_1(K_P A_m)\sin\omega_{19}t\cos\omega_{3.9}t$$
$$= \cos(\omega_{19}t)J_0(K_P A_m) - J_1(K_P A_m)[\sin(\omega_{19}+\omega_{3.9})t + \sin(\omega_{19}-\omega_{3.9})t] \quad (17)$$

则

$$y_1(t) = K_F A_{m1}[B_1\sin\omega_{19}t + B_2\cos(\omega_{19}+\omega_{3.9})t + B_3\cos(\omega_{19}-\omega_{3.9})t] \quad (18)$$

其中：

$$B_1 = \frac{J_0(K_P A_m)}{\omega_{19}}$$

$$B_2 = \frac{J_1(K_P A_m)}{\omega_{19}+\omega_{3.9}}$$

$$B_3 = \frac{J_1(K_P A_m)}{\omega_{19}-\omega_{3.9}}$$

第二次鉴相后，输出为

$$y_0(t) = \frac{K_P A_{m1}(B_2+B_3)}{2} \times \cos\omega_{3.9}t \quad (19)$$

比较(19)式和(8)式可以看出，次侧音调频并经过两次鉴相后，输出信号的相位不变，这与主侧音通过自校通路是有很大差别的。

3 主侧音和次侧音通过 12 倍频器的分析

在测量状态下，主侧音和次侧音的通路如图 4 和图 5 所示。应答机的简化模型图如图 6 所示。

由图 2～图 5 可以看出，测量状态下比自校状态下多了一个 12 倍频器和一个应答机，通过应答机的时延 τ_0 是待测的量，因此，12 倍频器的时延测量和时延分析是重要的。在我们使用的带宽内，微波倍频器是近似理想的恒幅度响应，并具有线性相频特性，调频信号通过倍频器后使调制度乘以一个倍频次数。主侧音通过倍频器以后只是延迟了一个时间 T，并不失真。次侧音通过倍频器以后也没有失真，只是延迟了一个时间 T。在“调频调相

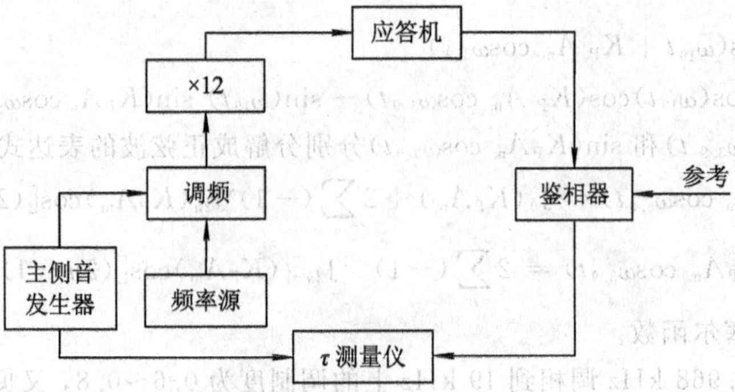

图 4　主侧音测量状态下的通路

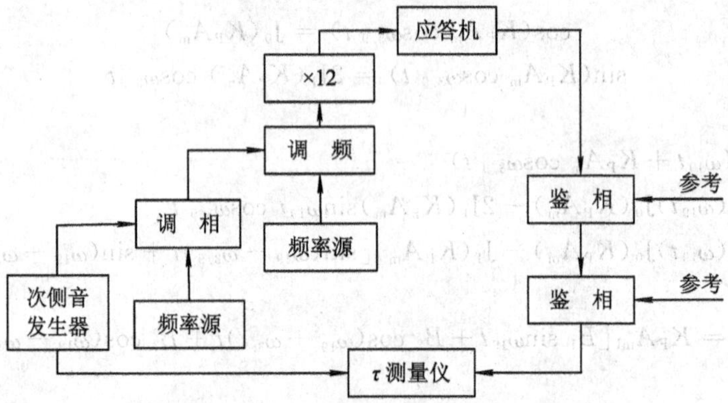

图 5　次侧音测量状态下的通路

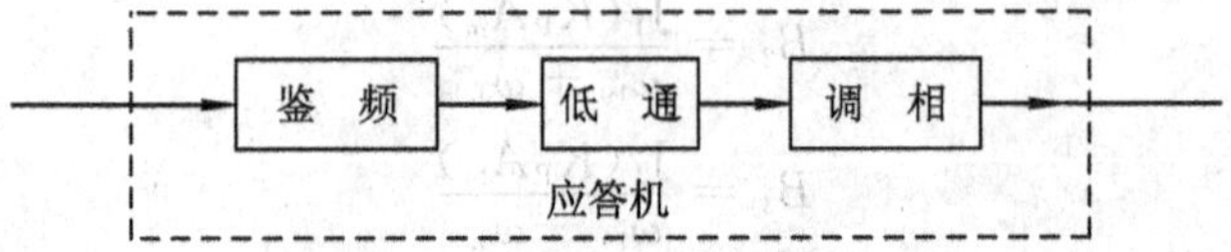

图 6　应答机的简化模型图

应答机距离零值测量方法"中已经证明了主侧音通过恒幅线性相位系统的时延是系统的群时延。下面证明次侧音通过恒幅线性相位系统的时延也是系统的群时延。

假设系统具有恒定幅度响应和线性相位响应，其中 $\theta(\omega)$ 为

$$\theta(\omega) = -T\omega - \theta_0 \tag{20}$$

则群时延 $D(\omega)$ 为

$$D(\omega) = -\frac{\mathrm{d}\theta(\omega)}{\mathrm{d}\omega} = T \tag{21}$$

相位时延 $\tau_{\mathrm{P}}(\omega)$ 为

$$\tau_{\mathrm{P}}(\omega) = -\frac{\theta(\omega)}{\omega} = T + \frac{\theta_0}{\omega} \tag{22}$$

次侧音调频以后的输出为

$$S(t) = A\cos\left[\omega_0 t + K_{\mathrm{F}}\int_t A_{\mathrm{m1}}\cos(\omega_{19} t + K_{\mathrm{P}} A_{\mathrm{m}} \cos\omega_{3,9})\,\mathrm{d}t\right] \tag{23}$$

前面已经导出

$$\int_t A_{m1}\cos(\omega_{19}t + K_P A_m \cos\omega_{3.9})\mathrm{d}t$$
$$\approx A_{m1}[B_1\sin\omega_{19}t + B_2\cos(\omega_{19}+\omega_{3.9})t + B_3\cos(\omega_{19}-\omega_{3.9})t] \tag{24}$$

将(24)式代入(23)式，可得

$$S(t) = A\cos\{\omega_0 t + K_F A_{m1}[B_1\sin\omega_{19}t + B_2\cos(\omega_{19}+\omega_{3.9})t + B_3\cos(\omega_{19}-\omega_{3.9})t]\}$$
$$= A\cos[\omega_0 t + B_1'\sin_{19}t + B_2'\cos(\omega_{19}+\omega_{3.9})t + B_3'\cos(\omega_{19}-\omega_{3.9})t] \tag{25}$$

其中：$B_i' = B_i K_F A_{m1}$，$i=1, 2, 3$。

将 $S(t)$ 展开，即

$$S(t) \approx A\sum_{n_1}\sum_{n_2}\sum_{n_3}\prod_{i=1}^{3}[\mathrm{J}_{n_1}(B_i')]\times\cos[\omega_0 t + \sum_{i=1}^{3} n_i(\omega_1 t + \theta_1)] \tag{26}$$

其中：

$$\omega_i = \omega_{19},\ \omega_{19}+\omega_{3.9},\ \omega_{19}-\omega_{3.9} \qquad (i=1, 2, 3) \tag{27}$$
$$\theta_i = 0,\ \pi/2,\ \pi/2 \qquad (i=1, 2, 3) \tag{28}$$

将 ω_i、θ_i 代入(26)式，可以得到

$$S(t) \approx A\sum_{n_1}\sum_{n_2}\sum_{n_3}\prod_{i=1}^{3}[\mathrm{J}_{n_1}(B_i')]\times\cos[(\omega_0 + (n_1+n_2+n_3)\,\omega_{19}$$
$$+ (n_1-n_2)\,\omega_{3.9})t + \frac{\pi}{2}(n_2+n_3)] \tag{29}$$

由(29)式可见，次侧音调频以后，它的频谱是由载频和无限多个边频构成的，每个边频都是 ω_{19} 和 $\omega_{3.9}$ 的整数倍的线性组合，因此它通过恒幅线性相位系统的输出就是这些正弦波的时延叠加而成的，其输出为 $u(t)$，即

$$u(t) = A\sum_{n_1}\sum_{n_2}\sum_{n_3}\prod_{i=1}^{3}[\mathrm{J}_{n_1}(B_i')]\times\cos[(\omega_0 + (n_1+n_2+n_3)\omega_{19}$$
$$+ (n_2-n_3)\omega_{3.9})(t-T) + \frac{\pi}{2}(n_2+n_3) - \theta_0] \tag{30}$$

$u(t)$ 重新写成调频信号为

$$u(t) = A\cos[\omega_0(t-T) + \theta_0 + B_1'\sin\omega_{19}(t-T)$$
$$+ B_2'\cos(\omega_{19}+\omega_{3.9})(t-T) + B_3'\cos(\omega_{19}-\omega_{3.9})(t-T)] \tag{31}$$

瞬时相位为

$$\phi(t) = \omega_0(t-T) + \theta_0 + B_1'\sin\omega_{19}(t-T)$$
$$+ B_2'\cos(\omega_{19}+\omega_{3.9})(t-T) + B_3'\cos(\omega_{19}-\omega_{3.9})(t-T) \tag{32}$$

第一次鉴相后，输出为

$$y_1(t) = B_1'\sin\omega_{19}(t-T) + B_2'\cos(\omega_{19}+\omega_{3.9})(t-T)$$
$$+ B_3'\cos(\omega_{19}-\omega_{3.9})(t-T) \tag{33}$$

第二次鉴相后，输出为

$$y_0(t) = \left(\frac{B_2'+B_3'}{2}\right)\times\cos\omega_{3.9}(t-T) \tag{34}$$

由(33)式和(34)式可见，次侧音通过恒幅线性相位系统时，经两次鉴相后(输出为 $\cos\omega_{3.9}(t-T)$)并没有发生畸变，只是延迟了一个 T 秒(T 是系统的群时延)。

4　应答机的低通滤波器的影响

应答机的简化模型如图 6 所示，假设应答机的鉴频器和相位调制器都是宽带的，只完成其功能，不产生失真，认为色散由低通滤波器产生，下面分析主侧音和次侧音通过应答机特别是低通滤波器引入的色散。

4.1　主侧音

进入应答机的调频信号为

$$S(t) = A\cos\left(\omega_0 t + K_F\int_t A_1\cos\omega_{27.7}t\,dt\right) \tag{35}$$

经应答机鉴频后，输出为

$$y_1(t) = A_1\cos\omega_{27.7}t \tag{36}$$

经低通滤波器的相移 $\theta_{27.7}$后，输出为

$$y_1'(t) = A_1\cos(\omega_{27.7}t - \theta_{27.7}) = A_1\cos\left[\omega_{27.7}\left(t - \frac{\theta_{27.7}}{\omega_{27.7}}\right)\right] \tag{37}$$

式中：$\theta_{27.7}/\omega_{27.7}$为低通滤波器在频率等于 $\omega_{27.7}$处的相位时延。

4.2　次侧音

次侧音对 19 kHz 调相，此副载波再对载波调频。已调频信号为

$$S(t) = A\left[\omega_0 t + K_F\int_t A_{m1}\cos(\omega_{19}t + K_P A_m\cos\omega_{3.9})dt\right] \tag{38}$$

经应答机鉴频后，输出为

$$\begin{aligned} y_1(t) &= A_{m1}\cos(\omega_{19}t + K_P A_m\cos\omega_{3.9}t) \\ &= A_{m1}\{B_1\cos(\omega_{19}t)J_0(K_P A_m) - B_2 J_1(K_P A_m) \\ &\quad \times[\sin(\omega_{19}+\omega_{3.9})t + \sin(\omega_{19}-\omega_{3.9})t]\} \end{aligned} \tag{39}$$

经低通滤波器后，输出为

$$\begin{aligned} y_1'(t) = &B_1'\cos(\omega_{19}t - \theta_{19}) - B_2'\sin[(\omega_{19}+\omega_{3.9})t - \theta_{19+3.9}] \\ &- B_3'\sin[(\omega_{19}-\omega_{3.9})t - \theta_{19-3.9}] \end{aligned} \tag{40}$$

其中：θ_i 为通过滤波器的相位，i=19，19+3.9，19−3.9。

$y_1'(t)$再调相后发至地面站，地面站鉴相仍用(40)式表示。第二次鉴相后，输出为

$$y_2(t) = B\cos\left[\theta_{19} + \frac{\theta_{19+3.9}+\theta_{19-3.9}}{2}\right]\times\cos\left[\omega_{3.9}\left(t - \frac{\theta_{19+3.9}-\theta_{19-3.9}}{2\omega_{3.9}}\right)\right] \tag{41}$$

由(37)式可以看出，主侧音通过应答机低通滤波器时，其时延由低通滤波器在频率等于 $\omega_{27.7}$时的相位时延($\theta_{27.7}/\omega_{27.7}$)决定；由(41)式可以看出，次侧音通过应答机低通滤波器时，其时延由低通滤波器在频率等于 $\omega_{19}\pm\omega_{3.9}$处的群时延决定。故由主侧音测出的 R_0 和由次侧音测出的 R_0 是有差别的，即有色散。

5　主侧音与次侧音测量时 τ_0 的计算公式

通过前面的推导可以得到两种情况下应答机的 τ_0 的计算公式。

5.1　主侧音(27.77 kHz)测量时 τ_0 的计算公式

用主侧音自校时，由于调频信号经过鉴相器后附加了一个时延 $T_{27.7}/4$，因此在计算时

要附加一个 $T_{27.7}/4$，即

$$\tau_0 = (\tau_{测量} - \tau_{自校}) - (\tau_{9-10-11-12} + \tau_{13-14-15-16} + \tau_{16-S-7} + \tau_{1-9}) + (\tau_{1-3} + \tau_{3-4-5-6} + \tau_{6-S-7}) + \frac{T_{27.7}}{4} \quad (42)$$

式中：τ_{1-9} 为含 12 倍频器的时延；τ_{6-S-7} 为混频器的时延；$T_{27.7}/4$ 为附加时延；其他均为电缆时延。

当用主侧音(27.77 kHz)自校时，测试变频器是高本振的 $\tau_{自校}$ 和低本振的 $\tau_{自校}$ 是不一样的，具体如下：

高本振(本振频率－信号频率＝下行频率)：

$$\tau_{自校} = \tau'_{自校} + \frac{T_{27.7}}{2} \quad (43)$$

其中：$\tau'_{自校}$ 为自校状态时测试设备的时延读数。

低本振(本振频率＋信号频率＝下行频率)：

$$\tau_{自校} = \tau'_{自校}$$

高本振时，通过变频后的下行频率变化规律(调制产生频率变化)与信号频率的变化规律相反，鉴相解调出的主侧音反相了。这种现象可通过测试变频器分别用高本振和低本振测其 $\tau_{自校}$ 值的方法进行比较得以证实。

5.2 次侧音测量时 τ_0 的计算公式

次侧音测量时 τ_0 与主侧音测量时 τ_0 的唯一差别是自校时没有加入附加时延，因此计算公式变为

$$\tau_0 = (\tau_{测量} - \tau_{自校}) - (\tau_{9-10-11-12} + \tau_{13-14-15-16} + \tau_{16-S-7} + \tau_{1-9}) + (\tau_{1-3} + \tau_{3-4-5-6} + \tau_{6-S-7}) \quad (44)$$

次侧音自校状态下，高本振时的 $\tau_{自校}$ 等于低本振时的 $\tau_{自校}$。

6 结　语

本文完成了“调频调相应答机距离零值测量方法”的数学分析。实验证明这种分析方法是正确的。本文说明自校状态时，主侧音有滞后 $T_{27.7}/4$，而次侧音没有这种滞后；主侧音和次侧音通过 12 倍频器的时延相等；测量状态时，应答机的色散使主侧音和次侧音测得的 R_0 是不一样的。

参考文献

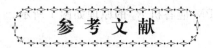

[1] 黎孝纯. 调频调相应答机距离零值测量方法. 空间电子技术，1994(1).

十三、调频调相应答机距离零值测量的理论与实践

黎孝纯 孙彤 朱舸 薛丽

【摘要】 调频调相(FM-PM)体制测控系统距离校零是一大关键性技术难题。国外采用宽带调制器(调制频偏的变化范围较大，时延变化很小)作信号源测量 FM-PM 应答机的时延，它给出的 FM-PM 应答机的时延中包括宽带调制器从"测量"调制度(例如为 7.2)到"自校"调制度(例如为 0.6)的时延变化增量。我们提出的测量 FM-PM 应答机时延的方法没有这一缺点。1989 年以来，我们的 FM-PM 应答机距离零值测量方法和设备成功地应用于东方红三号、风云二号等系列卫星的距离零值测量，在实践中形成了一套完整的理论[1-3]，走出了我国自己的路。本文是 FM-PM 应答机距离零值测量的理论和实践的总结。

1 引 言

分析参考文献[1]～[4]，我们的看法是：

(1) 关于 FM-PM 应答机距离零值的测量方法和测量结果，国内同行承认是正确的。

(2) 参考文献[4]中推断"调频调相转换器"(相当于一台应答机)的时延是 187.5°，而我们测量同类的一台"调频调相转换器"的时延为 7.5°。

(3) 认为某宇航局提供的关于"调频调相转换器"时延测量的概念和计算公式是有误的。

我们认为，之所以各家结论相差甚远，是由于对 FM-PM 应答机距离零值(R_0)测量实践中的若干理论(基本概念)没有统一认识。

2 FM-PM 应答机 R_0 测量的若干基本概念

2.1 测量任务

我们提出的测量 FM-PM 应答机 R_0 的原理如图 1 所示。

测量任务是：

(1) 测量出主侧音通过 FM-PM 应答机的时延(或 R_0)。

(2) 测量出次侧音通过 FM-PM 应答机的时延(或 R_0)。

R_0 测量时应特别注意到 FM-PM 应答机的输入信号和输出信号特性及 FM-PM 应答机的结构。

2.2 测量原理

在图 1 中，S 置于"自校"状态时，测得时延 $\tau_{自校}$；S 置于"测量"状态时，测得时延 $\tau_{测量}$。

做到"自校"、"测量"两种状态进入测试设备的参数(输入电平 $P_{入}$、多普勒频率 f_d、温

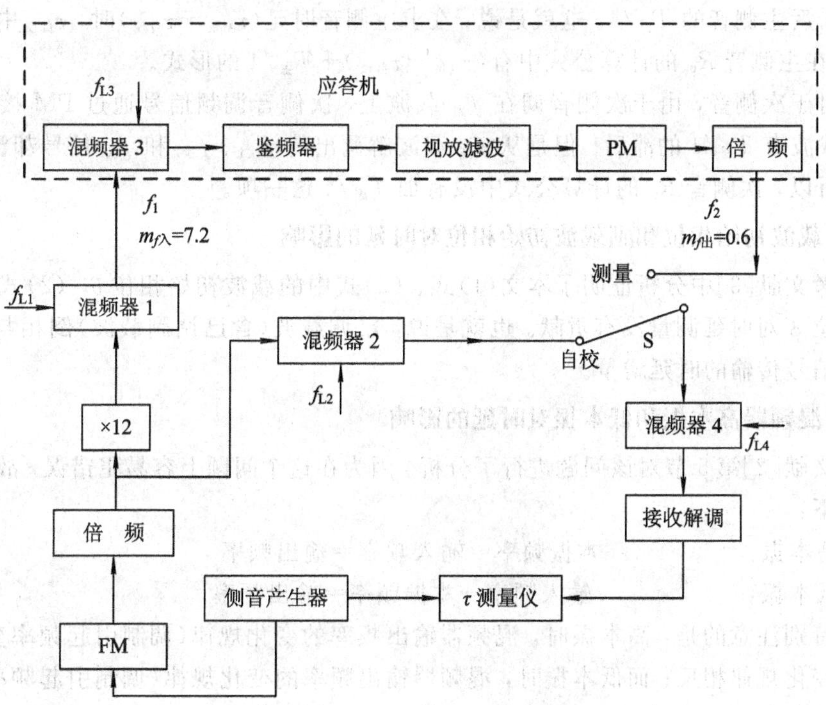

图 1　应答机距离零值测量原理框图

度 T 和调制度 m)都相等，则($\tau_{测量}-\tau_{自校}$)就能把测试设备的时延扣除，从而得到应答机的时延 $\tau_{应答机}$。在测量 FM－PM 应答机的 R_0 时，要做到 $m_{自校}=m_{测量}$ 是一大技术难题。因此，要测出 FM－PM 应答机的 R_0，国内各家方法不同，国内与国外的方法也大不相同。

2.3　用微波倍频器(例如 12 倍频器)作调制度变换器

(1) 12 倍频器前引出信号作为自校信号，其调制度为 0.6，则 12 倍频器的输出信号送应答机，其调制度为 7.2(12×0.6)。

(2) 微波倍频器等效为具有恒幅线性相频特性的网络，调制信号通过它的时延就等于群时延 T，理论证明见参考文献[1]的第 4 节。

(3) 我们提出用脉冲调幅法测量微波 12 倍频器和混频器的时延的方法，见参考文献[1]的第 4 节。

2.4　自校信号的调制方式对时延的影响

主侧音($f_{主}$)对主载波调频，调频信号为

$$S(t)=A\cos(\omega_0 t+\theta+K_1A_1\int\cos\omega_{主}\ t\ \mathrm{d}t) \tag{1}$$

次侧音($f_{次1}$，$f_{次2}$，$f_{次3}$)对 $f_{副}$ 载波调相，已调副载波对主载波调频，其信号为

$$S(t)=A\cos[\omega_0 t+\theta+K_2A_2\int\cos(\omega_{副}\ t+\phi+K_PA_P\sum_{i=1}^{3}\cos\omega_i t)\mathrm{d}t] \tag{2}$$

S 置于“自校”状态时，进入测试设备的“自校”信号为调频信号，而测试设备接收机是调相接收机。参考文献[2]的第 2 节理论分析证明：

(1) 对主侧音，PM 接收机接收正弦调频信号，其输出与用调频接收机接收的调频信

号相比，滞后主侧音的 $T_{主}/4$。这就是说，在求主侧音时延($\tau_{测量}-\tau_{自校}$)时，$\tau_{自校}$ 中多扣除了 $T_{主}/4$，故在主侧音 R_0 的计算公式中有($\tau_{测量}-\tau_{自校}$)$+T_{主}/4$ 的形式。

(2) 对于次侧音，由于次侧音调在 $f_{副}$ 载波上，次侧音调频信号通过 PM 接收机解调出的 $f_{副}$ 载波有 $T_{副}/4$ 的滞后。但是从 $f_{副}$ 载波解调出的 $f_{次1}$、$f_{次2}$ 和 $f_{次3}$ 信号却没有 $T_{副}/4$ 的滞后。所以，次侧音 R_0 的计算公式中没有加 $T_{副}/4$ 这一项。

2.5 载波初始相位和副载波初始相位对时延的影响

在参考文献[3]中分析证明了本文(1)式、(2)式中的载波初始相位 θ，(2)式中的副载波初始相位 ϕ 对时延测量没有贡献。也就是说，已调载波(含已调副载波)倒相与否，不会带来调制信号传输的时延增量。

2.6 混频器高本振和低本振对时延的影响

参考文献[2]第 5 节对该问题进行了分析。因为在这个问题上容易犯错误，故在此把结论强调如下：

(1) 高本振： 本振频率－输入频率＝输出频率

(2) 低本振： 输入频率－本振频率＝输出频率

需要特别注意的是：高本振时，混频器输出频率的变化规律(调制引起频率变化)与输入频率的变化规律相反；而低本振时，混频器输出频率的变化规律(调制引起频率变化)与输入频率的变化规律相同。

图 1 中有四个混频器，四个混频器的本振分别是 f_{L1}、f_{L2}、f_{L3}、f_{L4}。

① 混频器 1：只含在“测量回路”中。

当 f_{L1} 为低本振时，主侧音测得 $\tau_{测量主}$，次侧音测得 $\tau_{测量次}$；

当 f_{L1} 为高本振时，主侧音测得 $\tau_{测量主}+T_{主}/2$，次侧音测得 $\tau_{测量次}$。

可见 f_{L1} 为高本振时，所测得的主侧音测量时延为低本振时的主侧音测量时延 $\tau_{测量主}$ 再加上 $T_{主}/2$，而高本振和低本振时的次侧音时延相同。

② 混频器 2：只含在“自校回路”中。

当 f_{L2} 为低本振时，主侧音测得 $\tau_{自校主}$，次侧音测得 $\tau_{自校次}$；

当 f_{L2} 为高本振时，主侧音测得 $\tau_{自校主}+T_{主}/2$，次侧音测得 $\tau_{自校次}$。

可见 f_{L2} 为高本振时，所测得的主侧音自校时延为低本振时的主侧音自校时延 $\tau_{自校主}$ 再加上 $T_{主}/2$，而高本振和低本振时的次侧音时延相同。

③ 混频器 3：包含在应答机中。

混频器 3 的特性与混频器 1、2、4 的相同。但是高本振时，混频器 3 将使应答机对主侧音的时延(比低本振时的时延)增加一个 $T_{主}/2$。

④ 混频器 4：既包含在“自校回路”中，也包含在“测量回路”中。

虽然在高本振时，引起 $\tau_{自校主}$(比低本振时的 $\tau_{自校主}$)增加 $T_{主}/2$，但它同样也引起 $\tau_{测量主}$(比低本振时的 $\tau_{测量主}$)增加 $T_{主}/2$。在应答机时延计算式($\tau_{测量}-\tau_{自校}$)中，这两个增量抵消掉了。

2.7 应答机是否造成测距信号倒相的判断

图 1 中虚线内为应答机，应答机里造成倒相的原因有以下四点：

(1) 混频器 3 的 f_{L3} 若为高本振，将使主侧音时延增加 $T_{主}/2$，即对主侧音倒相，对次侧音不倒相。

(2) 鉴频特性斜率可正可负。若鉴频特性为负斜率，则对主侧音倒相，对次侧音不倒相。

(3) 视频放大滤波可能造成主侧音倒相(这个容易判断)。

(4) PM 调制器可能造成主侧音倒相。

2.8 主侧音与次侧音的时延计算公式

我们假定混频器 1 为低本振，混频器 2 可以是低本振，也可以是高本振。

混频器 2 为低本振的应答机时延计算公式如下：

主侧音：

$$\tau_{应答机}=(\tau_{测量}-\tau_{自校})+\tau_{混频器2}-\tau_{混频器1}+\frac{T_{主}}{4} \tag{3}$$

次侧音：

$$\tau_{应答机}=(\tau_{测量}-\tau_{自校})+\tau_{混频器2}-\tau_{混频器1} \tag{4}$$

混频器 2 为高本振的应答机时延计算公式如下：

主侧音：

$$\begin{aligned}\tau_{应答机}&=(\tau_{测量}-\tau_{自校})+\tau_{混频器2}-\tau_{混频器1}+\frac{T_{主}}{4}+\frac{T_{主}}{2}\\&=(\tau_{测量}-\tau_{自校})+\tau_{混频器2}-\tau_{混频器1}-\frac{T_{主}}{4}\end{aligned} \tag{5}$$

次侧音：

$$\tau_{应答机}=(\tau_{测量}-\tau_{自校})+\tau_{混频器2}-\tau_{混频器1} \tag{6}$$

3 某宇航局校验调频调相转换器的时延

调频调相转换器是美国生产的，用作 FM－PM 体制测控站距离校零的专用设备。它实际上相当于一台 FM－PM 应答机，只不过输入、输出都是中频的(70 MHz 左右)。

3.1 某宇航局校验调频调相转换器时延的过程

校验调频调相转换器时延的原理如图 2 所示，只用主侧音(27.77 kHz)进行校验。

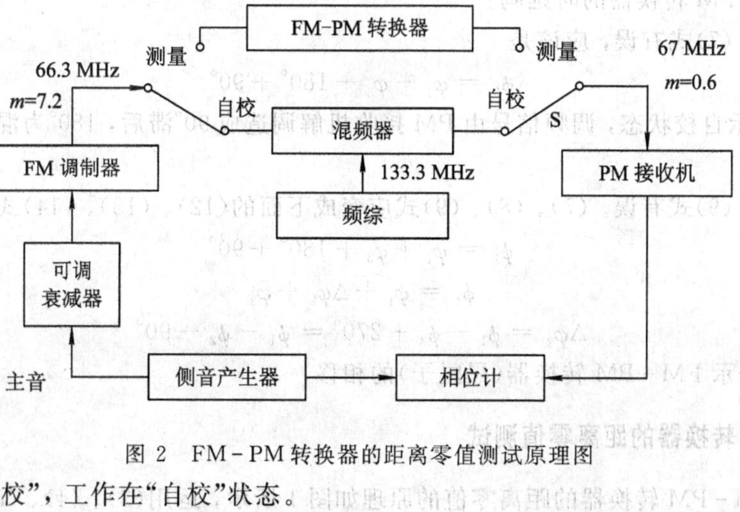

图 2　FM－PM 转换器的距离零值测试原理图

S 置于“自校”，工作在“自校”状态。

调节可调衰减器使 FM 调制器输出小调制度调频信号。例如调制度为 0.6，频率为 66.3 MHz，经混频器混成 67 MHz 信号，混频器本振频率为 133.3 MHz，可见是高本振混频，混频器输出再进入 PM 接收机解调出主侧音。

测得“自校回路”相位 ϕ_2 为

$$\phi_2 = \varphi_1 + \varphi_3 + 180^\circ \tag{7}$$

其中：φ_1 为含 FM 调制器的发支路的时延；φ_3 为 PM 接收机的时延；180°为混频(高本振)造成的反相。

S 置于“测量”，工作在“测量”状态。

调节可调衰减器使 FM 调制器输出大频偏调频信号，例如调制度为 7.2，频率为 66.3 MHz，送 FM－PM 转换器。FM－PM 转换器输出 67 MHz、调制度为 0.6 的调相信号送 PM 接收机。

测得“测量回路”相位 ϕ_1 为

$$\phi_1 = \varphi_1 + \varphi_2 + \varphi_3 + 180^\circ - 90^\circ \tag{8}$$

其中：φ_2 为 FM－PM 转换器的延迟相位；180°为 FM 解调斜率造成的倒相；90°为 PM 调制斜率。

FM－PM 转换器的延迟相位 φ_2 为

$$\varphi_2 = \phi_1 - \phi_2 + 90^\circ \tag{9}$$

FM－PM 转换器的传输时延 T 为

$$T = \frac{1}{2777} \times \frac{\varphi_2}{360} \tag{10}$$

3.2　某宇航局校验调频调相转换器时延的疑问

FM－PM 转换器输入的是大频偏调频信号，而将输出的小调制度调相信号送入 PM 接收机，那么(7)式～(9)式就有问题了。

问题一：应把 FM－PM 转换器当成黑匣子，只管输出测距信号相对于输入测距信号的时延，不管 FM－PM 转换器内部是否倒相。在(8)式中，FM 解调斜率造成 180°相移，PM 调制斜率造成超前 90°相移。这些都是从 FM－PM 转换器内分出来的。那么，(8)式中的 φ_2 能代表 FM－PM 转换器的时延吗？

问题二：(7)式有误，应该是

$$\phi_2 = \varphi_1 + \varphi_3 + 180^\circ + 90^\circ \tag{11}$$

其中：90°表示自校状态，调频信号由 PM 接收机解调造成 90°滞后，180°为混频(高本振)造成的反相。

问题三：(9)式有误。(7)、(8)、(9)式应变成下面的(12)、(13)、(14)式，即

$$\phi_2 = \varphi_1 + \varphi_3 + 180^\circ + 90^\circ \tag{12}$$

$$\phi_1 = \varphi_1 + \Delta\varphi_2 + \varphi_3 \tag{13}$$

$$\Delta\varphi_2 = \phi_1 - \phi_2 + 270^\circ = \phi_1 - \phi_2 - 90^\circ \tag{14}$$

其中：$\Delta\varphi_2$ 表示 FM－PM 转换器(黑匣子)的相移。

4　FM－PM 转换器的距离零值测试

测量 FM－PM 转换器的距离零值的原理如图 1 所示，运用(3)、(4)、(5)、(6)式测得

FM－PM 转换器时延为 7.5°。

在参考文献[4]中，给出的 FM－PM 转换器的距离零值为 187.5°，这是一种推断，我们认为应该进行实际测量。如果实测也是 187.5°，那就更有说服力了。

5 结　语

FM－PM 体制测控系统中的距离校零(卫星距离零值测量和地面卫星测控站距离零值测量)确实是一大难题。美国研制的 FM－PM 转换器是国外 FM－PM 体制测控站校零的专用设备，它本身就相当于一台应答机，它的零值测量本身就是难题。国外测量 FM－PM 转换器时延的原理如图 2 所示。测量时，假设调制器在大调制输出(例如 $m=7.2$)和小调制输出(例如 $m=0.6$)时，其端口时延不变。这是一种假设，并没有用实验来证明。所以，国外提供的 FM－PM 转换器零值(例如 7.5°)中包含了调制器从大调制到小调制的时延变化增量。虽然这个增量可能很小，但国外并没有把它从 FM－PM 转换器零值中分离出来。

从 1989 年我国研制东方红三号、风云二号卫星以来，解决了 FM－PM 应答机 R_0 测试这一技术难题，我们走出了中国自己的一条路。

我们的方法测出的 FM－PM 应答机的 R_0 中不包含调制器从大调制到小调制的时延变化增量，此法完全可以用实验测量来证明其正确性，设备能及时自校，故测量精度高。

本方法解决了主侧音和次侧音时延测量中的一系列技术问题。在形成这种测量方法的过程中，我们进行了一系列的理论分析(见参考文献[1]～[3])，并形成了较为系统、完整的理论，本文是这种理论和实践的总结。

本方法于 1995 年申请国家发明专利，1998 年 1 月 6 日批准授权。本方法和设备获 1998 年国家发明四等奖。

参 考 文 献

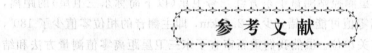

[1] 黎孝纯. 调频调相应答机距离零值测量方法. 空间电子技术，1994(1).

[2] 黎孝纯，薛丽. 调频调相应答机距离零值分析. 空间电子学会论文集，1994.

[3] 朱舸，黎孝纯. FM－PM 应答机距离零值测试方法进一步分析. 航天测控技术研讨会论文集，1997.

[4] 柴建国. 鑫诺地面站对 DFH－3 卫星进行测距时出现 2 公里偏差的分析. 飞行器测控学报，1999(1).

十四、调频调相转换器相位零值的判断

黎孝纯 孙彤

【摘要】 本文针对目前调频调相转换器相位零值测量中出现的问题，提出了作者的看法。首先，对调频调相转换器内高本振混频、鉴频器鉴频斜率可能为负以及视频放大可能为倒相放大器、相位调制器斜率可能为负等四项可能造成侧音倒相进而影响其相位零值进行分析；接着，对参考文献[6]所述的调频调相转换器在中频校准中存在的问题进行分析，并指出这很有可能就是调频调相转换器相位零值是7.5°还是187.5°之争的根源所在；最后，叙述作者于1998年4至5月间形成的在示波器上观察正弦调制信号波形与已调频波、已调相波之间的对应关系来判断调频调相转换器相位零值是7.5°还是187.5°的另一种简便方法。也用这种方法证实了天上运行的东方红三号卫星的调频调相应答机的相位零值没有测错。

【关键词】 卫星 相位时延 测量

1 问题的提出

(1) 1998年3月，某卫星测控站测量了东方红三号卫星(以下简称东三卫星)的距离，提出东三卫星应答机的距离零值可能有错，少了2.7 km，即主侧音的相位零值少了180°，并报告了东三卫星测量的有关单位。虽然我们重新审查了东三卫星距离零值测量方法和结果后，坚信天上的东三卫星距离零值没错，但是我们仍要寻求另外一种更为直观的实验方法来证实我们是正确的。这就产生了本文标题所指的那种用于判断调频调相转换器相位零值的另一种简便方法。

(2) 1999年3月，参考文献[5]指出，某宇航局提供给鑫诺站的模拟应答机的距离零值是错的。该宇航局提供的相位零值是193°(主侧音)，参考文献[5]的作者认为该模拟应答机的相位零值是13°(主侧音)，两者之差为180°。同时，参考文献[5]还指出，由该宇航局生产的调频调相转换器的距离零值是错的。该宇航局提供的相位零值是7.5°(主侧音)，参考文献[5]的作者认为该调频调相转换器的相位零值是187.5°，两者之差为180°。

(3) 1999年9月，参考文献[4]针对调频调相转换器就相当一台调频调相应答机总结了这类应答机距离零值测量的较完整的理论，特别给出了调频调相转换器相位零值的计算公式(文中的(12)、(13)(14)式)，并实际测量了一台调频调相转换器的距离零值，结果是7.5°，认为参考文献[5]的作者推断鑫诺站调频调相转换器的相位零值是187.5°，建议直接测量其相位零值。

(4) 1999年12月，参考文献[7]重申了鑫诺站调频调相转换器的相位零值应该是187.5°而不是7.5°，并强调“由于FM-PM转换器中采用了高本振”和“输入70 MHz信号与高本振混频而导致产生了 180°的相移，在测量 FM－PM 转换器的相位零值时，这个 180°相移就会被作为它的相位零值而测到，因而它的相位零值应该是 187.5°而不是 7.5°”。

综上所述，同一台调频调相转换器的相位零值，两家结论相差 180°；同一台模拟应答机的相位零值，两家结论相差 180°；同类的两台调频调相转换器，两家各测一台，两者相位零值相差 180°；对同一个东三卫星测距，两站所得距离差 2700 m，即折合测距音相位相差 180°。

我们认为这是中国卫星测控界面临的一个大问题。

我们想找出造成这个 180°差的根源，但因作者不是搞卫星测控站工作的，更没有直接参加上述那些测量，所以要找到根源是十分艰难的，我们只能从参考文献上去找，并提出一些解决问题的方法供读者参考，这就是本文的出发点。

2 调频调相转换器中的测距音倒相分析

调频调相转换器的原理框图如图 1 所示。输入频率 $f_{入}$ 分别为 66.3 MHz、67 MHz、69.4 MHz、70.6 MHz、73 MHz、73.7 MHz，对应的本振频率 f_L 分别为 86.3 MHz、87 MHz、89.4 MHz、90.6 MHz、93 MHz、93.7 MHz，每个输入点频混成 20 MHz 中频信号(可见混频为高本振)，放大后进行鉴频(此处是乘积型相位鉴频器)，鉴频输出进行视放(视频放大)，经可调衰减器输出，送相位调制器(相位调制器是一种典型的调幅转调相的矢量合成相位调制器)，对 8.375 MHz 信号进行调相，再经 8 倍频后输出 67 MHz 已调相信号。

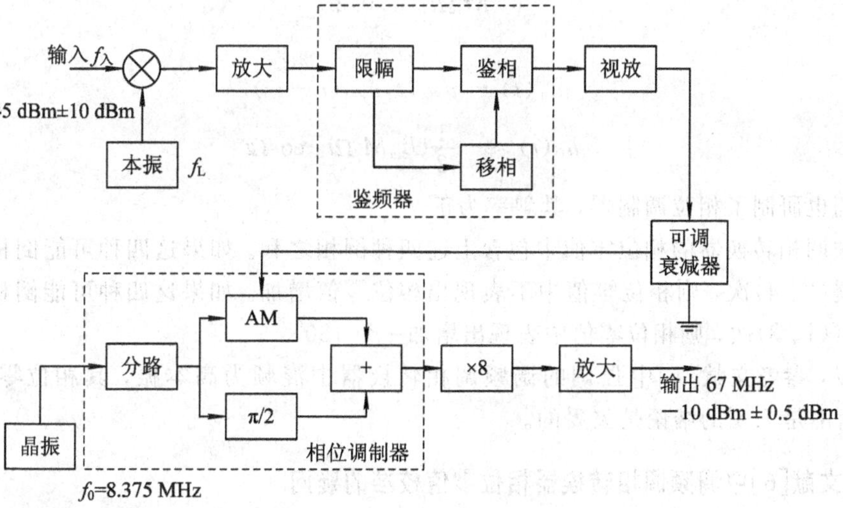

图 1 调频调相转换器原理框图

关于调频调相应答机中测距音倒相问题已在参考文献[4]中讨论过了。在图 1 所示调频调相转换器中，造成测距音倒相的原因仍然有以下四点：

第一，混频器。若混频器为高本振(输出频率＝本振频率－输入频率)混频，则会造成测距音倒相；若混频器为低本振(输出频率＝输入频率－本振频率)混频，则不会造成测距音倒相。本调频调相转换器中为高本振混频，会造成测距音倒相。

第二，鉴频器。若鉴频器的鉴频斜率为负，则会造成测距音倒相；若鉴频器的鉴频斜率为正，则不会造成测距音倒相。

第三，视放。倒相放大器将造成测距音倒相。

第四，相位调制器。相位调制器可能造成测距音倒相。

我们根据参考文献[8]研制了乘积型相位鉴频器(如图2所示)，其鉴频斜率为负，即鉴频将造成测距音倒相。

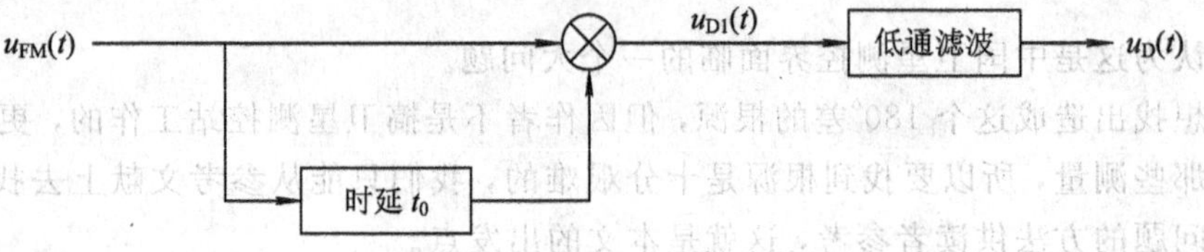

图 2 乘积型相位鉴频器

设调频调制信号为

$$f(t)=\cos\Omega t$$

已调频信号为

$$u_{FM}(t)=U_{cm}\cos(\omega_c t+M_f\sin\Omega t)$$

$$u_{FM}(t-t_0)=U_{cm}\cos[\omega_c(t-t_0)+M_f\sin\Omega(t-t_0)]$$

若设计满足

$$\omega_c t_0=\pm\frac{\pi}{2}$$

$$M_f\Omega t_0\leqslant 0.2$$

则

$$u_{D1}(t)=u_{FM}(t)u_{FM}(t-t_0)$$

$$u_D(t)\approx-\frac{1}{2}U_{cm}^2M_f\Omega t_0\cos\Omega t$$

我们也研制了相位调制器，其斜率为正。

调频调相转换器的相位零值中包含上述四种倒相之和。如果这四种可能倒相中，倒相次数为偶(2、4)次，则相位零值中不表现出相位零值增加。如果这四种可能倒相中，倒相次数为奇(1、3)次，则相位零值中表现出增加一个180°。

所以，参考文献[7]中强调的调频调相转换器中混频为高本振，其相位零值应该是187.5°而不是7.5°的结论是欠妥的。

3 参考文献[6]中调频调相转换器相位零值校准的疑问

在参考文献[6]中，作者称“多年来，人们曾通过各种手段和方法试图将零值校得更准确一些。但不幸的是，尽管人们在卫星地面测控站测距校零方面已做过很多工作，但迄今为止所用的方法仍比较复杂，而且结果不甚满意。”

“为解决卫星测控站测距校零问题，本文在偏馈振子无线测距校零方法的基础上提出一种采用小调制度调频信号直接校准的方法。该方法取消了FPC，简化了校零程序，提高了校零精度……本文的方法可作为一种新的通用的测距校零方法，适用于载波调制为调频/调相的卫星测控站。”

我们认为，十年前就因为无法用实验测量出调频调制器在大频偏和小频偏两种工作状态下的相位时延差而未采用小调制度直接校零法。事隔十年后的参考文献[6]仍没有实测这个相位时延差的方法。那么，若有 10 个都称是宽带的调频调制器，如果测不出大小频偏工作时的相位时延差，如何知道 10 个中哪些是符合要求的，哪些是不符合要求的呢？这个时延差测不出来，怎么证明并让人相信参考文献[6]中的直接校零法提高了校零精度，并且其相位时延误差小于等于 0.01°，即时延误差小于等于 1 ns 呢？本文的目的是分析同一台(或同类)调频调相转换器的相位零值，各家结论间相差 180°的问题(卫星距离零值或地面测控站的距离零值也就为 2000～4000 m，若相差 180°就差了 2700 m)，如果谁是谁非都不清楚，哪能谈得上什么校零精度和正确的校零方案呢？

3.1　参考文献[6]中调频调相转换器相位零值校准的过程

参考文献[6]中提到：

图 3 中 FPC 即为专门用于测距校零的调频调相转换器。而 FPC 本身的距离零值的校准必须采用专门的程序，分两步在 70 MHz 中频完成，如图 3 和图 4 所示。两次测试结果分别为 φ_{01}、φ_{02}。

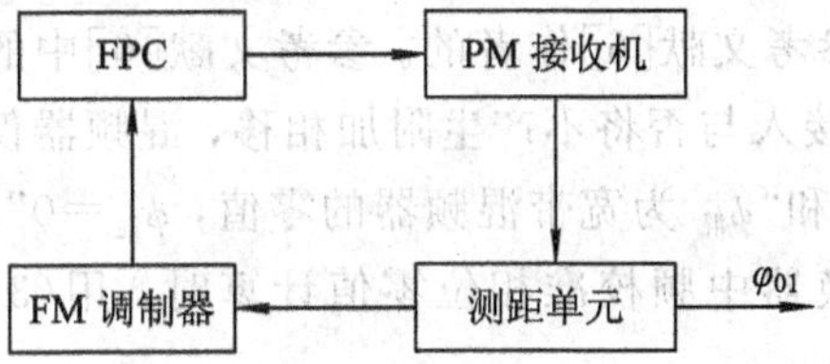

图 3　测距中频闭环校准图之一

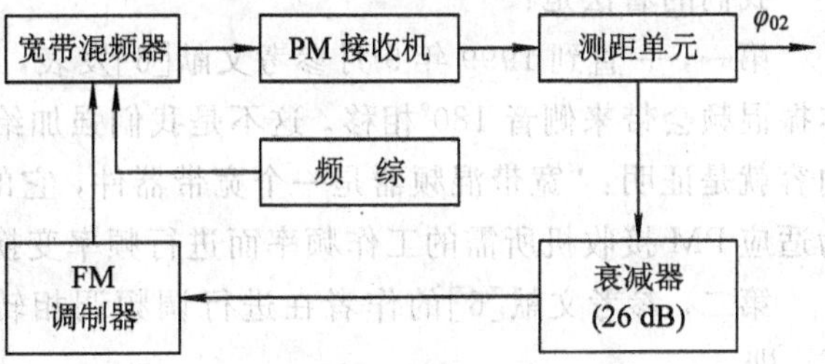

图 4　测距中频闭环校准图之二

在第二步(图 4)中，用一个宽带混频器替代 FPC，而将上行信号调制频偏减小是通过对调制音(测距侧音)衰减(26 dB)来实现的。这里需要说明的是：宽带混频器是一个宽带器件，它的接入与否将不产生附加相移，混频器仅为适应 PM 接收机所需的工作频率而进行频率变换。如果 PM 接收机本身的工作频率可调，完全适应 FM 调制器的输出频率，则可以省略宽带混频器及其频综。

由图 3 和图 4 可见

$$\phi_{01} = \phi_{\mathrm{FPC}} + \phi_{0\ 70\ \mathrm{MHz}} \tag{1}$$

式中：$\phi_{0\ 70\ \mathrm{MHz}}$为包括接收机、调制器、开关及测距单元在内的 70 MHz 中频系统零值；ϕ_{FPC}为 FPC 零值。

$$\phi_{02} = \phi_{0\ 70\ \mathrm{MHz}} + \phi_{混} + \phi_{\mathrm{ATT}} + 90° \tag{2}$$

式中：$\phi_{混}$ 为宽带混频器零值，$\phi_{混}=0$；ϕ_{ATT}为 26 dB 衰减器零值，$\phi_{\mathrm{ATT}}=0°$。

(2)式中的 90°引入是因为图 4 中的 PM 接收机需对 70 MHz 调频(FM)信号解调所致。由(1)式和(2)式得

$$\phi_{\mathrm{FPC}} = \phi_{01} - \phi_{02} + 90° \tag{3}$$

3.2　参考文献[6]中调频调相转换器相位零值校准的疑问

第一，图 4 中的混频器必须是高本振(输出频率＝本振频率－输入频率)。因为文中说

明是中频校准，混频器取代图 3 中的 FPC。它是把 FPC 的输入频率(66.3 MHz、67 MHz、69.4 MHz、70.6 MHz、73 MHz、73.7 MHz)分别变成 67 MHz 中频(等于 FPC 的输出频率)进入 PM 接收机，所以只能用高本振。

第二，高本振混频将造成测距主侧音倒相，即带来 180°(主侧音)相移。这一点参考文献[2]中已有分析和验证。在参考文献[4]中，我们指出，“在这个问题上容易犯错误”，因此，我们花了较大篇幅来讲这个问题。参考文献[4]中，直接分析了调频调相转换器校准中包括混频器在内的各项时延，得到了正确的计算公式。所以参考文献[6]中说“这里需要说明的是：宽带混频器是一个宽带器件，它的接入与否将不产生附加相移，混频器仅为适应 PM 接收机所需的工作频率而进行频率变换”和“$\phi_{混}$ 为宽带混频器零值，$\phi_{混}=0$”的结论是错误的。

第三，在参考文献[6]中，关于用图 3、图 4 进行调频调相转换器校准相位零值的计算公式(即(3)式)是错误的。正确的公式应该是

$$\phi_{FPC} \approx \phi_{01} - \phi_{02} - 90°$$

3.3 看法

我们的看法是：

第一，一直到 1999 年 9 月参考文献[6]发表，参考文献[6]的作者不知道在图 4 中的高本振混频会带来侧音 180°相移。这不是我们强加给参考文献[6]作者的。参考文献[6]中的内容就是证明：“宽带混频器是一个宽带器件，它的接入与否将不产生附加相移，混频器仅为适应 PM 接收机所需的工作频率而进行频率变换”和“$\phi_{混}$ 为宽带混频器的零值，$\phi_{混}=0$”。

第二，参考文献[6]的作者在进行调频调相转换器中频校准相位零值计算时，用(3)式，即

$$\phi_{FPC} = \phi_{01} - \phi_{02} + 90°$$

来计算相位零值的(例如参考文献[6]表 2 中的 ϕ_{FPC} 就是用这个错误公式算出的结果)。当然所得结果也是错误的，比真实相位零值增加 180°。这很可能就是对同一台 FPC 各家结论间相差 180°的根源。

3.4 初步思考

首先要说明的是，这小节是我们的推测，所进行的推演和其结果不一定与实际相符，仅供读者参考。

为了便于后文的分析和应用，把参考文献[6]中我们认为有疑问的公式(3)记为(Y)式，即

$$\phi_{FPC} = \phi_{01} - \phi_{02} + 90° \tag{Y}$$

把我们认为正确的计算公式记为(Z)式，即

$$\phi_{FPC} = \phi_{01} - \phi_{02} - 90° \tag{Z}$$

第一，当有一台调频调相转换器用参考文献[6]中的图 3、图 4 进行中频校准时，用(Z)式计算的结果是 7.5°。那么，参考文献[6]的作者，用(Y)式计算的结果应是 187.5°。

第二，有一台调频调相应答机要测其相位零值，并用本小节初步思考第一中所述的调频调相转换器作地面站距离校零，若校零 FPC 相位零值用(Z)式计算，$\phi_{FPC}=7.5°$时，应答机的相位零值为 $\phi_{应}=193°$。那么，校零 FPC 相位零值用(Y)式计算，$\phi_{FPC}=187.5°$时，应答

机的相位零值为 $\phi_{应}=13°$。

第三，把初步思考第二中测好的调频调相应答机装在卫星上，地面有两个站分别对卫星测距。设甲地面站校零的调频调相转换器相位零值为 7.5°，测得的卫星应答机相位零值为 193°，甲地面站测得的卫星距离为 R_1；设乙地面站校零的同一台调频调相转换器相位零值为 187.5°，测得的卫星应答机相位零值为 13°，乙地面站测得的卫星距离为 R_2。容易证明 $R_1=R_2$。

4 调频调相转换器相位零值的另一种判断方法

对于同一台调频调相转换器，相位零值是 7.5°还是 187.5°？一种判断方法就是像我们在参考文献[4]中所叙述的那样直接测量和进行相位零值的计算，从而得到它的准确值(例如我们测量了一台调频调相转换器，其相位零值是 7.5°)；另一种判断方法就是本节所要叙述的内容。

4.1 正弦调制信号与已调相信号、已调频信号的波形关系

4.1.1 理论上 $f(t)$与 $u_{PM}(t)$、$u_{FM}(t)$的关系

在很多教科书中，都能找到正弦调制信号 $f(t)$与已调相信号 $u_{PM}(t)$、已调频信号 $u_{FM}(t)$的波形关系，如图 5 所示。

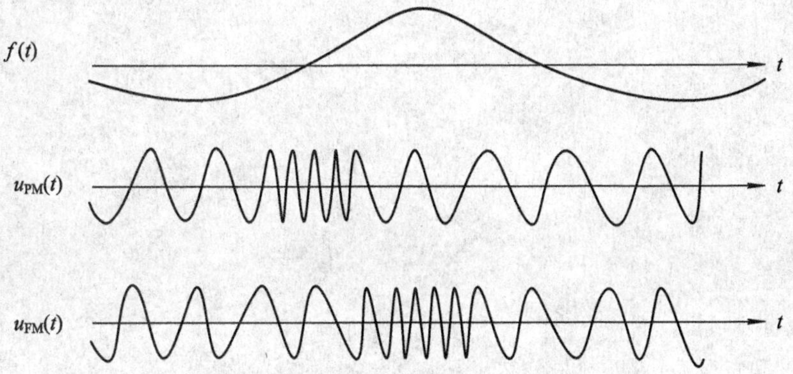

图 5 理论上，正弦调制信号 $f(t)$与已调相信号 $u_{PM}(t)$、已调频信号 $u_{FM}(t)$的波形关系

由图 5 可见：

对已调相信号 $u_{PM}(t)$，当 $f(t)$为正斜率段时，$u_{PM}(t)$的频率最高；当 $f(t)$为负斜率段时，$u_{PM}(t)$的频率最低。

对已调频信号 $u_{FM}(t)$，当 $f(t)$为正最大时，$u_{FM}(t)$的频率最高；当 $f(t)$为负最大时，$u_{FM}(t)$的频率最低。

4.1.2 实验结果

在示波器上观察调制信号波形与射频已调相波、射频已调频波的关系，如图 6 所示，侧音产生器输出的 27.77 kHz 正弦信号 $f(t)$分成两路，一路送入示波器 A 路，作示波器观察的调制信号，另一路 27.77 kHz 信号送发射频综(也可以是其他频率源)进行调频，发射频综输出调频信号 $u_{FM}(t)$，频率为 f_T，调制度为 0.6～7 rad 可调，已调频信号经混频器变

成 20～200 kHz 信号 $u_{FM}(t)$ 送入示波器 B 路。

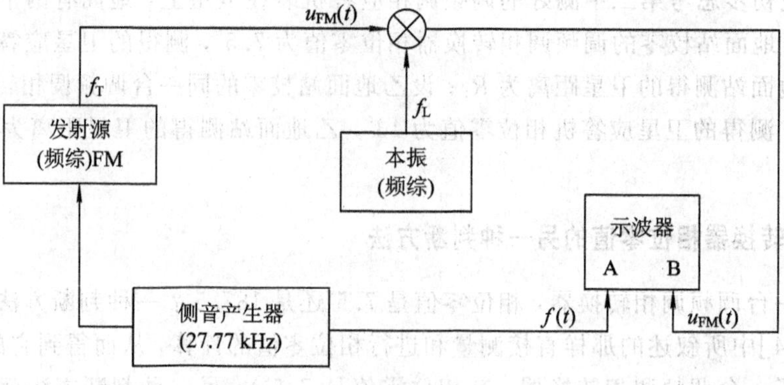

图 6 调制信号 $f(t)$ 与已调频信号 $u_{FM}(t)$ 的关系

图 7 是进入应答机的 5926 MHz 已调频信号 $u_{PM}(t)$ 与调制信号 $f(t)$ 的关系，调制度 $m=7.2$。

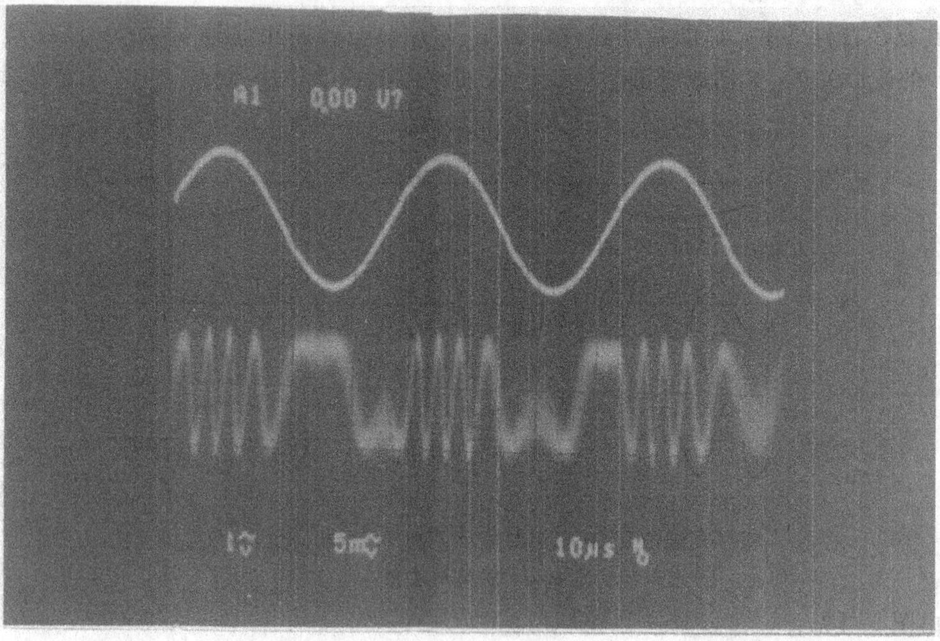

图 7 5926 MHz 已调频信号与调制信号的关系(照片)

由图 7 可见：

对已调频信号 $u_{FM}(t)$，当 $f(t)$ 为正最大时，$u_{FM}(t)$ 的频率最高；当 $f(t)$ 为负最大时，$u_{FM}(t)$ 的频率最低。

请特别注意：图 7 中所示的混频器为低本振时的波形，即 $f_T-f_L=20\sim200$ kHz 的波形，若为高本振即调 f_L 使 $f_L-f_T=20\sim200$ kHz 时，结果恰恰相反，即

已调频信号 $u_{FM}(t)$，当 $f(t)$ 为正最大时，$u_{FM}(t)$ 的频率最低；当 $f(t)$ 为负最大时，$u_{FM}(t)$ 的频率最高。

4.2 调频调相转换器相位零值的判断

用图 8 所示的方法，不需解调、不需复杂测试设备、不涉及太多理论，只涉及正弦调制信号 $f(t)$与已调频信号 $u_{FM}(t)$、已调相信号 $u_{PM}(t)$之间的波形对应关系，就能判断争论不休的调频调相转换器的相位零值是 7.5°还是 187.5°(也可以判断调频调相应答机，例如鑫诺站里某宇航局提供的模拟应答机的相位零值是 13°还是 193°)。

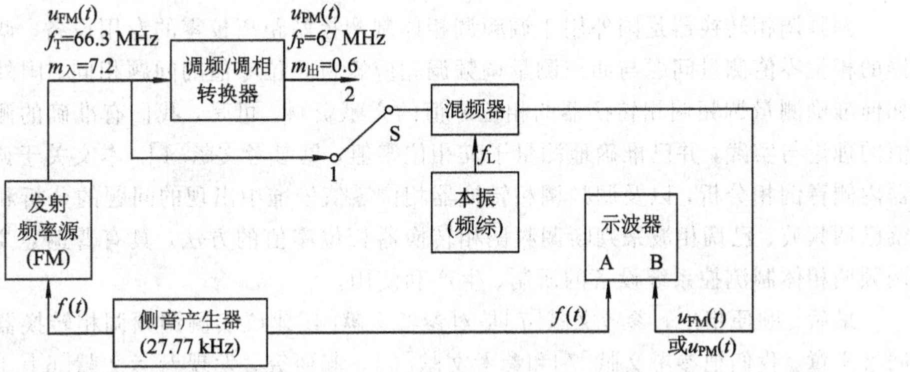

图 8 调频调相转换器相位零值判断

方法如下：

(1) 27.77 kHz 产生器(可以是四侧音产生器，也可以是普通的低频信号源)输出的 $f(t)$分两路，一路送入示波器 A 路，作观察的正弦调制信号 $f(t)$，另一路送发射频综进行调频，使对 27.77 kHz 正弦信号调频频偏为 200 kHz(即调制度为 7.2)。调频综输出频率 f_T 为调频调相转换器输入频率中的一个点频，例如 $f_T=66.3$ MHz；调发射频综输出 $u_{FM}(t)$幅度为调频调相转换器的规定输入电平，例如－40 dBm。$u_{FM}(t)$分两路，一路送调频调相转换器，另一路送开关 S 的 1 端。调频调相转换器的输出为 $u_{PM}(t)$，$u_{PM}(t)$送开关 S 的 2 端。混频器的输入信号从开关 S 来，混频器的本振信号由本振频综提供，本振频率为 f_L，混频器的输出送入示波器 B 路。

(2) 观察调频调相转换器输入调频信号 $u_{FM}(t)$与调制信号 $f(t)$的波形关系，确认 $u_{FM}(t)$相对 $f(t)$没倒相，相位时延靠近 0°。开关 S 置 1，调频调相转换器输入信号 $u_{FM}(t)$进入混频器，调混频器本振频率 f_L，使得混频器为低本振并 $f_T-f_L=20\sim200$ kHz。在示波器上观察 $u_{FM}(t)$与 $f(t)$的对应关系。(根据我们的多次试验，一般频综调频不造成倒相，相位时延靠近 0°)对 $u_{FM}(t)$若满足：当 $f(t)$为正最大时，$u_{FM}(t)$的频率最高；当 $f(t)$为负最大时，$u_{FM}(t)$的频率最低。这说明调频调相转换器输入信号 $u_{FM}(t)$对调制音没倒相，并且相位时延靠近 0°。

(3) 观察调频调相转换器输出信号 $u_{PM}(t)$与调制信号 $f(t)$的波形关系，确认调频调相转换器相位时延是否造成侧音倒相。开关 S 置 2，调频调相转换器输出信号 $u_{PM}(t)$进入混频器。调频调相转换器的输出频率为 f_P($f_P=67$ MHz)，调 f_L 使得混频器仍为低本振并 $f_P-f_L=20\sim200$ kHz。在示波器上观察 $u_{PM}(t)$与 $f(t)$的对应关系。

对 $u_{PM}(t)$若满足：当 $f(t)$为正斜率段时，$u_{PM}(t)$的频率最高；当 $f(t)$为负斜率段时，$u_{PM}(t)$的频率最低。这说明调频调相转换器相位时延靠近 0°。那么，调频调相转换器相位零值为 7.5°的结论是正确的。

对 $u_{PM}(t)$若满足：当 $f(t)$为正斜率段时，$u_{PM}(t)$的频率最低；当 $f(t)$为负斜率段时，$u_{PM}(t)$的频率最高。这说明调频调相转换器相位时延靠近 180°。那么，调频调相转换器相位零值为 187.5°的结论是正确的。

5 结　　语

调频调相转换器是国外用于调频调相体制测控站距离校零的专用设备。调频调相转换器的相位零值测量问题与如何测量调频调相应答机相位零值的问题相同。国外还没有介绍如何准确测量调频调相转换器的相位零值的文献资料。可是，我们有准确的测量其相位零值的理论与实践，并已准确地测量了其相位零值，见参考文献[4]。本文关于调频调相转换器内侧音倒相分析，以及调频调相转换器相位零值校准中出现的问题的分析和用示波器观察已调频波、已调相波来判断调频调相转换器相位零值的方法，具有普遍意义，它适合于调频调相体制测控系统设备的研制、生产和使用。

最后，顺便指出，参考文献[7]是对参考文献[4]建议实测调频调相转换器相位零值的回答文章。我们把参考文献[7]和参考文献[6]一起研究，发现参考文献[6]、[7]的作者实际上在纠正自己于 1999 年 9 月前所犯的像参考文献[6]中(3)式那样的错误。具体分析见附录。

附录

A1　参考文献[7]中的混频器替换校准法校调频调相转换器相位零值

下面是参考文献[7]中的一段原文：

2.2.2　混频器替换校准法

如图 9 所示，在混频器替换校准法中，混频器与 FM/PM 变换器不是串联在一起测量的，而是相互取代的关系。在进行自校准时，接入混频器；在进行校准测量时，接 FM/PM 变换器。同样假设在图 9 中，上行支路的相移是 ϕ_1，下行支路的相移是 ϕ_2，而 FM/PM 转换器的相移是 $\phi_{FM/PM}$，因为混频器是宽带器件，所以其相移忽略不计。在实际校准时，由于输入、输出都是 70 MHz 中频信号，因而混频器采用高本振，要引入一个 180°相位翻转。

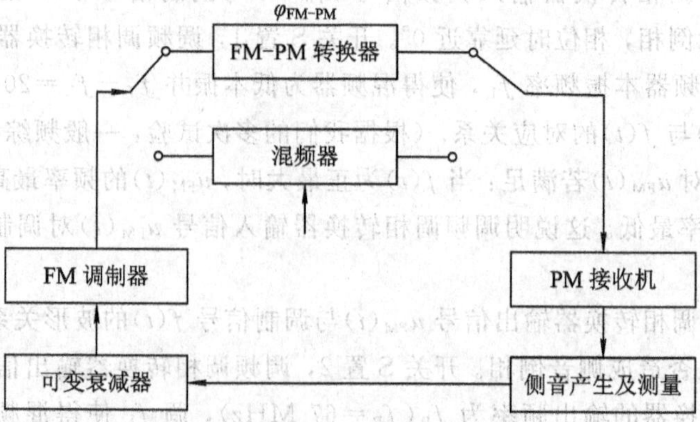

图 9　FM－PM 转换器零值测量原理框图

当 FM－PM 转换器接入时，测量得到一个相位值：

$$\phi_{01} = \phi_1 + \phi_{FM\text{-}PM} + \phi_2 \tag{4}$$

当混频器接入时，测量得到另一个相位值：

$$\phi_{02} = \phi_1 + \phi_2 + 180^\circ + 90^\circ \tag{5}$$

(4)式减去(5)式得

$$\phi_{\text{FM-PM}} = \phi_{01} - \phi_{02} - 90^\circ \tag{6}$$

A2 初步分析

试将此处的混频器替换校准法和参考文献[6]中的混频器替换法(已录用在本文3.1节)进行比较，可见：

两者都是混频器替换法中频校准调频调相转换器相位零值。在1999年9月的参考文献[6]中，得出的相位零值计算公式为

$$\phi_{\text{FM-PM}} = \phi_{01} - \phi_{02} + 90^\circ \tag{Y-A}$$

而在1999年12月的参考文献[7]中，得出的相位零值计算公式为

$$\phi_{\text{FM-PM}} = \phi_{01} - \phi_{02} - 90^\circ \tag{Z-A}$$

可以看出发生了180°的变化。我们推测：参考文献[6]、[7]的作者，现在应该认为，这里的(Z-A)式正确，1999年9月前他们的(Y-A)式是错的。为什么有这个180°的变化呢？我们推测(不一定正确，仅供参考)如下：1999年9月发表的参考文献[4]中详细总结了调频调相应答机(调频调相转换器相当于一台调频调相应答机)距离零值测量的若干理论与实践结果。其中2.6节的标题是“混频器高本振和低本振对时延的影响”，而且，在这节的开头指出，“在这个问题上容易犯错误”(当时并非针对参考文献[6]，因为参考文献[6]也是1999年9月发表的)。在这一节里，分析了相位零值测量中的各个环节中的混频器在高本振和低本振时的相位时延计算。同样，在这篇文章的第3节里，对用混频器替换法中频校准调频调相转换器相位零值的一些模糊概念作了纠正，得出了混频器替换法中频校准调频调相转换器相位零值的正确计算公式，见参考文献[4]中的(12)式～(14)式。其中(14)式为

$$\Delta\phi_{\text{FM-PM}} = \phi_1 - \phi_2 - 90^\circ$$

很可能是我们这篇文章，特别是文中的上述两点内容，使得参考文献[6]、[7]的作者不得不“进一步思考”，才发表参考文献[7]来纠正参考文献[6]中(3)式那样的错误。参与本文分析和实验的有秦伟泽、朱舸、宋廉权、薛丽等同志，在此表示感谢！

参考文献

[1] 黎孝纯. 调频调相应答机距离零值测量方法. 空间电子技术，1994(1).

[2] 黎孝纯. 薛丽. 调频调相应答机距离零值分析. 空间电子学会论文集，1994.

[3] 朱舸，黎孝纯. 调频调相应答机距离零值测量方法进一步分析. 航天测控技术研讨会论文集，1997.

[4] 黎孝纯，孙彤，朱舸，等. 调频调相应答机距离零值测量的理论与实践. 航天测控技术研讨会论文集，1999.

[5] 柴建国. 鑫诺地面站对DFH-3卫星进行测距时出现2公里偏差的分析. 飞行器测控学报，1999(1).

[6] 赵业福，柴建国. 卫星测控站测距系统的距离零值校准方法探讨. 飞行器测控学报，1999(3).

[7] 柴建国. 关于FM/PM调频调相转换器的相位零值测量的进一步思考. 飞行器测控学报，1999(4).

[8] 武秀玲，沈伟慈. 高频电子线路. 西安：西安电子科技大学出版社，1994.

十五、卫星测距校零中调频信号源大频偏调制与小频偏调制的时延差测量方法

黎孝纯　余晓川

【摘要】 卫星测距校零中，如何测量调频信号源大频偏调制输出与小频偏调制输出的时延差是一个技术难题。文章提出采用程控分数分频器作为调制度变换器，实现对该时延差的测量方法，叙述了调制度变换器原理、测量时延差的方法和研制成功的设备的测量精度试验。

【关键词】 卫星　相位时延　测量

1 引　言

对卫星测距时，卫星调频调相应答机时延(应答机距离零值)测量和地面测控站时延(地面测控站距离零值)测量是一大技术难题。国内对调频调相应答机距离零值测量经历了两个阶段：第一阶段是用微波倍频器作调制度变换器的距离零值测量方法，完成了多种系列卫星的距离零值测试[1-4]；第二阶段是用程控分数分频器作调制度变换器的距离零值测量方法，用分数分频器作调制度变换器测量调频信号源大频偏输出和小频偏输出时延差，选定调频信号源，构成如图1所示的距离零值测量方法。

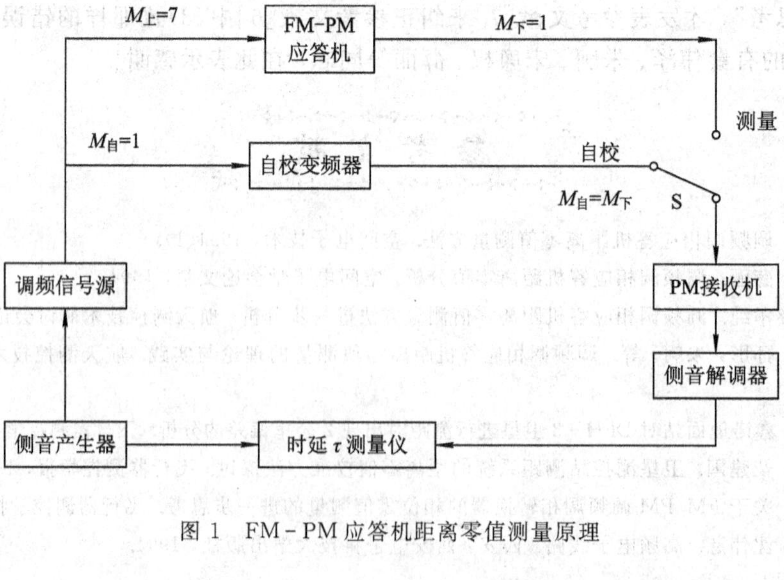

图1　FM-PM应答机距离零值测量原理

2 调频信号源大频偏调制和小频偏调制两种状态下时延差的测量方法

调频信号源大频偏调制和小频偏调制两种状态时延差测量原理如图 2 所示。

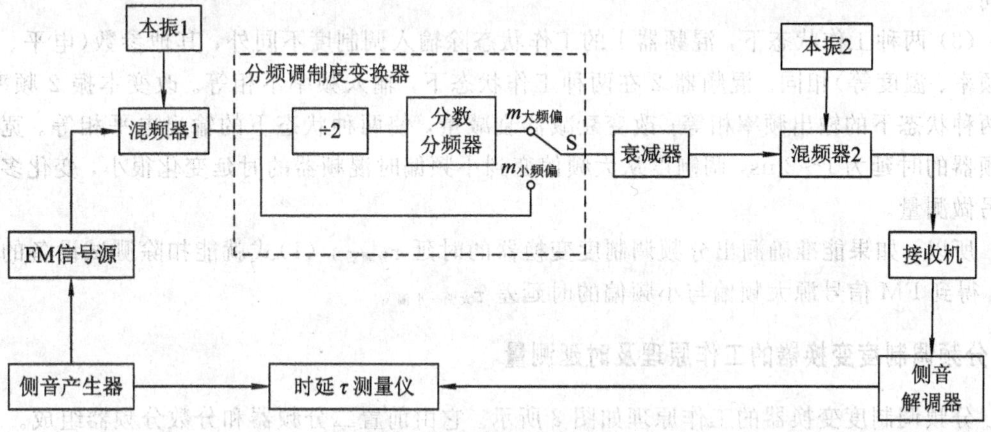

图 2　FM 信号源大/小频偏时延测量原理图

FM 信号源是被测件，测试设备由侧音产生器、时延 τ 测量仪、接收机、侧音解调器、混频器 1 及本振 1、混频器 2 及本振 2、分频调制度变换器等组成。对 FM－PM 应答机距离零值测量设备增加分频调制度变换器和变频器，就可实现图 2 的测试方案。

测试分为“大频偏”和“小频偏”两种工作状态。

“大频偏”工作状态：开关 S 置“$m_{大频偏}$”。侧音产生器输出的 27.77 kHz 正弦信号分两路，一路送时延 τ 测量仪作测时延的开门信号，另一路送 FM 信号源作调频的调制信号。控制调制信号幅度，使 FM 信号源输出大频偏调频信号(例如调制度为 7 rad、频率为 5926 MHz、电平为 5 dBm 的信号)送混频器 1，变成“分频调制度变换器”工作需要的频率和电平(例如 464 MHz、0 dBm)；调整“分频调制度变换器”的分频比，使送至 S 端的调制度与小频偏时的调制度相等(例如调制度为 0.7 rad，即“分频调制度变换器”的分频比是 7÷0.7＝10)，信号经衰减器、混频器 2 变成接收机工作需要的频率和电平(例如 3970 MHz、0 dBm)进入接收机，侧音解调器解调出 27.77 kHz 侧音送时延 τ 测量仪作测时延的关门脉冲，测得“大频偏”状态的回路时延，记为 $\tau_{大频偏}$。

“小频偏”工作状态：开关 S 置“$m_{小频偏}$”。测试设备保持与“大频偏”工作状态时相同的参数，只改变调制信号幅度，使 FM 信号源输出的调制度为小频偏调制度($m_{小频偏}$＝0.7 rad)，其他参数例如输出频率、电平不变，仍是 5926 MHz、5 dBm 的信号送混频器 1，混频器 1 的本振频率和参数保持与“大频偏”工作状态时的相同。混频器 1 输出信号经“$m_{小频偏}$”端送开关 S 进入衰减器，再经混频器 2 变成与“大频偏”工作状态时相同的频率、电平、调制度(3970 MHz、0 dBm、0.7 rad)送接收机，侧音解调器解调出侧音送时延 τ 测量仪作测时延的关门脉冲，测得“小频偏”工作状态的回路时延，记为 $\tau_{小频偏}$。

FM 信号源大频偏调制与小频偏调制的时延差 $\tau_{大偏-小偏}$ 为

$$\tau_{大偏-小偏}=\tau_{大频偏}-\tau_{小频偏}-\tau_{分频器} \tag{1}$$

其中：$\tau_{分频器}$ 为分频调制度变换器时延。

从上述测试过程和图 2 可以看出：

(1) 两种工作状态下，进入测试设备接收支路的参数(电平、频率、调制度、温度等)相同。

(2) 两种工作状态下，发射支路除调制度不同外，其他参数(频率、电平、温度等)相同。

(3) 两种工作状态下，混频器 1 的工作状态除输入调制度不同外，其他参数(电平、中心频率、温度等)相同。混频器 2 在两种工作状态下，输入频率不相等。改变本振 2 频率，使两种状态下的输出频率相等；改变衰减器衰减量，使两种状态下的输出电平相等。宽带混频器的时延为 1～2 ns，调制度从大频偏变到小频偏时混频器的时延变化很小，变化多少可另做测量。

所以，如果能准确测出分频调制度变换器的时延 $\tau_{分频器}$，(1)式就能扣除测试设备的时延，得到 FM 信号源大频偏与小频偏的时延差 $\tau_{大偏-小偏}$。

3　分频调制度变换器的工作原理及时延测量

分频调制度变换器的工作原理如图 3 所示。它由前置二分频器和分数分频器组成。

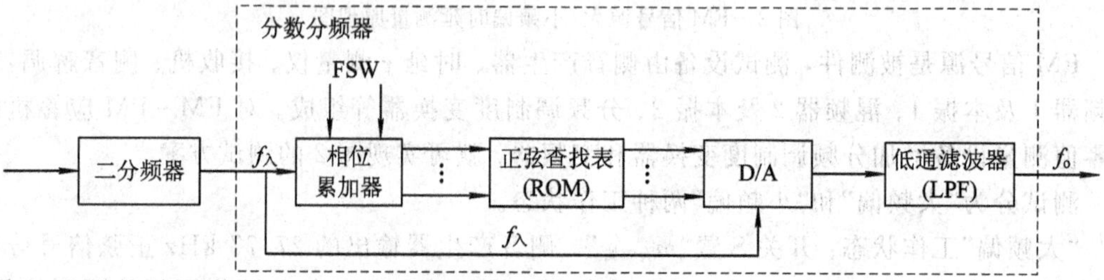

图 3　分频调制度变换器的工作原理

分数分频器由相位累加器、正弦查找表(ROM)、数/模(D/A)变换和低通滤波器(LPF)组成。其工作原理基于直接数字频率合成(Direct Digital Synthesis，DDS)工作过程。相位累加器和 ROM 组成数控振荡器(NCO)。在这里的功能是将输入信号频率 $f_入$ 进行分数分频，也就是对输入信号的调制度进行细分(不只是除以整数)，使细分后送到开关 S 的调制度 $m_{大频偏}$ 与“小频偏”状态时到接收机的调制度 $m_{小频偏}$ 相等。

相位累加器的长度为 N 位，控制 ROM 产生一整周正弦波输出时，即 2^N 相当于 2πrad，N 位中的最低有效位(LSB)相当于 $2\pi/2^N$ rad，这个 $2\pi/2^N$ rad 就是最小的相位增量。频率建立字(FSW)的 P_{faw} 值对应的相位增量就是 $P_{faw}\times 2\pi/2^N$，频率建立字 P_{faw} 一经确定，产生一周正弦波输出所需的输入时钟频率就确定了，即

$$\frac{2\pi}{P_{faw}\times\dfrac{2\pi}{2^N}} \tag{2}$$

最小输出频率是 $P_{faw}=1$ 时的输出频率，即

$$f_{o\,min}=\frac{f_入}{2^N} \tag{3}$$

最高输出频率受 Nyguist 准则限制，即 $P_{faw}=2^{N-1}$时，最高输出频率为

$$f_{omax}=\frac{1}{2}f_入 \tag{4}$$

所谓分数分频器是指用要分频的信号频率 $f_入$ 作为时钟，通过改变频率建立字 P_{faw}，使输出频率 f_o 可在输入频率 $f_入$ 的 $1/2^N \sim 1/2$ 之间取数，这种改变只需改变程控码表即可实现。

与通常的DDS工作不同，用作时钟的 $f_入$ 不是通常的单载波正弦信号，而是被侧音进行大频偏调频后的已调频信号。由于侧音频率远远低于载频频率，因此，在分频过程中输出信号相位完整地保留了与输入信号的相位关系，这一关系就是一个分频比的关系，也就是输出调制度 $m_出$ 等于输入调制度 $m_入$ 除以分频器的分频比。

ROM 的输出经 D/A 变换成模拟信号，再经 LPF 滤波出需要的信号。

如何测量调制度变换器的时延是本文所述方法的关键之一。在图 2 中，混频器 1、混频器 2 的时延测量已是成熟技术，只剩下分数分频器的时延测量和二分频器时延测量问题了。

分数分频器时延测量原理图如图 4 所示。它由方波产生器、频率综合器(简称频综)、定向耦合器、示波器和被测件分数分频器组成。

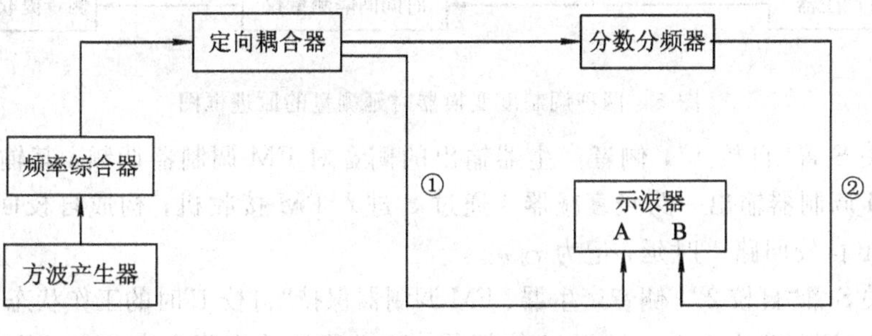

图 4　分数分频器时延测量原理图

方波产生器产生脉冲方波信号，该脉冲信号可以用图 2 中的侧音产生器的测距音形成方波脉冲。频率综合器的中心频率就是分数分频器的输入频率 $f_入$；方波脉冲对频综进行脉冲调制，频率综合器输出频率为 $f_入$ 的射频脉冲串信号送定向耦合器。从定向耦合器取出的小部分信号①送示波器的 A 路输入端，示波器由 A 路输入信号同步。定向耦合器的主路输出送分数分频器输入端作分数分频的时钟信号(注意脉冲电平应是分数分频器要求的输入电平)，分频器的输出信号②送示波器的 B 路输入端。在示波器上，B 路脉冲前沿相对于 A 路脉冲前沿的延时，就是分数分频器的时延。

同理，用图 4 的设备可以测量图 3 中的二分频器的时延，只不过频率综合器的输出射频频率是二分频器的输入频率(同样要注意输入脉冲电平应是二分频器要求的输入电平)。

4　对调制度变换器时延测量的进一步验证

参考文献[1]提出了用射频脉冲法测量微波倍频器时延的方法，测量了多台微波 12 倍频器的时延，都在 3～4 ns 以内，并采用射频脉冲法测量分频调制度变换器的时延，测量了研制的分频调制度变换器、分频比在 12、11、10、9 及其中间的分数分频比变化，时延变化在 1 ns 以内。本节将采用侧音调频连续波信号(不是射频脉冲)来测量调制度变换器的时延。

图 5 表示两种调制度变换器时延测量的原理框图。

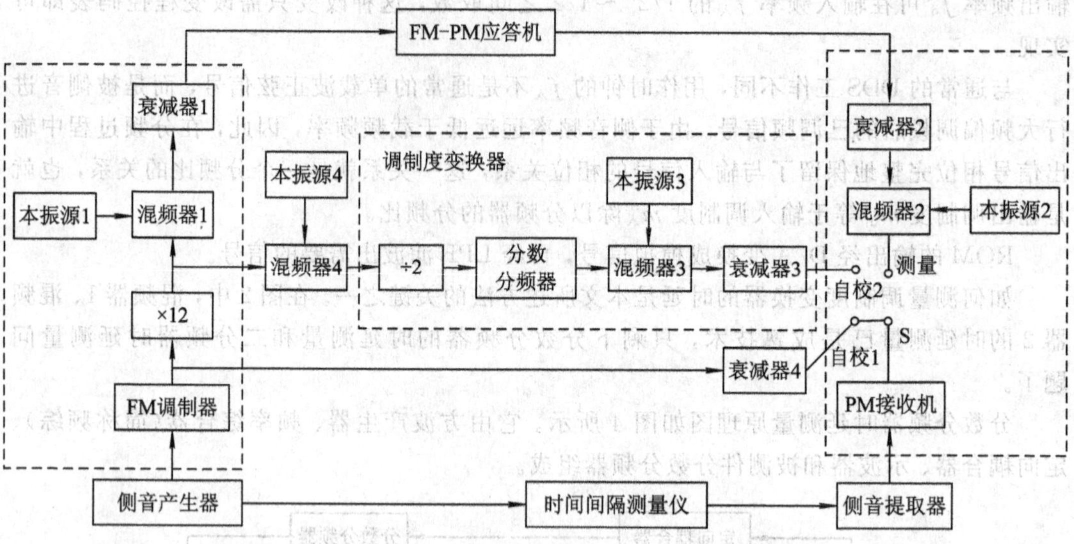

图 5　两种调制度变换器时延测量的原理框图

(1) 开关 S 置"自校 1"，侧音产生器输出的侧音对 FM 调制器调频，其输出调制度为 0.6 rad，FM 调制器输出一路经衰减器 4 通过 S 进入 PM 接收机，构成自校回路，时间间隔测量仪测出自校回路 1 时延，记为 $\tau_{小频偏}$。

(2) 开关 S 置"自校 2"，侧音产生器、FM 调制器保持"自校 1"时的工作状态，FM 调制器的另一路输出(调制度为 0.6 rad)送 12 倍频器，12 倍频器输出频率为 5568 MHz(464×12)，调制度 $m_{入}$ 为 7.2 rad(0.6×12)。12 倍频器输出一路经混频器 4 混频成 464 MHz 信号，调制度为 7.2 rad，再经调制度变换器变成"自校 2"信号，调制度变换器的分频比为 12，所以，"自校 2"信号的调制度 $m_{自校2}$ 为 0.6 rad，"自校 2"信号经开关 S 送 PM 接收机，时间间隔侧量仪测得时延是自校回路 2 的时延，记为 $\tau_{大频偏}$。

实验中，当微波倍频器为 12、11、10 倍时，调制度变换器分频比亦为相应的 12、11、10 三种状态，时延差为

$$\tau_{大频偏}-\tau_{小频偏}\approx 25\ \text{ns}\quad(\text{含短的连线电缆时延})$$

这一实验的特别意义在于：从另一种测量(即用侧音正弦调频信号测量)方法证明了用射频脉冲法测量 12 倍频器、调制度变换器时延的结果是正确的，也证明了分数分频器的分频比变化时，时延测量结果是正确的。

5　结　语

卫星测距校零中，调频信号源大频偏调制与小频偏调制的时延差测量是 20 世纪 80 年代末就提出来的一个技术难题。本文提出的用"分频调制度变换器"测量该时延差的方法具有重要的工程实用价值。

参考文献

[1] 黎孝纯. 调频调相应答机距离零值测量方法. 空间电子技术，1994(1).
[2] 黎孝纯. 薛丽. 调频调相应答机距离零值分析. 空间电子学会论文集，1994.
[3] 朱舸，黎孝纯. FM/PM 应答机距离零值测量方法进一步分析. 航天测控技术研讨会论文集，1997.
[4] 黎孝纯，孙彤，朱舸，等. 调频调相应答机距离零值测量的理论与实践. 航天测控技术研讨会论文集，1999.

十六、调频调相应答机距离零值测量新方法

黎孝纯 余晓川 王珊珊

【摘要】 本文叙述了分频调制度变换器的工作原理和时延测量，提出了通过测量 FM 信号源大频偏调制与小频偏调制的时延差，挑选出恒时延 FM 信号源，构成 FM-PM 应答机(或 FM-PM 测距地面站)距离零值的测量方法和设备，这是 FM-PM 体制侧音测距系统的一种距离零值测量新方法；提出了采用分频调制度变换器和非恒时延 FM 信号源构成 FM-PM 应答机(或 FM-PM 测距地面站)距离零值的测量方法及设备。

【关键词】 FM-PM 应答机 调制度 传输时间 FM 调制器

1 问题的提出

从前我国建立调频调相(FM-PM)体制卫星测控系统以来，卫星调频调相应答机时延(应答机距离零值)测量和地面测控站时延(地面测控站距离零值)测量是一大技术难题。

参考文献[1]提出了采用微波倍频调制度变换器构成调频调相应答机距离零值测量方法及设备，并形成了较完整、系统的距离零值测量基本理论[1-4]，完成了多种卫星应答机的距离零值测量，微波倍频调制度变换器法要求应答机输入调制度 $m_{入}$ 与输出调制度 $m_{出}$ 之比($m_{入}/m_{出}$)为整倍数，例如 10、11、12 等。2004 年，研制成功了分频调制度变换器。本文提出了通过测量调频信号源大/小频偏调制输出时延差，挑选出大/小频偏调制输出时延差极小的调频信号源(称为恒时延 FM 调制器)。采用恒时延 FM 调制器构成调频调相应答机(或 FM-PM 测距地面站)距离零值测量方法及设备，与国内外已有方法相比，它是一种新方法。因为它没有微波倍频调制度变换器法要求应答机输入调制度与输出调制度之比为整倍数(例如 10、11、12)的缺点，也没有国外采用宽带 FM 调制器(国外没有测出 FM 调制器大/小频偏调制的时延差)测量应答机的距离零值时，所测得的应答机的距离零值中还包含 FM 调制器大/小频偏调制时延差的缺点。

2 分频调制度变换器

分频调制度变换器实质上是基于直接数字频率合成(Direct Digital Synthesis，DDS)的分数分频器。

2.1 工作原理

分频调制度变换器的工作原理如图 1 所示。它由前置二分频器和分数分频器组成。

分数分频器由相位累加器、正弦查找表(ROM)、数/模(D/A)变换和低通滤波器(LPF)组成。相位累加器和 ROM 组成数控振荡器(NCO)。在这里的功能是将输入信号频率 $f_{入}$ 进行分数分频，也就是对输入信号的调制度进行细分(不只是除以整数)，使细分后

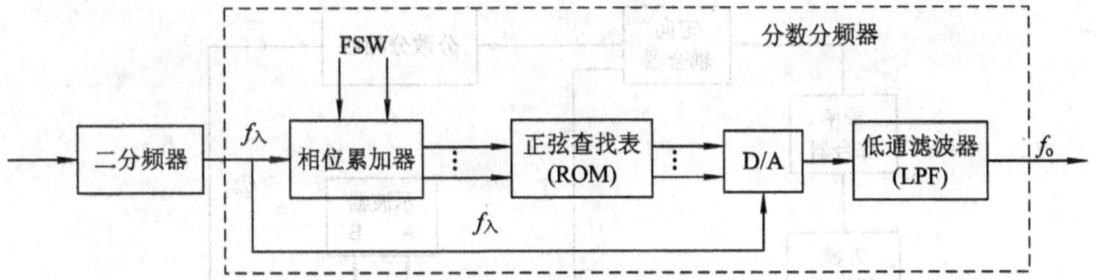

图 1　分频调制度变换器的工作原理

输出信号的调制度是需要的调制度。

相位累加器的长度为 N 位，控制 ROM 产生一整周正弦波输出时，即 2^N 相当于 2π rad，N 位中的最低有效位(LSB)相当于 $2\pi/2^N$rad，这个 $2\pi/2^N$rad 就是最小的相位增量。频率建立字(FSW)的 P_{faw}值对应的相位增量就是 $P_{\text{faw}}\times2\pi/2^N$，频率建立字 P_{faw}一经确定，产生一周正弦波输出所需的输入时钟频率就确定了，即

$$\frac{2\pi}{\dfrac{P_{\text{faw}}\times 2\pi}{2^N}} \tag{1}$$

最小输出频率是 $P_{\text{faw}}=1$ 时的输出频率，即

$$f_{\text{omin}}=\frac{f_入}{2^N} \tag{2}$$

最高输出频率受 Nyguist 准则限制，即 $P_{\text{faw}}=2^N-1$ 时，最高输出频率为

$$f_{\text{omax}}=\frac{f_入}{2} \tag{3}$$

所谓分数分频器是指用要分频的信号频率 $f_入$ 作为时钟，通过改变频率建立字 P_{faw}，使输出频率 f_o 可在输入频率 $f_入$ 的 $1/2^N \sim 1/2$ 之间取数，这种改变只需改变程控码表即可实现。

与通常的 DDS 工作不同，本文中，用作时钟的 $f_入$ 不是通常的单载波正弦信号，而是被侧音进行大频偏调频后的已调频信号。由于侧音频率远远低于载频频率，因此，在分频过程中输出信号相位完整地保留了与输入信号的相位关系，这一关系就是一个分频比的关系，也就是输出调制度 $m_出$ 等于输入调制度 $m_入$ 除以分频器的分频比。

ROM 的输出经 D/A 变换成模拟信号，再经低通滤波器(LPF)滤波出需要的信号。

2.2　分频调制度变换器的时延测量方法

分数分频器的时延测量原理如图 2 所示。它由方波产生器、频率综合器、定向耦合器、示波器和被测件分数分频器组成。被测件是分数分频器，就是图 2 中的分数分频器。

方波产生器产生脉冲方波信号，该脉冲信号可以用侧音产生器的测距音形成方波脉冲。频率综合器的中心频率就是分数分频器的输入频率 $f_入$；方波脉冲对频率综合器进行脉冲调制，频率综合器输出频率为 $f_入$ 的射频脉冲串信号送定向耦合器。从定向耦合器取出的小部分信号①送示波器的 A 路输入端，示波器由 A 路输入信号同步。定向耦合器的主路输出送分数分频器输入端作分数分频的时钟信号(注意脉冲电平应是分数分频器要求的输入电平)，分频器的输出信号②送示波器的 B 路输入端。在示波器上，B 路脉冲前沿相对

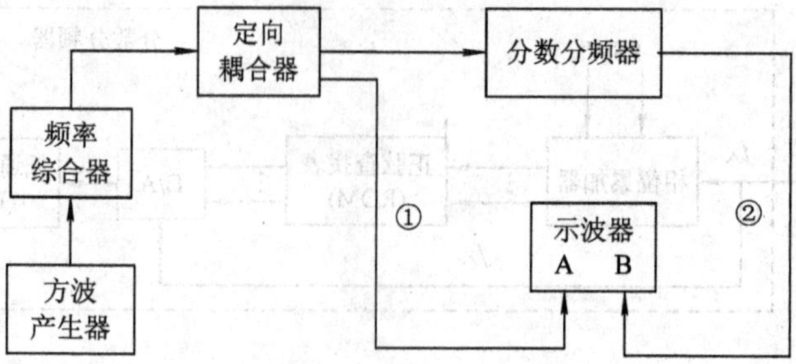

图 2 分数分频器的时延测量原理

于 A 路脉冲前沿的延时，就是分数分频器的时延。

同理，用图 2 的设备可以测量图 1 中的二分频器的时延，只不过频率综合器的输出射频频率是二分频器的输入频率(同样要注意输入脉冲电平应是二分频器要求的输入电平)。参考文献[5]已经采用侧音调频信号(连续波)法测量分频调制度变换器的时延，验证了图 2 方法测量的正确性。

分频调制度变换器有两种用法：第一，用于测量 FM 调制器大频偏调制与小频偏调制的时延差，挑选出恒时延 FM 调制器(即 FM 调制器大/小频偏时延差趋于零)，用恒时延 FM 调制器构成调频调相应答机距离零值测量(或构成调频调相测控站的距离零值测量)；第二，用分频调制度变换器构成调频调相应答机距离零值测量方法和设备(或地面站的距离零值测量)。

3 调频信号源大频偏调制和小频偏调制两种状态下时延差的测量方法

调频信号源大频偏调制和小频偏调制两种状态下时延差测量原理如图 3 所示。

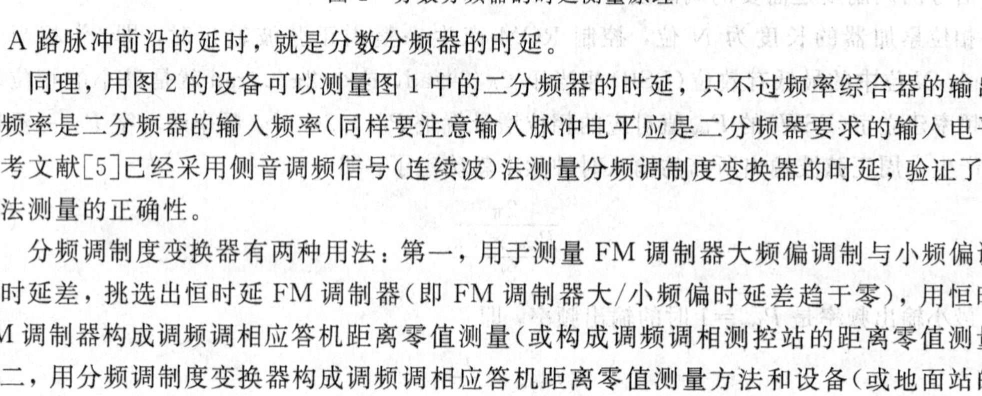

图 3 时延差测量原理

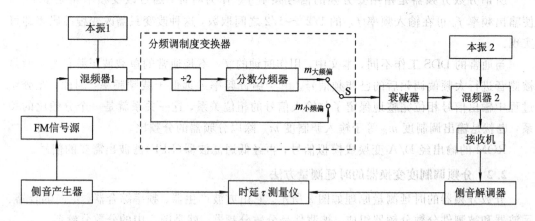

FM 信号源是被测件，测试设备由侧音产生器、时延 τ 测量仪、接收机、侧音解调器、混频器 1 及本振 1、混频器 2 及本振 2、分频调制度变换器等组成。

测试分为“大频偏”和“小频偏”两种工作状态，由开关 S 切换。

“大频偏”工作状态：开关 S 置 $m_{大频偏}$。侧音产生器输出的 27.77 kHz 正弦信号分两路，一路送时延 τ 测量仪作测时延的开门信号，另一路送 FM 信号源作调频的调制信号。控制调制信号幅度，使 FM 信号源输出大频偏调频信号（例如调制度为 7 rad、频率为 5926 MHz、电平为 5 dBm 的信号）送混频器 1，变成“分频调制度变换器”工作需要的频率和电平（例如 464 MHz、0 dBm）；调整“分频调制度变换器”的分频比，使送至 S 端的调制度与小频偏时的调制度相等（例如调制度为 0.7rad，即“分频调制度变换器”的分频比是 7÷0.7=10），信号经衰减器、混频器 2 变成接收机工作需要的频率和电平（例如 3970 MHz、0 dBm）进入接收机，侧音解调器解调出 27.77 kHz 侧音送时延 τ 测量仪作测时延的关门脉冲，测得“大频偏”状态的回路时延，记为 $\tau_{大频偏}$。

“小频偏”工作状态：开关 S 置 $m_{小频偏}$。测试设备保持与“大频偏”工作状态时相同的参数，只改变调制信号幅度，使 FM 信号源输出的调制度为小频偏调制度（$m_{小频偏}=0.7$ rad），其他参数如输出频率、电平不变，仍是 5926 MHz、5 dBm 的信号送混频器 1，混频器 1 的本振频率和参数保持与“大频偏”工作状态时的相同。混频器 1 输出信号经 $m_{小频编}$ 端送开关 S 进入衰减器，调本振 2 的频率，再经混频器 2 变成与“大频偏”工作状态时相同的频率、电平、调制度（3970 MHz、0 dBm、0.7 rad）送接收机，侧音解调器解调出侧音送时延 τ 测量仪作测时延的关门脉冲，测得“小频偏”工作状态的回路时延，记为 $\tau_{小频偏}$。

FM 信号源大频偏调制与小频偏调制的时延差 $\tau_{大偏-小偏}$ 为

$$\tau_{大偏-小偏}=\tau_{大频偏}-\tau_{小频偏}-\tau_{分频器} \tag{4}$$

其中：$\tau_{分频器}$ 为分频调制度变换器时延。

从上述测试过程和图 3 可以看出：

(1) 两种工作状态下，进入测试设备接收支路的参数（电平、频率、调制度、温度等）相同。

(2) 两种工作状态下，发射支路除调制度不同外，其他参数（频率、电平、温度等）相同。

(3) 两种工作状态下，混频器 1 的工作状态除输入调制度不同外，其他参数（电平、中心频率、温度等）相同。混频器 2 在两种工作状态下，输入频率不相等。改变本振 2 频率，使两种状态下的输出频率相等；改变衰减器的衰减量，使两种状态下的输出电平相等。由于宽带混频器的时延为 1～2 ns，因此调制度从大频偏变到小频偏时混频器的时延不变。

所以，2.2 节已能准确测出分频调制度变频器的时延 $\tau_{分频器}$，由（4）式就能扣除测试设备的时延，得到 FM 信号源大频偏与小频偏的时延差 $\tau_{大偏-小偏}$。

4　恒时延 FM 调制器法测量应答机距离零值

采用本文第 3 节的方法，测量多台调频信号源大频偏调制与小频偏调制时延差，挑选出恒时延 FM 调频信号源（又称恒时延 FM 调制器），构成 FM-PM 应答机距离零值测试设备。

恒时延 FM 调制器法测量应答机距离零值的原理图如图 4 所示。

图 4 中的 FM 信号源就是挑选出来的在一定的输出频率范围和一定的调频频偏变化范围内的恒时延调频信号源（恒时延调频调制器），国外常称为宽带调频调制器，其时延不变或变化极小。与国外不同的是，我们用分频调制度变频器组成测试设备，实测 FM 信号源大/小频偏时延差来挑选确定的 FM 信号源，即我们是准确知道 FM 信号源大/小频偏时延

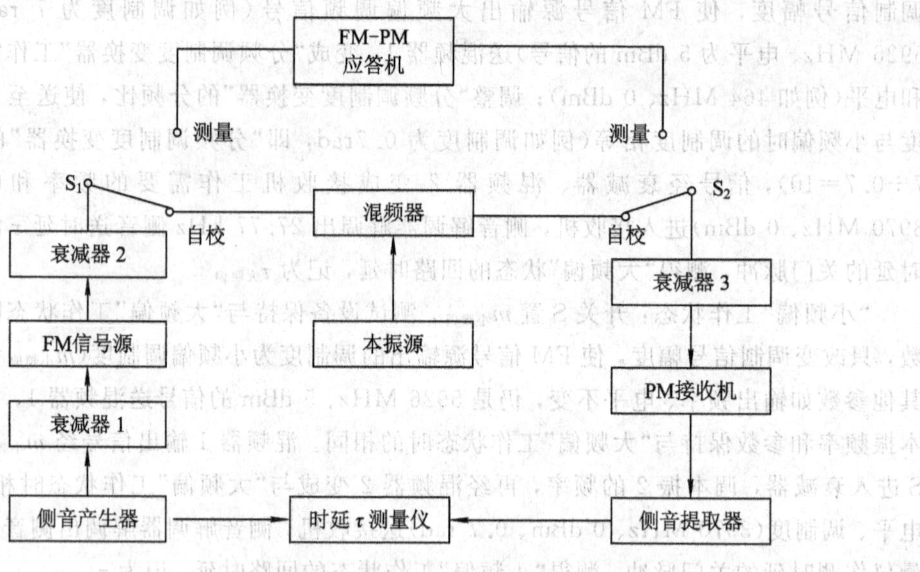

图 4 恒时延 FM 调制器法测量应答机距离零值的原理图

差的。目前，还没有看到国外这个时延差的测量方法和结果，只听说是用宽带 FM 调制器，其大/小频偏时延差很小。

图 4 中的设备有"自校"和"测量"两种工作状态，由开关 S_1、S_2 切换。

当开关 S_1、S_2 置于"自校"时，设备工作在"自校"状态。

侧音产生器产生的主侧音分两路输出，一路送时延 τ 测量仪作测时延的开门信号，另一路经衰减器 1 送 FM 信号源作调频调制信号。调节衰减器 1 的衰减量，使 FM 信号源为小频偏调制(例如调制度 $m_{自}=1$ rad)，FM 信号源输出应答机上行频率 $f_{上}$、调制度为应答机下行调制度 $m_{下}$ 的小频偏信号，经衰减器 2、开关 S_1、混频器，混频出与应答机下行频率 $f_{下}$ 相等的频率信号送开关 S_2，经衰减器 3 进入 PM 接收机。调节衰减器 3，使进入 PM 接收机的电平为规定电平，侧音提取器输出信号作测时延的关门信号。时延 τ 测量仪测得"自校"回路的时延，记为 $\tau_{自校}$。

当开关 S_1、S_2 置于"测量"时，设备工作在"测量"状态。此时，调节衰减器 1，使 FM 信号源输出大频偏信号(例如调制度 $m_{上}$ 为 7 rad)。调节衰减器 2，使进入 FM－PM 应答机信号电平为规定电平。FM－PM 应答机输出下行频率 $f_{下}$、下行调制度 $m_{下}$ 的调相信号，经开关 S_2、衰减器 3 进入 PM 接收机。调节衰减器 3，使进入 PM 接收机的电平与"自校"状态时进入接收机的电平相等。时延 τ 测量仪测得"测量"回路的时延，记为 $\tau_{测量}$。应答机的时延 $\tau_{应主}$ 为

$$\tau_{应主}=\tau_{测量}-\tau_{自校}+\tau_{混频器}-\tau_{大偏-小偏}+\frac{T_{主}}{4} \tag{5}$$

同理

$$\tau_{应次}=\tau_{测量}-\tau_{自校}+\tau_{混频器}-\tau_{大偏-小偏} \tag{6}$$

其中：$\tau_{混频器}$ 为混频器时延；$\tau_{大偏-小偏}$ 为 FM 信号源大频偏到小频偏的时延增量。由于恒时延 FM 信号源是挑选出来的，所以 $\tau_{大偏-小偏}$ 是很小的，而且是已知的。

5 分频调制度变换器法测量应答机距离零值

如果没有恒时延调频信号源，只好用普通 FM 信号源和分频调制度变换器构成调频调相应答机距离零值测量设备，其原理框图如图 5 所示。

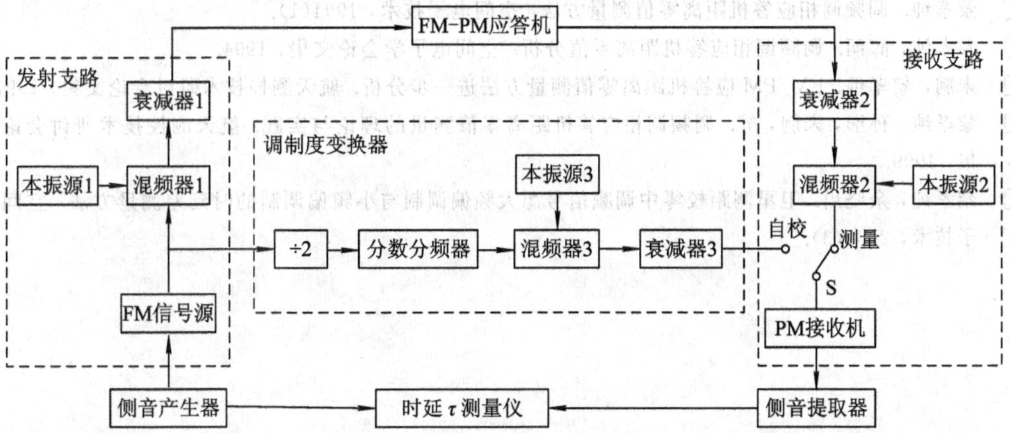

图 5 普通 FM 调制器法测量应答机距离零值的原理框图

设备分“自校”和“测量”两种工作状态，由开关 S 切换。

当开关 S 置于“自校”时，设备工作在“自校”状态。

侧音产生器输出两路主侧音，一路送时延 τ 测量仪作测时延的开门信号，另一路送 FM 信号源作调频的调制信号。FM 信号源(例如输出频率为 464 MHz，调制度为应答机输入调制度 7 rad)输出两路：一路送混频器 1 再经衰减器 1 后送 FM－PM 应答机，混频器 1 输出频率和调制度就是应答机需要的频率和调制度；另一路送调制度变换器，调节分数分频器的分频比，使调制度变换器输出调制度与应答机此时的输出调制度相等(例如 1 rad)。调节本振源 3，使混频器 3 输出频率为 PM 接收机规定的输入频率。调节衰减器 3，使进入 PM 接收机的电平为规定的输入电平。PM 接收机接收自校信号，解调出侧音作测时延的关门信号，时延 τ 测量仪测得“自校”回路的时延，记为 $\tau_{自校}$。

当开关 S 置于“测量”时，设备工作在“测量”状态。

保持发射支路工作参数与“自校”时的相同，FM－PM 应答机输出到 PM 接收机输入端的频率、调制度和电平与“自校”状态下进入 PM 接收机的频率、调制度和电平分别相等，时延 τ 测量仪测得“测量”状态下的时延，记为 $\tau_{测量}$，则有

$$\tau_{应主} = \tau_{测量} - \tau_{自校} + \tau_{调制度变换器} - \tau_{发上混频} - \tau_{收下变频} + \frac{T_{主}}{4} \tag{7}$$

$$\tau_{应次} = \tau_{测量} - \tau_{自校} + \tau_{调制度变换器} - \tau_{发上混频} - \tau_{收下变频} \tag{8}$$

6 结　　语

本文叙述了分频调制度变换器的工作原理和时延测量，提出了通过测量 FM 信号源大频偏调制与小频偏调制的时延差，挑选出恒时延 FM 信号源，构成测量 FM－PM 应答机(或 FM－PM 测距地面站)距离零值的测量方法和设备；提出了采用分频调制度变换器和非恒时延 FM 信号源构成 FM－PM 应答机(或 FM－PM 测距地面站)距离零值的测量方法

和设备。

参考文献

[1] 黎孝纯. 调频调相应答机距离零值测量方法. 空间电子技术，1994(1).

[2] 黎孝纯，薛丽. 调频调相应答机距离零值分析. 空间电子学会论文集，1994.

[3] 朱舸，黎孝纯. FM/PM应答机距离零值测量方法进一步分析. 航天测控技术研讨会论文集，1997.

[4] 黎孝纯，孙彤，朱舸，等. 调频调相应答机距离零值测量的理论与实践. 航天测控技术研讨会论文集，1999.

[5] 黎孝纯，余晓川. 卫星测距校零中调频信号源大频偏调制与小频偏调制的时延差测量方法. 空间电子技术，2008(3).

第六部分

中继星星间链路天线跟踪指向系统

十七、TDRS天线捕获跟踪指向系统设计中的几个问题

黎孝纯

【摘要】 跟踪与数据中继卫星系统(TDRSS)星间链路中最重要的一个问题是TDRS天线捕获跟踪指向系统的开发研究。本文在参考文献[1]、[2]、[3]的基础上，提出了跟踪与数据中继卫星(TDRS)天线捕获跟踪系统设计中的几个问题，并对其进行了分析。

【关键词】 TDRS 天线指向系统(APS) 中国

1 概　述

中继星星间链路的捕获与跟踪(包括天线角捕获跟踪、码捕获跟踪、载波捕获跟踪)是保证地面站与用户星通信及测距、测速、测角的重要环节。特别是TDRS星上S/Ka天线对用户星的捕获与跟踪是TDRSS的一项关键技术难题。通常，把TDRS星上S/Ka天线对用户星的捕获与跟踪指向系统简称为天线指向系统(Antenna Pointing System，APS)。我国于1995年开始论证跟踪与数据中继卫星系统，1995年9月以来，参考文献[1]、[2]、[3]在国内首先讲清楚了“跟踪与数据中继卫星对用户星的捕获跟踪方案”中的几个实质性问题。

1.1 APS的特点

中继星的APS是一部特殊的精密角跟踪雷达。与通常雷达相比，它有如下几个特点：

(1) 天线必须采用$X-Y$型驱动机构。通常雷达是$X-Z$型驱动机构，它跟踪目标过顶有死区，而$X-Y$型驱动机构过顶无死区，它的死区在X轴的两端方向和Y轴的两端方向。

(2) 为了减少用户星设备，中继星天线接收用户星的QPSK或BPSK数传信号进行角跟踪。通常雷达是锁定残余载波进行角跟踪，而QPSK和BPSK信号没有残余载波。

(3) 必须是单通道角跟踪系统。它减轻了通常雷达中和差通路相位一致性要求及和差通路振幅一致性要求，跟踪设备简单。

(4) S/Ka天线采用双频段窄波束。S天线的波束为1.8°，Ka天线的波束为0.2°，捕获困难。

(5) 雷达装在星上，靠地面站中的操作捕获跟踪目标，工作十年以上不可能维修。

1.2 APS的方案

参考文献[1]、[2]、[3]提出了星上自主闭环跟踪兼有星地大回路捕获跟踪的具体方案，给出了较为详细的框图，叙述了方案组成及工作原理，包括捕获跟踪过程，即S天线

捕获与极值跟踪、Ka天线对用户星的捕获牵引和Ka天线自动跟踪等。

1.3 天线跟踪指向控制系统和姿态控制系统的关系

天线跟踪指向控制系统的天线基座装在卫星平台上，这个平台是受卫星姿态控制系统(Attitude Control System，ACS)所稳定的。例如，卫星运转时总是保持基准面对准地球，而基座上的天线是要捕获跟踪中低轨道用户星的，后者是无线电测角跟踪系统。这就使天线跟踪指向控制系统和姿态控制系统形成了一定的关系。

天线跟踪指向控制系统和姿态控制系统是相互配合的。天线跟踪指向控制系统的天线转动时，反作用扭矩作用于卫星星体，卫星姿态受到影响，即天线转动对姿态控制是一个扰动，为此，数据中继卫星的姿态控制系统不仅要像以往的卫星那样用姿态控制系统来稳定卫星，还需要天线跟踪指向控制系统的配合。同样，当姿态控制系统的进行控制时，它对天线跟踪指向系统也是一个扰动，为此，天线跟踪指向系统不仅要像通常的测角跟踪那样捕获跟踪目标，还需要卫星姿态控制系统的配合。为了使这两部分控制系统间的干扰最小，达到天线指向的高精度，一种有效的方法是引入前馈补偿。例如，对于卫星姿态控制系统，是针对预先估计出的驱动天线可能传到卫星星体的干扰量进行前馈补偿。另外，由于大型跟踪天线和太阳电池帆板的固有谐振频率低，因此，在设计姿态控制系统及天线指向控制系统的带宽时，都要注意防止发生共振。

在设计天线捕获跟踪指向系统的过程中，两个重要问题必须克服，一是ACS和APS间的相互作用，另一个是系统动态特性中挠性结构的影响，这就要求必须建立包括卫星和天线结构动力学特性的APS模型，并进行分析才能解决。

2 APS模型

2.1 APS的组成

APS由天线及馈源(有时称射频敏感器)、跟踪接收机、天线指向机械部分(APM)和天线指向电子部分(APE)组成。

APS的天线装在由姿态控制所稳定的卫星平台上。在作动力学分析时，通常把中继星简化为中心刚体(卫星星体)和两个带挠性的附件(太阳能帆板和天线)组成的系统来分析。太阳能帆板伸展出十几米，固定在星体上，是带挠性的附件，结构谐振频率低(某卫星的太阳能帆板的一阶频率为0.24 Hz)。天线的抛物反射面的结构谐振频率较高，视为刚体，天线支撑臂伸出较长，带有一定挠性，支撑臂的一端与卫星星体相接，支撑臂的另一端与抛物反射面相接，驱动天线 X 轴运动或 Y 轴运动的驱动机构在支撑臂上靠近抛物反射面。

中继星天线在程控指向或对用户星跟踪指向的过程中，太阳能帆板对日定向，姿态控制系统控制星体基准面对地球定向，这就产生了一系列相互耦合影响的问题，其中各构件的动力学耦合、各控制系统的相互耦合以及挠性特征必定会影响天线指向控制精度和卫星姿态控制精度。建立APS动力学模型就是为了对这一复杂系统作定性和定量的分析。

2.2 功能及指标

APS动力学模型所要发挥的功能及指标包括以下几点：

(1) 完成 S/Ka 天线按预定程序的指向控制，精度为 0.9°。

(2) 完成 S 波段天线的捕获与极值跟踪，精度为 0.15°。

(3) 完成 Ka 波段天线对用户星的捕获和牵引，精度为 0.05°。

(4) 完成 Ka 波段天线对用户星的自动跟踪，精度为 0.05°。

2.3 动力学方程

动力学方程如下：

$$I_S\ddot{\theta}_S+\Omega_P\ddot{\eta}_P+\Omega_{SSB}\ddot{\eta}_{SB}+\Omega_R\ddot{\theta}_A=T_S \tag{1}$$

$$A_1\ddot{\eta}_P+B_1\dot{\eta}_P+C_1\eta_P+\Omega_P\ddot{\theta}_S=0 \tag{2}$$

$$I_A\ddot{\theta}_A+\Omega_{ASB}\ddot{\eta}_{SB}+\Omega_R\ddot{\theta}_S=T_A \tag{3}$$

$$A_2\ddot{\eta}_{SB}+B_2\dot{\eta}_{SB}+C_2\eta_{SB}+\Omega_{ASB}\ddot{\theta}_A+\Omega_{SSB}\ddot{\theta}_S=0 \tag{4}$$

其中：I_S——星体的转动惯量；

I_A——天线的转动惯量；

T_S——作用于星体的控制力矩；

T_A——作用于天线的控制力矩；

θ_S——卫星姿态转角；

θ_A——天线转角；

η_P——太阳能帆板模态坐标；

η_{SB}——天线支撑臂模态坐标；

A_1——太阳能帆板广义质量；

B_1——太阳能帆板广义阻尼；

C_1——太阳能帆板广义刚度；

A_2——天线支撑臂广义质量；

B_2——天线支撑臂广义阻尼；

C_2——天线支撑臂广义刚度；

Ω_P——太阳能帆板与星体的柔性模态耦合系数；

Ω_{SSB}——天线支撑臂与星体的柔性模态耦合系数；

Ω_{ASB}——天线支撑臂与天线之间的柔性模态耦合系数；

Ω_R——天线和星体之间的刚性模态耦合系数。

(1)式表示卫星星体力矩平衡方程；(2)式表示太阳能帆板的振动方程；(3)式表示天线反射面力矩平衡方程；(4)式表示天线支撑臂的振动方程。

2.4 天线指向控制系统框图

根据中继星和天线结构的动力学方程(1)～(4)得到天线指向控制系统框图，如图 1 所示(参见附录 B)，其中 θ_{S0} 为卫星姿态指令角，θ_{A0} 为卫星天线指令角。

3 天线指向控制系统的设计考虑

图 1 是从卫星和天线结构的动力学方程得到的，可以定量地分析并判断这些相互作用和影响。

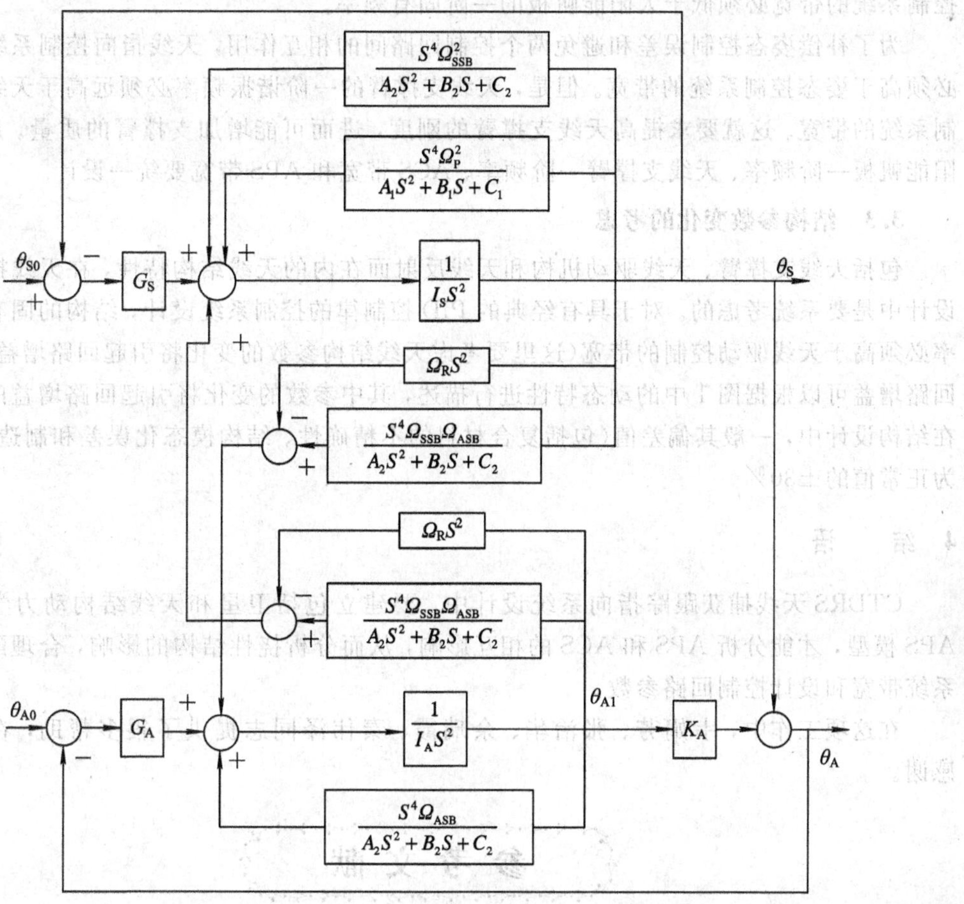

图1 天线指向控制系统框图

3.1 卫星姿态控制系统(ACS)和天线指向控制系统(APS)的相互影响

图1表示了姿态控制系统和天线指向控制系统的数学模型，计算出其中的参数，即可对系统进行定量分析。

(1) θ_S 转动传到 θ_A 时，传递函数为

$$\frac{S^2\Omega_{SSB}\Omega_{ASB}}{I_A(A_2S^2+B_2S+C_2)}-\frac{\Omega_R}{I_A} \tag{5}$$

θ_A 转到传到 θ_S 时，传递函数为

$$\frac{S^2\Omega_{SSB}\Omega_{ASB}}{I_S(A_2S^2+B_2S+C_2)}-\frac{\Omega_R}{I_S} \tag{6}$$

可以用动力学分析求得这个传递函数。

(2) 如果 $I_S \gg I_A$，在分析APS时，可以近似忽略APS对ACS的影响，而只考虑ACS对APS的影响。

(3) 进一步分析(5)、(6)式，比较第一项和第二项的大小，以便确定是以刚性模态(第二项)力矩为主，还是以挠性模态振动(第一项)为主。

3.2 控制系统带宽的考虑

三轴稳定卫星中，太阳能帆板是非常挠性的结构，它的结构谐振频率很低，卫星姿态

控制系统的带宽必须低于太阳能帆板的一阶固有频率。

为了补偿姿态控制误差和避免两个控制回路间的相互作用，天线指向控制系统的带宽必须高于姿态控制系统的带宽。但是，天线支撑臂的一阶谐振频率必须远高于天线指向控制系统的带宽。这就要求提高天线支撑臂的刚度，进而可能增加支撑臂的质量。所以，太阳能帆板一阶频率、天线支撑臂一阶频率、ACS带宽和APS带宽要统一设计。

3.3 结构参数变化的考虑

包括天线支撑臂、天线驱动机构和天线反射面在内的天线结构特性，在天线控制系统设计中是要系统考虑的。对于具有经典的PID控制律的控制系统设计，结构的固有谐振频率必须高于天线驱动控制的带宽(这里要考虑天线结构参数的变化将引起回路增益的改变。回路增益可以根据图1中的动态特性进行描述，其中参数的变化将引起回路增益的变化)。在结构设计中，一般其偏差值(包括复合材料的不精确性、结构模态化误差和制造偏差)定为正常值的±30％。

4 结 语

CTDRS天线捕获跟踪指向系统设计中，要建立包括卫星和天线结构动力学特性的APS模型，才能分析APS和ACS的相互影响，从而分析挠性结构的影响，合理配置控制系统带宽和设计控制回路参数。

在这项工作中，韦娟芳、张治华、余瑞霞、秦伟泽同志提供了很多帮助，在此表示感谢。

参考文献

[1] 黎孝纯. 跟踪与数据中继卫星对用户星的捕获跟踪方案. 五院TDRSS论证组资料，1995.
[2] 黎孝纯. TDRS天线跟踪指向控制系统的几个问题. 五院TDRSS论证组资料，1996.
[3] 熊之凡，黎孝纯，等. 跟踪与数据中继卫星天线指向控制系统若干问题探讨. 五院TDRSS论证组资料，1996.

十八、对宽带数据传输信号的角跟踪理论

黎孝纯 薛丽

【摘要】 介绍以宽带数据传输信号(例如调制方式为 BPSK 或 QPSK，码速率为 100 kb/s～300 Mb/s)为测角信号源，采用双模(例如和模为 TE_{11}，差模为 TM_{01})跟踪天线馈源的单通道跟踪接收机方案。跟踪接收机中频带宽仅为数传信号频谱主瓣宽度的小部分(例如 1/5 或 1/10)。本文从三个方面论述宽带数据传输信号的角跟踪理论：取数传信号频谱主瓣的小部分(例如 1/5～1/10)带宽内信号实现角跟踪的理论的数学推导；从物理概念上解释这种理论的正确性；实验验证这种理论的正确性。按此理论研制成功了 Ka 频段角跟踪系统，捕获跟踪性能很好。

【关键词】 单脉冲跟踪 宽带数据传输信号 捕获跟踪

1 引 言

我国的精密单脉冲角跟踪系统几乎都是跟踪单载波或已调制信号的残余载波。20 世纪 80 年代末，我国研制成功了跟踪调频遥测信号的单脉冲角跟踪系统[1-2]。参考文献[1]、[2]的角跟踪接收机中频带宽包括调频信号频谱的主瓣宽度。

测控通信技术的发展要求直接对宽带数传信号(例如调制方式为 BPSK 或 QPSK，码速率为 100 kb/s～300 Mb/s)进行角跟踪[3-4]。方法有两种：一种是接收机滤波器由多个滤波器构成滤波器组，根据不同码速率进行切换，每个滤波器带宽分别包括需跟踪的数传信号频谱主瓣宽度；另一种是接收机中频带宽为数传信号频谱主瓣宽度的小部分(例如 1/5～1/10)，带宽采用两个或三个滤波器进行切换就可适应各种码速率时的跟踪接收。第二种方法是基于一种新的概念和理论，我们称这种方法为小部分带宽法(以下同)。本文就是通过对系统的数学分析、物理概念解释和实验验证来证明这种理论是正确的。

2 单通道跟踪接收机方案

一种适用于接收码速率为 100 kb/s～300 Mb/s 的 BPSK 或 QPSK 数传信号的角跟踪接收机框图如图 1 所示。天线馈源输出和信号($S_\Sigma(t)$)与差信号($S_\Delta(t)$)至角跟踪接收机，单通道信号经混频器混成第一中放频，再经带通滤波器 2(BPF2)、二混频器混成二中频，再经带通滤波器 3(BPF3)滤波和放大，振幅检波后送角误差信号分离处理器。

基准信号产生器输出两种信号，如图 2 所示，$f(t)$(为 2 kHz 方波)和 $v(t)$(为 1 kHz 方波)送单通道调制器完成四相调制。

跟踪接收机中频带宽有三种带宽选择：500 kHz、5 MHz、50 MHz，滤波器切换就能实现 100 kb/s～300 Mb/s 数传信号接收提取角误差信号。例如：带宽是 500 kHz 的滤波器

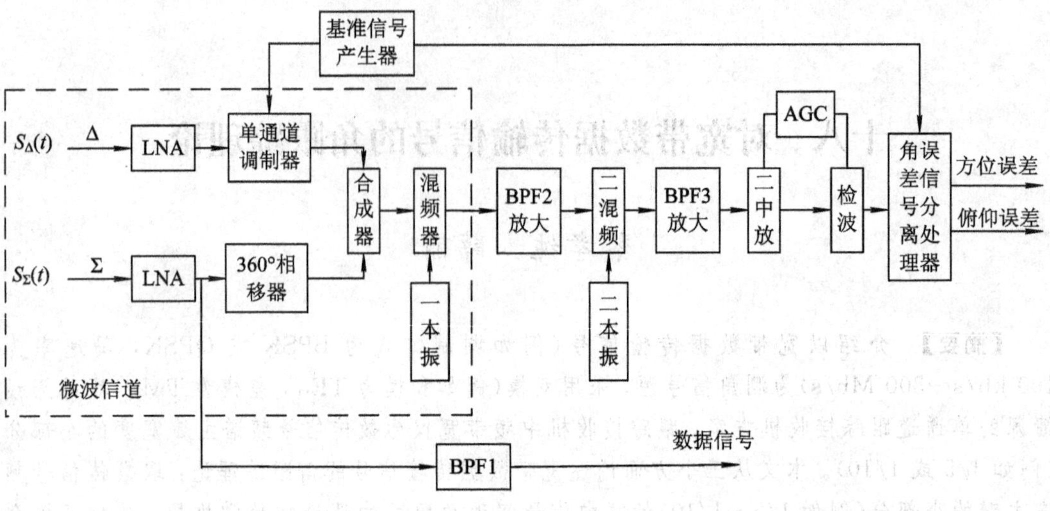

图 1　角跟踪接收机框图

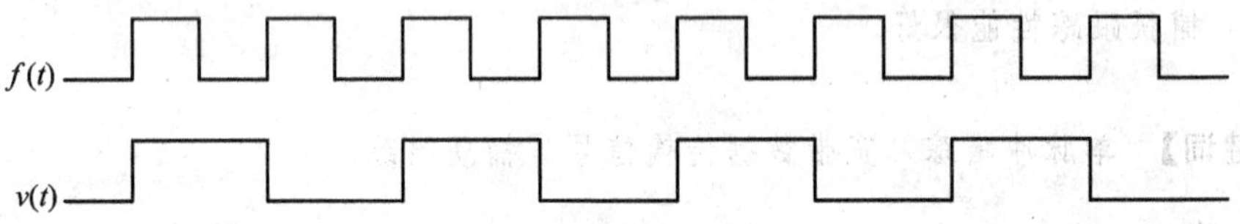

图 2　基准信号示意图

用于接收 100 kb/s～3 Mb/s 的数传信号，带宽是 5 MHz 的滤波器用于接收 3～30 Mb/s 的数传信号，带宽是 50 MHz 的滤波器用于接收 30～300 Mb/s 的数传信号。

可以看出，接收机是将一个宽带单通道信号通过一个窄带带通滤波器，再振幅检波后来提取角误差信号的。

3　取数传信号频谱主瓣的小部分带宽内信号实现角跟踪理论的数学推导

3.1　宽带单通道信号通过窄带带通滤波器的求解方法

假设单通道接收机是一种线性时不变系统，可用傅立叶分析法求解线性时不变系统的稳态响应。

线性时不变系统的输入激励 $x(t)$ 的指数傅立叶级数为

$$x(t)=\sum_{k=-\infty}^{\infty}x_k\mathrm{e}^{\mathrm{j}k\omega_0 t}\qquad(-\infty<t<\infty)\tag{1}$$

线性时不变系统的频率特性为 $H(\mathrm{j}\omega)$，则 $x(t)$ 通过该系统的稳态响应 $y(t)$ 为

$$y(t)=\sum_{k=-\infty}^{\infty}H(\mathrm{j}k\omega_0)x_k\mathrm{e}^{\mathrm{j}k\omega_0 t}\qquad(-\infty<t<\infty)\tag{2}$$

即非正弦周期信号通过线性时不变系统的稳态响应仍为同周期的周期信号，只是各次谐波的复振幅被系统的频率特性 $H(\mathrm{j}\omega)$ 所加权。

由(2)式可见，为了求得宽带单通道信号通过窄带滤波器后的表示式，一是要求出窄带带通滤波器输入端宽带单通道信号的指数傅立叶级数表示式，二是要求出窄带带通滤波

器的幅频特性和相频特性表示式。

3.2 宽带单通道信号的指数傅立叶级数表示式

3.2.1 BPSK 数传信号的表示式

BPSK 数传信号的表示式如下：

$$S_{\mathrm{BPSK}}(t) = m(t)\cos(\omega_c t + \theta_i) \tag{3}$$

式中：ω_c 为载波角频率；θ_i 为载波初相角；$m(t)$是取值为+1 和−1 的编码数据信号。

$m(t)$就是要传输的信息数据和选定的 PN 码模二加形成的编码数据信号，其特性完全可由 PN 码的特性决定。所以，在下面的分析过程中，$m(t)$就用选定的 PN 码代替。设 PN 码元宽度为 Δ，码长为 P，PN 码的功率谱密度 $m(\omega)$[6]为

$$m(\omega) = \frac{P+1}{P^2}\left[\frac{\sin(\omega\Delta/2)}{\omega\Delta/2}\right]^2 \sum_{k=-\infty}^{\infty}\delta\left(\omega - \frac{2\pi k}{P\Delta}\right) - \frac{1}{P}\delta(\omega) \tag{4}$$

式中：k 为谐波次数。

功率谱 $m(\omega)$是线状谱，谱线落在基频 $\Omega_m = \frac{2\pi}{P\Delta}$的各次谐波频率上。谱的主瓣宽度由码元宽度 Δ 决定。由此得

$$\begin{aligned} m(t) &= \frac{1}{2\pi}\sqrt{\frac{P+1}{P^2}}\sum_{k=-\infty}^{\infty}\left[\frac{\sin(k\Omega_m\Delta/2)}{k\Omega_m\Delta/2}\right]e^{j\theta_k}e^{jk\Omega_m t} - A_0 \\ &\approx \sum_{k=-\infty}^{\infty} A_k e^{j\theta_k} e^{jk\Omega_m t} = \sum_{k=-\infty}^{\infty}\dot{A}_k e^{jk\Omega_m t} \end{aligned} \tag{5}$$

其中：

$$A_k = \frac{\sqrt{P+1}}{2\pi P}\left[\frac{\sin(k\Omega_m\Delta/2)}{k\Omega_m\Delta/2}\right]$$

$$\dot{A}_k = A_k e^{j\theta_k}$$

所以

$$\begin{aligned} S_{\mathrm{BPSK}}(t) &= m(t)\cos(\omega_c t + \theta_i) \\ &= \sum_{k=-\infty}^{\infty}\dot{A}_k\left\{\frac{e^{j[(\omega_c + k\Omega_m)t+\theta_i]} + e^{-j[(\omega_c - k\Omega_m)t+\theta_i]}}{2}\right\} \end{aligned} \tag{6}$$

3.2.2 天线输出信号的表示

采用圆锥喇叭多模馈源，双模自跟踪天线，并且 TE_{11} 模为和信号，TM_{01} 模为差信号，即天线输出的方位差信号及俯仰差信号是合在一起的。假设接收的信号为 BPSK 数传信号，和信号为 $S_\Sigma(t)$，差信号为 $S_\Delta(t)$，则有

$$S_\Sigma(t) = m(t)\cos\omega_c t \tag{7}$$

$$S_\Delta(t) = \mu\theta m(t)\cos(\omega_c t + \varphi) \tag{8}$$

其中：μ 为差方向图归一化斜率；θ 为电轴偏离目标的空间角；φ 为天线输出的 TM_{01} 模相对于 TE_{11} 模的相位差。并有

$$\Delta A = \mu\theta\cos\varphi \quad \text{（电轴相对目标的方位偏差）}$$

$$\Delta E = \mu\theta\sin\varphi \quad \text{（电轴相对目标的俯仰偏差）}$$

3.2.3 单通道信号的表示[5]

单通道调制器如图 1 所示，基准信号如图 2 所示，在 $v(t)$为正脉冲时间内，代表方位

单通道信号，记为 $S_{\Sigma+\Delta A}(t)$；在 $v(t)$ 为负脉冲时间内，代表俯仰单通道信号，记为 $S_{\Sigma+\Delta E}(t)$，经推导得

$$S_{\Sigma+\Delta A}(t)=\left[1+\mu\theta f(t)\cos\varphi+\frac{1}{2}\mu^2\theta^2\right]m(t)\cos(\omega_c t+\varphi') \tag{9}$$

$$S_{\Sigma+\Delta E}(t)=\left[1+\mu\theta f(t)\sin\varphi+\frac{1}{2}\mu^2\theta^2\right]m(t)\cos(\omega_c t+\varphi') \tag{10}$$

可以看出，方位角误差信号 $\mu\theta\cos\varphi$ 包含在(9)式的振幅内，俯仰角误差信号 $\mu\theta\sin\varphi$ 包含在(10)式的振幅内。虽然天线馈源输出的方位差信号和俯仰差信号是合在一起的，但是经过设计，单通道调制器能把方位角误差信号与俯仰角误差信号分离开来，并可通过振幅检波获得方位和俯仰角误差信号。

下面以方位单通道信号 $S_{\Sigma+\Delta A}(t)$ 为例进行分析，即

$$\begin{aligned}S_{\Sigma+\Delta A}(t)&=\left[1+\mu\theta f(t)\cos\varphi+\frac{1}{2}\mu^2\theta^2\right]m(t)\cos(\omega_c t+\varphi')\\&\approx[1+\mu\theta f(t)\cos\varphi]m(t)\cos(\omega_c t+\varphi')\end{aligned} \tag{11}$$

$f(t)$ 的波形如图 3 所示，其傅立叶级数[7]为

$$\begin{aligned}f(t)&=\sum_{n=1}^{\infty}\frac{2E}{n\pi}\sin^2\left(\frac{\pi}{2}n\right)\sin n\Omega_f t\\&=\sum_{n=-\infty}^{\infty}\left[-\mathrm{j}\frac{E}{n\pi}\sin^2\left(\frac{\pi}{2}n\right)\right]\mathrm{e}^{\mathrm{j}n\Omega_f t}\\&=\sum_{n=-\infty}^{\infty}\dot{F}_n\mathrm{e}^{\mathrm{j}n\Omega_f t}\end{aligned} \tag{12}$$

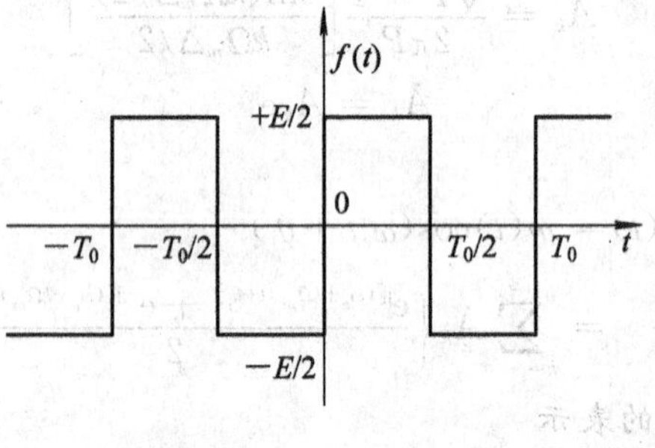

图 3　$f(t)$ 的波形

其中：

$$\dot{F}_n=-\mathrm{j}\frac{E}{n\pi}\sin^2\left(\frac{\pi}{2}n\right) \tag{13}$$

为了用级数近似表示 $f(t)$，一般取 3～5 项即可。所以，$f(t)$ 方波的频率为 2 kHz，取 $n=3\sim9$，则带宽为 6～18 kHz。

将(6)式和(12)式代入(11)式，得到 $S_{\Sigma+\Delta A}(t)$ 的指数傅立叶级数表示式

$$S_{\Sigma+\Delta A}(t)=\left(1+\mu\theta\cos\varphi\sum_{n=-\infty}^{\infty}\dot{F}_n\mathrm{e}^{\mathrm{j}n\Omega_f t}\right)\sum_{k=-\infty}^{\infty}\frac{1}{2}\dot{A}_k\left\{\mathrm{e}^{\mathrm{j}[(\omega_c+k\Omega_m)t+\varphi']}+\mathrm{e}^{-\mathrm{j}[(\omega_c-k\Omega_m)t+\varphi']}\right\} \tag{14}$$

3.3　窄带带通滤波器的频率特性

窄带带通滤波器幅频特性如图 4 所示。为了分析方便，假设理想带通滤波器带内幅频

特性等于1，带外幅频特性等于零，带内时延等于零。

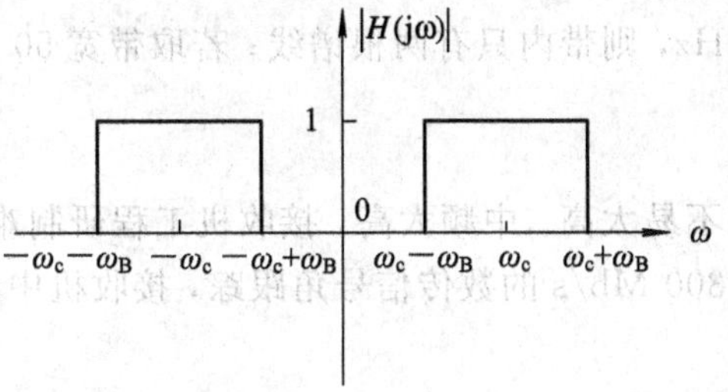

图 4 滤波器的幅频特性示意图

3.4 宽带数传信号通过窄带带通滤波器的输出表示式

宽带数传信号(即(14)式)通过窄带理想带通滤波器输出为

$$y_{\Sigma+\Delta A}(t)=\sum_{k=-\infty}^{\infty}\frac{1}{2}\dot{A}_kH[\mathrm{j}(\omega_c\pm k\Omega_m)]\{\mathrm{e}^{\mathrm{j}[(\omega_c+k\Omega_m)t+\varphi']}+\mathrm{e}^{-\mathrm{j}[(\omega_c-k\Omega_m)t+\varphi']}\}$$

$$+(\mu\theta\cos\varphi)\sum_{n=-\infty}^{+\infty}\dot{F}_n\mathrm{e}^{\mathrm{j}n\Omega_ft}\sum_{k=-\infty}^{\infty}\frac{1}{2}\dot{A}_kH[\mathrm{j}(\omega_c\pm k\Omega_m\pm n\Omega_f)]$$

$$\{\mathrm{e}^{\mathrm{j}[(\omega_c+k\Omega_m)t+\varphi']}+\mathrm{e}^{-\mathrm{j}[(\omega_c-k\Omega_m)t+\varphi']}\}\tag{15}$$

在(15)式中：按设置条件，n 取 3～9；$n\Omega_f$ 带宽取 6～18 kHz；$k\Omega_m$ 带宽取 100 kHz～300 MHz。所以有

$$k\Omega_m+n\Omega_f\approx k\Omega_m$$

$$-k\Omega_m-n\Omega_f\approx-k\Omega_m\tag{16}$$

并有

$$y_{\Sigma+\Delta A}(t)=\sum_{k=-\frac{\omega_B}{\Omega_m}}^{\frac{\omega_B}{\Omega_m}}\frac{1}{2}\dot{A}_k\{\mathrm{e}^{\mathrm{j}[(\omega_c+k\Omega_m)t+\varphi']}+\mathrm{e}^{-\mathrm{j}[(\omega_c-k\Omega_m)t+\varphi']}\}$$

$$+(\mu\theta\ \cos\varphi)\sum_{n=-9}^{9}\dot{F}_n\mathrm{e}^{\mathrm{j}n\Omega_ft}\sum_{k=-\frac{\omega_B}{\Omega_m}}^{\frac{\omega_B}{\Omega_m}}\frac{1}{2}\dot{A}_k\{\mathrm{e}^{\mathrm{j}[(\omega_c+k\Omega_m)t+\varphi']}+\mathrm{e}^{-\mathrm{j}[(\omega_c-k\Omega_m)t+\varphi']}\}$$

$$\approx[1+\mu\theta f(t)\cos\varphi]\sum_{k=-\frac{\omega_B}{\Omega_m}}^{\frac{\omega_B}{\Omega_m}}\frac{1}{2}\dot{A}_k\{\mathrm{e}^{\mathrm{j}[(\omega_c+k\Omega_m)t+\varphi']}+\mathrm{e}^{-\mathrm{j}[(\omega_c-k\Omega_m)t+\varphi']}\}\tag{17}$$

其中，ω_B带宽取 250 kHz、2.5 MHz 或 25 MHz。

3.5 跟踪接收机中频带宽的选择

跟踪接收机中频带宽选取应考虑以下因素：

(1) 中频带宽内的载波谱线根数不能太少。少于两根就提取不出角误差信号。载波根数太少，等效接收信号电平低，为了保证振幅检波电平，就要提高接收机增益。

载波谱线间距 Δf 为 $\frac{1}{P\Delta}$，Δ 为 PN 码元宽度，P 为码长，例如 P 为 1024 位，对于

300 Mb/s，$\Delta f=\frac{1}{P\Delta}\approx 293$ kHz。数传频谱主瓣的一半为 300 MHz，半主瓣内有 $P(1024)$ 根谱线。若中频带宽取 1 MHz，则带内只有两根谱线；若取带宽 50 MHz，则带内有 170 根谱线，约为主瓣的$\frac{1}{12}$。

(2) 跟踪接收机中频不易太高。中频太高，接收机工程研制难度增大。

(3) 适应 100 kb/s～300 Mb/s 的数传信号角跟踪，接收机中频滤波器组切换挡数不宜多，一般三挡为宜。

4 取数传信号频谱主瓣的小部分带宽内信号实现角跟踪理论的物理解释

结合(14)式和(17)式，对取数传信号频谱主瓣的小部分带宽内信号实现角跟踪理论的物理意义解释如下：

(14)式代表窄带滤波器的输入信号，它是宽带单通道信号，其中：

(1)

$$\sum_{n=-\infty}^{\infty}\frac{1}{2}\dot{A}_k\{e^{j[(\omega_c+k\Omega_m)t+\varphi']}+e^{-j[(\omega_c-k\Omega_m)t+\varphi']}\}=m(t)\cos(\omega_c t+\varphi')$$

相对调制信号 $f(t)$而言，输入信号可视为一系列的载波信号，角频率是 $\omega_c\pm k\Omega_m$（$-\infty<k<\infty$）。

(2) $f(t)=\sum_{n=-\infty}^{\infty}\dot{F}_n e^{jn\Omega_f t}$，理解为 $f(t)$的所有谐波在一起，分别对 $m(t)\cos(\omega_c t+\varphi')$的每一个载波信号进行调幅。

(3) $f(t)$以“+”、“−”脉冲形成对每一个载波调幅，它的作用是使电轴偏离目标一定角度所存在的差信号以交流(正、负脉冲)形式表现出来。当 $f(t)$取“+”时，检波出电压为$(1+\mu\theta\cos\varphi)$；当 $f(t)$取“−”时，检波出电压为$(1-\mu\theta\cos\varphi)$。交流信号的大小正比于电轴偏离目标的角度。在规定时间起始点后，由差信号脉冲是先正后负还是先负后正来代表电轴偏离目标的方向。

(17)式代表窄带带通滤波器的输出信号，其中：

(1) 接收机中频带宽为数传信号频谱主瓣宽度的一部分(例如 1/10)。滤波器为理想带通滤波器。如果说滤波器带宽远大于 $f(t)$的重复频率，则滤波器的作用只是将 $m(t)\cos(\omega_c t+\varphi')$各谐波落在滤波器带外的部分除掉，只让落在滤波器带内的各谐波无失真地通过。即通过滤波器的各谐波为

$$\sum_{k=-\frac{\omega_B}{\Omega_m}}^{\frac{\omega_B}{\Omega_m}}\frac{1}{2}\dot{A}_k e^{jk\Omega_m t}\cos(\omega_c t+\varphi')$$

(2) 窄带滤波器没有改变 $f(t)$的作用，也没造成 $f(t)$波形失真。这是因为当 $f(t)$的重复频率远远低于载波频率($\Omega_c\pm k\Omega_m$)时，$f(t)$分别对每个载波信号调制。虽然载波数由 $\sum_{k=-\infty}^{\infty}\dot{A}_k e^{jk\Omega_m t}\cos(\omega_c t+\varphi')$ 变成了 $\sum_{k=-\frac{\omega_B}{\Omega_m}}^{\frac{\omega_B}{\Omega_m}}\dot{A}_k e^{jk\Omega_m t}\cos(\omega_c t+\varphi')$，载波数减少了，但是滤波器输出

的每一个载波上 $f(t)$调制没有改变，只是载有 $f(t)$的谱线少了一些。然而，每一个载波频谱上的调幅信号被检波出来就是一个 $f(t)$。滤波器输出的若干谱线分别被检波出来，若干个 $f(t)$的线性叠加就能保证不失真地复现 $f(t)$。

(3) 仍能做到：当 $f(t)$取"+"时，检波出的电压为$(1+\mu\theta\cos\varphi)$；当 $f(t)$取"−"时，检波出的电压为$(1-\mu\theta\cos\varphi)$。这就是宽带数传单通道信号通过窄带带通滤波器后，仍能可靠提取角误差信号的原理。我们完成的实验和研制成功的角跟踪设备证明了上述的分析是正确的。

5 实验验证

验证接收机带宽为数传信号频谱主瓣宽度的 1/10 时，提取角误差信号的能力。

实验方案如图 5 所示。

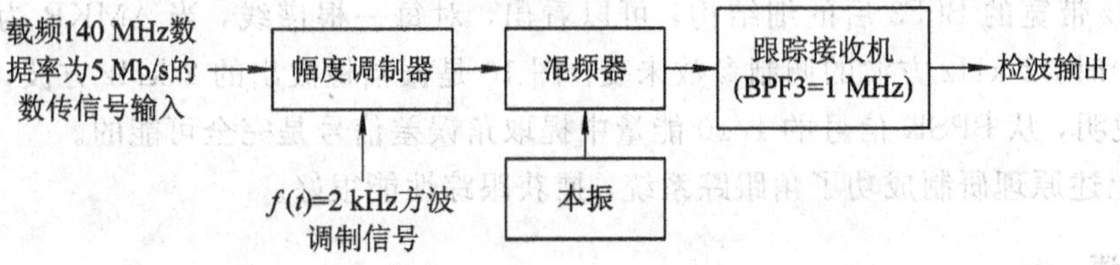

图 5　实验原理框图

实验记录如图 6 至图 10 所示。

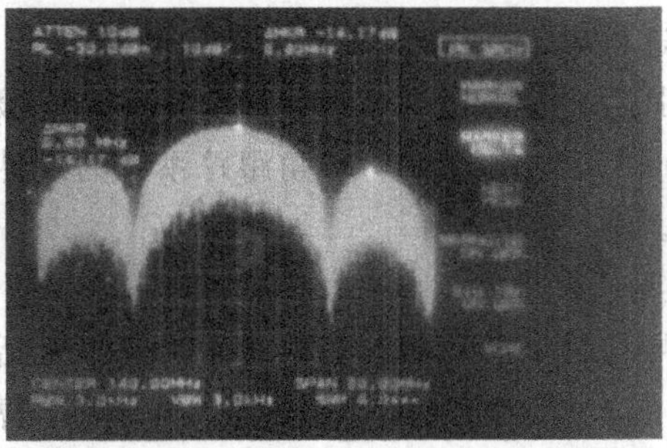

图 6　5 Mb/s 数传信号全谱

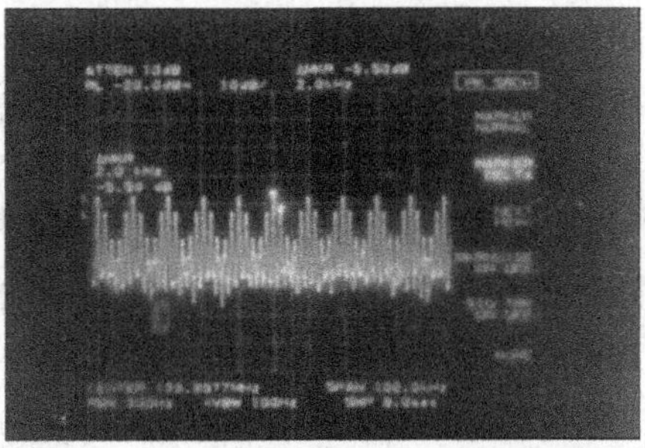

图 7　5 Mb/s 数传信号中心细谱

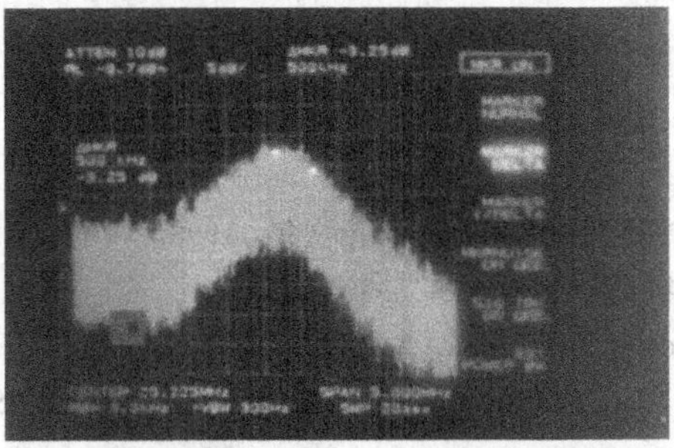

图 8　经 1 MHz 带通滤波后的全谱

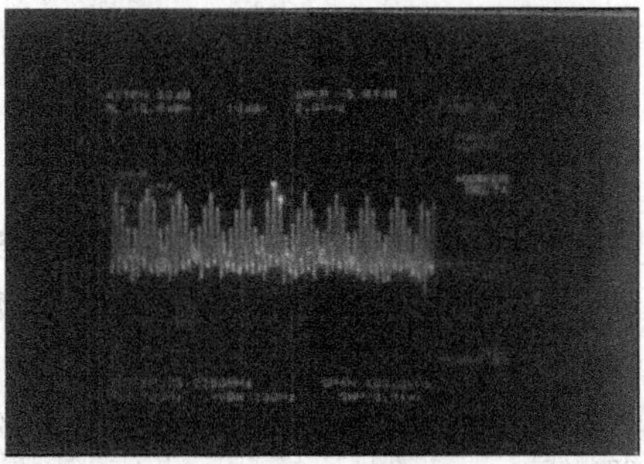

图 9　经 1 MHz 带通滤波后的细谱

图 6 是 5 Mb/s 的 BPSK 数传信号频谱，可见主瓣宽度为 10 MHz。图 7 是 5 Mb/s 的 BPSK 数传信号频谱靠近中心频率的细结构，已被 2 kHz 方波调幅，当 ΔMKR 为−5.5 dB

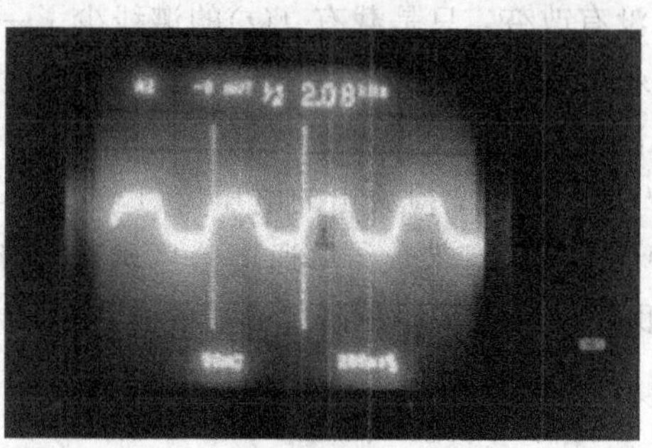

图 10 振幅检波后的方波

(2 kHz 处)时，可看到 $f(t)$ 的调制深度等参数。图 8 是 10 MHz 带宽的 BPSK 信号通过 1 MHz 带宽的 BPF3 后的频谱，可见 3 dB 带宽为 1 MHz。图 9 是 10 MHz 带宽的 BPSK 信号通过 1 MHz 带宽的 BPF3 后的细结构，可以看出，对每一根谱线，当 ΔMKR 为 −5.5 dB (2 kHz 处)时，2 kHz 方波的调制参数未变。图 10 是振幅检波出的 2 kHz 方波，可见方波很好，这说明，从 BPSK 信号的 1/10 能量中提取角误差信号是完全可能的。

根据上述原理研制成功了角跟踪系统，捕获跟踪性能很好。

6 结 语

本文论证的"小部分带宽法"是角跟踪技术的一种新的概念和理论。本文从三个主要方面进行了论证：取数传信号频谱主瓣的小部分带宽内信号实现角跟踪的理论的数学推导；从物理概念上解释这种理论的正确性；实验验证这种理论的正确性。

研制出的"小部分带宽法"角跟踪系统的捕获跟踪性能很好，是对这种理论最有说服力的论证。对于宽带数传信号(BPSK 或 QPSK，100 kb/s～300 Mb/s)角跟踪系统的设计研制，"小部分带宽法"角跟踪系统是一个优选方案。

这种概念和理论对无线电跟踪测量技术的发展具有重要意义。

这是一个集体的研究成果。首先是由于所领导得力和管理有效，再者是课题组包括总体组、微波信道组(陈明章、李胜先、廖洪波等组成)、天线馈源组(赵恩惠、吴春邦、曹多礼等组成)、接收机组(薛丽、余晓川、彭碧玉等组成)、伺服控制组(何泰详、闫剑虹、于瑞霞等组成)和蒋建州、张建国等全体同志努力的结果。

参 考 文 献

[1] 高全辉. 单通道单脉冲遥测自跟踪系统的设计. 遥控遥测技术首届年会论文集，1998.

[2] 黎孝纯. 调频遥测相干单脉冲自动跟踪系统. 空间电子学会论文集，1990.

[3] Sandberg J. ARTEMIS, S-band and Ka-band inter orbit link. AAIAA, 1998, 1393:93 - 99.

[4] Sagara J. Development of Ka-band tracking receiver, engineering model for DRTS. The 17th ICSSC: 87 - 92.

[5] 金浩. PCM - FM 遥测信号单信道角跟踪系统. 通信与测控，1995(3).

[6] 钟义信. 伪噪声编码通信. 北京：人民邮电出版社，1979.

[7] 吴湘淇. 信号、系统与信号处理(上). 北京：电子工业出版社，2000.

十九、再论证"对宽带数据传输信号的角跟踪理论"

黎孝纯　朱舸

【摘要】 参考文献[1]建立了取数传信号频谱主瓣的很小一部分(例如 1/5～1/10)带内信号提取角误差信号的角跟踪理论。本文将进一步论证，当接收机带通滤波器中心频率与数传信号中心频率存在一定频差(如多普勒频率)时，参考文献[1]中的角跟踪理论仍是正确的。这个结论将用于工程中的多普勒频率补偿方案。

【关键词】 角跟踪　数据传输

1 引　言

参考文献[1]建立了一种新的角跟踪技术的概念和理论，即角跟踪系统天线接收宽带数据传输信号(例如调制为 BPSK 或 QPSK，码速率为 100 kb/s～300 Mb/s)，而接收机检波前带通滤波器带宽只是数传信号频谱主瓣的很小一部分(例如 1/5～1/10)，能够提取角误差信号，实现角跟踪。参考文献[1]建立和推导出了此理论的数学表达式，从物理概念上解释了这种理论的正确性，并实验验证了这种理论的正确性。

参考文献[1]中的数学表达式论证了如图 1 所示的情况是正确的，即当接收机带通滤波器中心频率与数传信号的中心频率相等时，就能从数传信号频谱主瓣中(如图 1(a)所示)的很小一部分带宽信号(如图 1(b)所示)提取角误差信号，实现角跟踪。

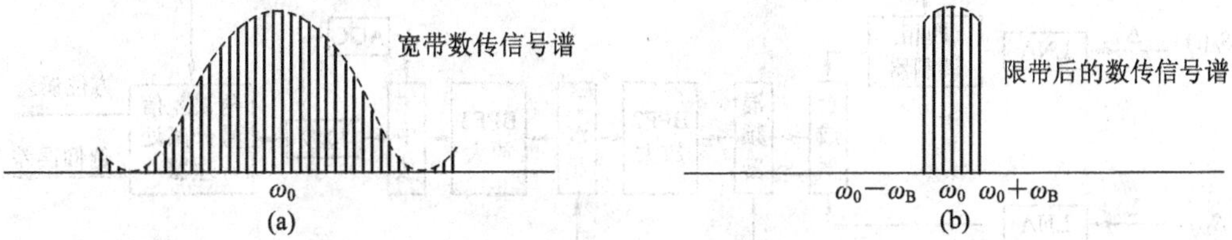

图 1　输入零频偏($\omega_d=0$)数传信号

文章用数学推导论证了如图 2 和图 3 所示的情况也是正确的，即当接收的数传信号存在多普勒频偏 ω_d，接收机带通滤波器中心频率与数传信号的中心频率存在一频偏 ω_d 时，只要接收机带通滤波器取出一定数传信号频谱能量(如图 2(b)和图 3(b)所示)，就能提取出角误差信号，实现角跟踪。文章也从物理概念上解释这种理论的正确性，系统实验测得该理论下的角误差特性曲线，证明该理论是正确的。

这个结论可用于工程中的多普勒频率补偿方案。通常情况下，采取调整接收机混频本振源频率，跟踪多普勒频率进行多普勒频率补偿，可使接收机带通滤波器中心频率与数传信号频谱中心频率相等或者相差很小。在文中论证的理论指导下，例如 BPSK 数传信号频

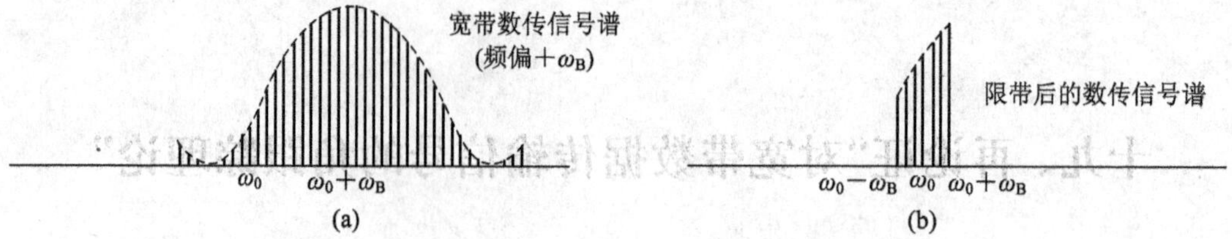

图 2 输入正频偏($+\omega_d$)数传信号

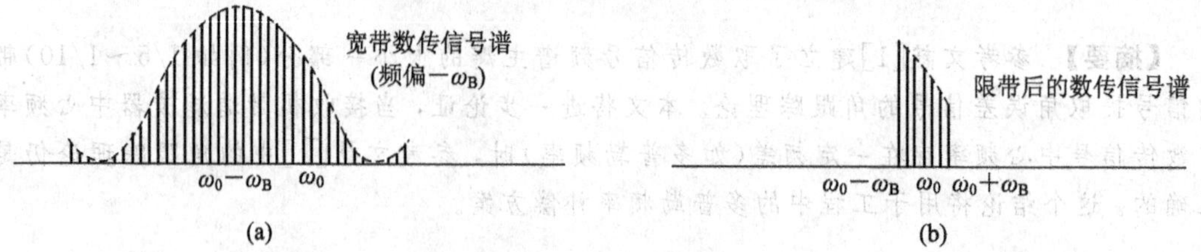

图 3 输入负频偏($-\omega_d$)数传信号

谱主瓣为 20 MHz(BPSK 码速率为 10 Mb/s)，若多普勒频偏为±1 MHz(或±2 MHz)，接收机带通滤波器带宽为 4 MHz，那么就可以不必再进行多普勒频率补偿。

2 单通道跟踪接收机方案

一种适用于接收码速率为 100 kb/s～300 Mb/s 的 BPSK 或 QPSK 数传信号的角跟踪接收机框图如图 4 所示。天线馈源输出和信号($S_\Sigma(t)$)与差信号($S_\Delta(t)$)至角跟踪接收机，单通道信号经混频再经带通滤波器 2(BPF2)、二混频成二中频，再经带通滤波器 3(BPF3)滤波和放大，振幅检波后送角误差信号分离处理器。

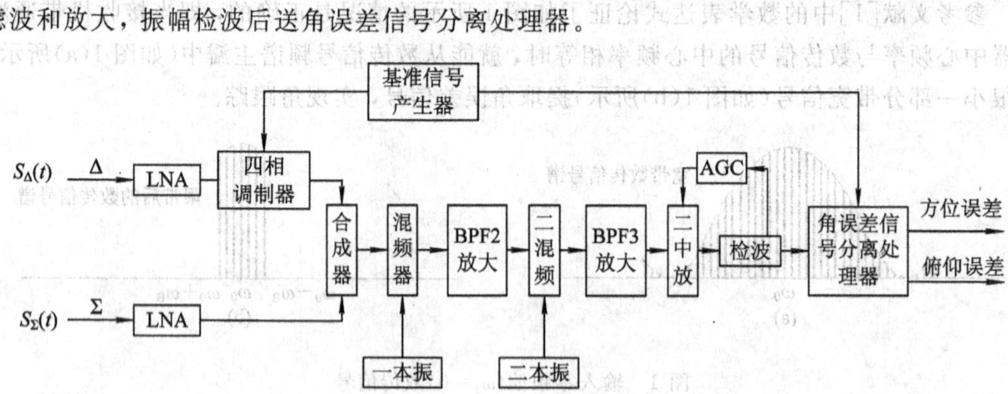

图 4 角跟踪接收机框图

基准信号产生器输出两种信号，如图 5 所示，$f(t)$(为 2 kHz 方波)和 $v(t)$(为 1 kHz 方波)送单通道调制器完成四相调制。

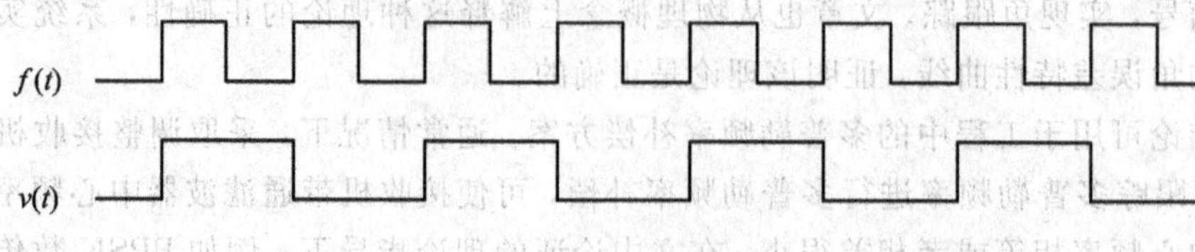

图 5 基准信号

跟踪接收机中频带宽（即图 4 中的 BPF3）有三种带宽选择：500 kHz、5 MHz、50 MHz，滤波器切换就能实现 100 kb/s～300 Mb/s 数传信号接收提取角误差信号。例如：带宽是 500 kHz 的滤波器用于接收 100 kb/s～3 Mb/s 的数传信号，带宽是 5 MHz 的滤波器用于接收 3～30 Mb/s 的数传信号，带宽是 50 MHz 的滤波器用于接收 30～300 Mb/s 的数传信号。

可以看出，接收机是将一个宽带单通道信号通过一个窄带带通滤波器，再振幅检波后来提取角误差信号的。

3 取数传信号频谱主瓣的任意部位小部分带宽内信号实现角跟踪理论的数学推导

3.1 宽带单通道信号通过窄带带通滤波器的求解方法

假设单通道接收机是一种线性时不变系统，可用傅立叶分析法求解线性时不变系统的稳态响应。

线性时不变系统的输入激励 $x(t)$ 的指数傅立叶级数为

$$x(t)=\sum_{k=-\infty}^{\infty}x_k e^{jk\omega_0 t}\qquad(-\infty<t<\infty)\tag{1}$$

线性时不变系统的频率特性为 $H(j\omega)$，则 $x(t)$ 通过该系统的稳态响应 $y(t)$ 为

$$y(t)=\sum_{k=-\infty}^{\infty}H(jk\omega_0)x_k e^{jk\omega_0 t}\qquad(-\infty<t<\infty)\tag{2}$$

即非正弦周期信号通过线性时不变系统的稳态响应仍为同周期的周期信号，只是各次谐波的复振幅被系统的频率特性 $H(j\omega)$ 所加权。

由(2)式可见，为了求得宽带单通道信号通过窄带滤波器后的表达式，一是要求出窄带带通滤波器输入端宽带单通道信号的指数傅立叶级数表达式，二是要求出窄带带通滤波器的幅频特性和相频特性表达式。

3.2 宽带单通道信号的指数傅立叶级数表达式

3.2.1 BPSK 数传信号的表达式

BPSK 数传信号的表达式为

$$S_{BPSK}(t)=m(t)\cos(\omega_c t+\theta_i)\tag{3}$$

式中：ω_c 为载波角频率；θ_i 为载波初相角（以下分析中取 $\theta_i=0$）；$m(t)$ 是取值为 $+1$ 和 -1 的编码数据信号。

$m(t)$ 就是要传输的信息数据和选定的伪随机码（PN 码）模二加形成的编码数据信号，其特性完全可由 PN 码的特性决定。所以，在下面的分析过程中，$m(t)$ 就用选定的 PN 码代替。PN 码元宽度为 Δ，码长为 P，PN 码的功率谱密度 $m(\omega)$[3] 为

$$m(\omega)=\frac{P+1}{P^2}\left[\frac{\sin(\omega\Delta/2)}{\omega\Delta/2}\right]^2\sum_{k=-\infty}^{\infty}\delta\left(\omega-\frac{2\pi k}{P\Delta}\right)-\frac{1}{P}\delta(\omega)\tag{4}$$

式中：k 为谐波次数。

功率谱 $m(\omega)$ 是线状谱，谱线落在基频 $\Omega_m=\dfrac{2\pi}{P\Delta}$ 的各次谐波频率上。谱的主瓣宽度由码元宽度 Δ 决定。由此得

$$m(t)=\frac{1}{2\pi}\sqrt{\frac{P+1}{P^2}}\sum_{k=-\infty}^{\infty}\left[\frac{\sin(k\Omega_m\Delta/2)}{k\Omega_m\Delta/2}\right]e^{j\theta_k}e^{jk\Omega_m t}-A_0$$

$$\approx\sum_{k=-\infty}^{\infty}A_k e^{j\theta_k}e^{jk\Omega_m t}=\sum_{k=-\infty}^{\infty}\dot{A}_k e^{jk\Omega_m t} \tag{5}$$

其中：

$$A_k=\frac{\sqrt{P+1}}{2\pi P}\left[\frac{\sin(k\Omega_m\Delta/2)}{k\Omega_m\Delta/2}\right]$$

$$\dot{A}_k=A_k e^{j\theta_k}$$

所以

$$S_{\mathrm{BPSK}}(t)=m(t)\cos\omega_c t=\sum_{k=-\infty}^{\infty}\dot{A}_k\left[\frac{e^{j(\omega_c+k\Omega_m)t}+e^{-j(\omega_c-k\Omega_m)t}}{2}\right] \tag{6}$$

3.2.2 天线输出信号的表示

采用圆锥喇叭多模馈源，双模自跟踪天线，并且 TE_{11} 模为和信号，TM_{01} 模为差信号，即天线输出的方位差信号及俯仰差信号是合在一起的。假设接收的信号为 BPSK 数传信号，和信号为 $S_\Sigma(t)$，差信号为 $S_\Delta(t)$，则有

$$S_\Sigma(t)=m(t)\cos\omega_c t \tag{7}$$

$$S_\Delta(t)=\mu\theta m(t)\cos(\omega_c t+\varphi) \tag{8}$$

其中：μ 为差方向图归一化斜率；θ 为电轴偏离目标的空间角；φ 为天线输出的 TM_{01} 模相对于 TE_{11} 模的相位差。并有

$\Delta A=\mu\theta\cos\varphi$ （电轴相对于目标的方位偏差）

$\Delta E=\mu\theta\sin\varphi$ （电轴相对于目标的俯仰偏差）

3.2.3 单通道信号的表示[2]

单通道调制器如图 4 所示，基准信号如图 5 所示，在 $v(t)$ 为正脉冲时间内，代表方位单通道信号，记为 $S_{\Sigma+\Delta A}(t)$；在 $v(t)$ 为负脉冲时间内，代表俯仰单通道信号，记为 $S_{\Sigma+\Delta E}(t)$，经推导得

$$S_{\Sigma+\Delta A}(t)=\left[1+\mu\theta f(t)\cos\varphi+\frac{1}{2}\mu^2\theta^2\right]m(t)\cos(\omega_c t+\varphi') \tag{9}$$

$$S_{\Sigma+\Delta E}(t)=\left[1+\mu\theta f(t)\sin\varphi+\frac{1}{2}\mu^2\theta^2\right]m(t)\cos(\omega_c t+\varphi') \tag{10}$$

可以看出，方位角误差信号 $\mu\theta\cos\varphi$ 包含在(9)式的振幅内，俯仰角误差信号 $\mu\theta\sin\varphi$ 包含在(10)式的振幅内。虽然天线馈源输出的方位差信号和俯仰差信号是合在一起的，但是经过设计，单通道调制器能把方位和俯仰角误差信号分离开来，并可通过振幅检波获得方位和俯仰角误差信号。

下面以方位单通道信号为例进行分析：

$$S_{\Sigma+\Delta A}(t)=\left[1+\mu\theta f(t)\cos\varphi+\frac{1}{2}\mu^2\theta^2\right]m(t)\cos(\omega_c t+\varphi')$$

$$\approx[1+\mu\theta f(t)\cos\varphi]m(t)\cos(\omega_c t+\varphi') \tag{11}$$

$f(t)$的波形如图 6 所示，其傅立叶级数[4]为

$$f(t)=\sum_{n=1}^{\infty}\frac{2E}{n\pi}\sin^2\left(\frac{\pi}{2}n\right)\sin n\Omega_f t=\sum_{n=-\infty}^{\infty}\left[-j\frac{E}{n\pi}\sin^2\left(\frac{\pi}{2}n\right)\right]e^{jn\Omega_f t}=\sum_{n=-\infty}^{\infty}\dot{F}_n e^{jn\Omega_f t} \tag{12}$$

其中：

$$\dot{F}_n = -\mathrm{j}\frac{E}{n\pi}\sin^2\left(\frac{\pi}{2}n\right) \tag{13}$$

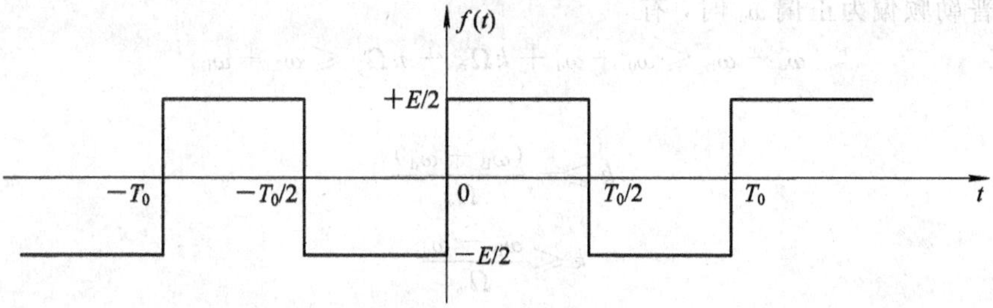

图 6　$f(t)$的波形

为了用级数近似表示 $f(t)$，一般取 3～5 项即可。所以，$f(t)$方波的频率为 2 kHz，取 $n=3\sim9$，则带宽为 6～18 kHz。

将(6)式和(12)式代入(11)式，得到 $S_{\Sigma+\Delta A}(t)$的指数傅立叶级数表达式

$$S_{\Sigma+\Delta A}(t) = \left(1+\mu\theta\cos\varphi\sum_{n=-\infty}^{\infty}\dot{F}_n \mathrm{e}^{\mathrm{j}n\Omega_f t}\right)\sum_{k=-\infty}^{\infty}\frac{1}{2}\dot{A}_k\{\mathrm{e}^{\mathrm{j}[(\omega_c+k\Omega_m)t+\varphi']}+\mathrm{e}^{-\mathrm{j}[(\omega_c-k\Omega_m)t+\varphi']}\} \tag{14}$$

3.3　窄带带通滤波器的频率特性

窄带带通滤波器的幅频特性如图 7 所示。为了分析方便，假设理想带通滤波器带内幅频特性等于 1，带内时延等于零。

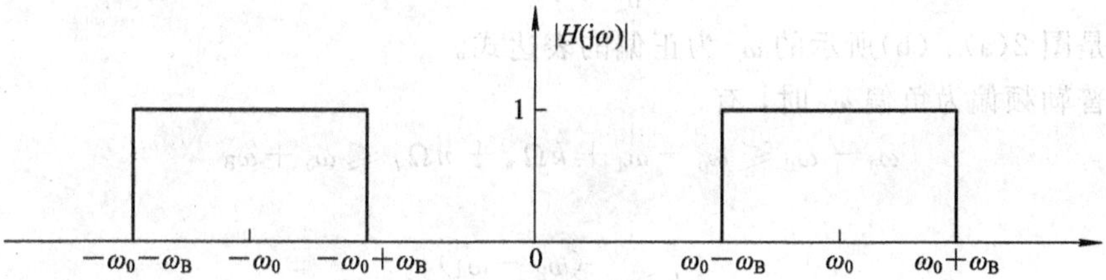

图 7　窄带带通滤波器的幅频特性

3.4　宽带数传信号通过窄带带通滤波器的输出表达式

$S_{\Sigma+\Delta A}(t)$经过跟踪接收机变频放大后，到窄带带通滤波器 BPF3 输入端，为了方便分析，假设载波频率仍是 ω_c。输出为

$$\begin{aligned} y_{\Sigma+\Delta A}(t) = &\sum_{k=-\infty}^{\infty}\frac{1}{2}\dot{A}_k H[\mathrm{j}(\omega_c+k\Omega_m)]\{\mathrm{e}^{\mathrm{j}[(\omega_c+k\Omega_m)t+\varphi']}+\mathrm{e}^{-\mathrm{j}[(\omega_c-k\Omega_m)t+\varphi']}\} \\ &+(\mu\theta\cos\varphi)\sum_{n=-\infty}^{\infty}\dot{F}_n \mathrm{e}^{\mathrm{j}n\Omega_f t}\sum_{k=-\infty}^{\infty}\frac{1}{2}\dot{A}_k H[\mathrm{j}(\omega_c+k\Omega_m+n\Omega_f)] \\ &\{\mathrm{e}^{\mathrm{j}[(\omega_c+k\Omega_m)t+\varphi']}+\mathrm{e}^{-\mathrm{j}[(\omega_c-k\Omega_m)t+\varphi']}\} \end{aligned} \tag{15}$$

在(15)式中：按设置条件，n 取 3～9；$n\Omega_f$ 带宽取 6～18 kHz；$k\Omega_m$ 带宽取 100 kHz～300 MHz。所以有

$$\begin{aligned} k\Omega_m + n\Omega_f &\approx k\Omega_m \\ -k\Omega_m - n\Omega_f &\approx -k\Omega_m \end{aligned} \tag{16}$$

$$\omega_0-\omega_B\leqslant\omega_c+k\Omega_m+n\Omega_f\leqslant\omega_0+\omega_B\qquad(\omega_c\neq\omega_0,\ \omega_c=\omega_0+\omega_d)\tag{17}$$

其中：ω_d 是由于多普勒频率等影响才有的频偏。ω_B 带宽取 250 kHz、2.5 MHz 或 25 MHz。

多普勒频率是变化的，设其是以 ω_0 为中心变化 $\pm\omega_d$。

当多普勒频偏为正偏 ω_d 时，有

$$\omega_0-\omega_B\leqslant\omega_0+\omega_d+k\Omega_m+n\Omega_f\leqslant\omega_0+\omega_B\tag{18}$$

则

$$k\geqslant-\frac{(\omega_B+\omega_d)}{\Omega_m}$$

$$k\leqslant\frac{\omega_B-\omega_d}{\Omega_m}\tag{19}$$

并有

$$\begin{aligned}Y_{\Sigma+\Delta A}(t)=&\sum_{k=-\left(\frac{\omega_B+\omega_d}{\Omega_m}\right)}^{\frac{\omega_B-\omega_d}{\Omega_m}}\frac{1}{2}\dot{A}_k\{e^{j[(\omega_c+k\Omega_m)t+\varphi']}+e^{-j[(\omega_c-k\Omega_m)t+\varphi']}\}\\&+(\mu\theta\cos\varphi)\sum_{n=-9}^{9}\dot{F}_ne^{jn\Omega_ft}\sum_{k=-\left(\frac{\omega_B+\omega_d}{\Omega_m}\right)}^{\frac{\omega_B-\omega_d}{\Omega_m}}\frac{1}{2}\dot{A}_k\{e^{j[(\omega_c+k\Omega_m)t+\varphi']}+e^{-j[(\omega_c-k\Omega_m)t+\varphi']}\}\\&\approx[1+\mu\theta f(t)\cos\varphi]\sum_{k=-\left(\frac{\omega_B+\omega_d}{\Omega_m}\right)}^{\frac{\omega_B-\omega_d}{\Omega_m}}\frac{1}{2}\dot{A}_k\{e^{j[(\omega_c+k\Omega_m)t+\varphi']}+e^{-j[(\omega_c-k\Omega_m)t+\varphi']}\}\end{aligned}\tag{20}$$

(20)式就是图 2(a)、(b)所示的 ω_d 为正偏的表达式。

当多普勒频偏为负偏 ω_d 时，有

$$\omega_0-\omega_B\leqslant\omega_0-\omega_d+k\Omega_m+n\Omega_f\leqslant\omega_0+\omega_B\tag{21}$$

则

$$k\geqslant-\frac{(\omega_B-\omega_d)}{\Omega_m}$$

$$k\leqslant\frac{\omega_B+\omega_d}{\Omega_m}\tag{22}$$

并有

$$\begin{aligned}Y_{\Sigma+\Delta A}(t)=&\sum_{k=-\left(\frac{\omega_B-\omega_d}{\Omega_m}\right)}^{\frac{\omega_B+\omega_d}{\Omega_m}}\frac{1}{2}\dot{A}_k\{e^{j[(\omega_c+k\Omega_m)t+\varphi']}+e^{-j[(\omega_c-k\Omega_m)t+\varphi']}\}\\&+(\mu\theta\cos\varphi)\sum_{n=-9}^{9}\dot{F}_ne^{jn\Omega_ft}\sum_{k=-\left(\frac{\omega_B-\omega_d}{\Omega_m}\right)}^{\frac{\omega_B+\omega_d}{\Omega_m}}\frac{1}{2}\dot{A}_k\{e^{j[(\omega_c+k\Omega_m)t+\varphi']}+e^{-j[(\omega_c-k\Omega_m)t+\varphi']}\}\\&\approx[1+\mu\theta f(t)\cos\varphi]\sum_{k=-\left(\frac{\omega_B-\omega_d}{\Omega_m}\right)}^{\frac{\omega_B+\omega_d}{\Omega_m}}\frac{1}{2}\dot{A}_k\{e^{j[(\omega_c+k\Omega_m)t+\varphi']}+e^{-j[(\omega_c-k\Omega_m)t+\varphi']}\}\end{aligned}\tag{23}$$

(23)式就是图 3(a)、(b)所示的 ω_d 为负偏的表达式。

4 取数传信号频谱主瓣的任意部位小部分带宽内信号实现角跟踪理论的物理解释

结合(14)、(20)和(23)式，对取数传信号频谱主瓣任意部位的小部分带宽内信号实现角跟踪理论的物理意义解释如下：

(14)式代表窄带滤波器的输入信号，它是宽带单通道信号，其中：

(1)

$$\sum_{k=-\infty}^{\infty} \frac{1}{2} \dot{A}_k \{ e^{j[(\omega_c+k\Omega_m)t+\varphi']} + e^{-j[(\omega_c-k\Omega_m)t+\varphi']} \} = m(t)\cos(\omega_c t+\varphi')$$

相对调制信号 $f(t)$ 而言，输入信号可视为一系列的载波信号，角频率为 $\omega_c \pm k\Omega_m (-\infty < k < \infty)$。

(2) $f(t) = \sum_{n=-\infty}^{\infty} \dot{F}_n e^{jn\Omega_f t}$，理解为 $f(t)$ 的所有谐波在一起，分别对 $m(t)\cos(\omega_c t+\varphi')$ 的每一个载波信号进行调幅。

(3) $f(t)$ 以"+"、"−"脉冲形成对每一个载波调幅，它的作用是使电轴偏离目标一定角度所存在的差信号以交流(正、负脉冲)形式表现出来。当 $f(t)$ 取"+"时，检波出电压为 $(1+\mu\theta\cos\varphi)$；当 $f(t)$ 取"−"时，检波出电压为 $(1-\mu\theta\cos\varphi)$。交流信号的大小正比于电轴偏离目标的角度。在规定时间起始点后，由差信号脉冲是先正后负还是先负后正来代表电轴偏离目标的方向。

(20)、(23)式代表窄带带通滤波器的输出信号，其中：

(1) 接收机中频带宽为数传信号频谱主瓣宽度的一部分(例如 1/10)。滤波器为理想带通滤波器。如果说滤波器带宽远大于 $f(t)$ 的重复频率，则滤波器的作用只是将 $m(t)\cos(\omega_c t+\varphi')$ 各谐波落在滤波器带外的部分除掉，只让落在滤波器带内的各谐波无失真地通过。即通过滤波器的各谐波为

$$\sum_{k=-\left(\frac{\omega_B+\omega_d}{\Omega_m}\right)}^{\frac{\omega_B-\omega_d}{\Omega_m}} \frac{1}{2}\dot{A}_k e^{jk\Omega_m t}\cos(\omega_c t+\varphi')$$

(2) 窄带滤波器没有改变 $f(t)$ 的作用，也没有造成 $f(t)$ 波形失真。这是因为当 $f(t)$ 的重复频率远远低于载波频率时，$f(t)$ 分别对每个载波信号调制。虽然载波数由 $\sum_{k=-\infty}^{\infty} \dot{F}_n e^{jk\Omega_m t}\cos(\omega_c t+\varphi')$ 变成了 $\sum_{k=-\left(\frac{\omega_B-\omega_d}{\Omega_m}\right)}^{\frac{\omega_B+\omega_d}{\Omega_m}} \frac{1}{2}\dot{A}_k e^{jk\Omega_m t}\cos(\omega_c t+\varphi')$，载波数减少了，但是滤波器输出的每一个载波上 $f(t)$ 调制没有改变，只是载有 $f(t)$ 的谱线少了一些。然而，每一个载波频谱上的调幅信号被检波出来就是一个 $f(t)$。滤波器输出的若干谱线分别被检波出来，若干个 $f(t)$ 的线性叠加就能保证不失真地复现 $f(t)$。

(3) 当 $f(t)$ 取"+"时，检波出的电压为 $(1+\mu\theta\cos\varphi)$；当 $f(t)$ 取"−"时，检波出的电压为 $(1-\mu\theta\cos\varphi)$。这就是宽带数传单通道信号通过窄带带通滤波器后，仍能可靠提取角误差信号的原理。我们完成的实验和研制成功的角跟踪设备证明了上述的分析是正确的。

5 实验验证

根据这种理论研制出的角跟踪系统跟踪性能良好，这是最有说服力的验证。

图 8、图 9 和图 10 是该系统实测的角误差曲线。系统的天线波束宽度为 0.26°，接收数传信号调制体制为 QPSK，码速率为 300 Mb/s(I、Q 各 150 Mb/s)，PN 码长为 $2^{15}-1$。图 8 中，数传信号频谱中心频率和接收机 500 kHz 带宽中心频率对齐，即频偏为 0。图 8(a)是天线俯仰偏角为 0°时的角误差曲线，图 8(b)是天线方位偏角为 0°时的角误差曲线。可见，接收机带宽仅为数传信号频谱主瓣(300 MHz)的 1/600，这时 500 kHz 带内有 109 根谱线，仍能提取出角误差信号，但 U_{AGC}电压较弱。

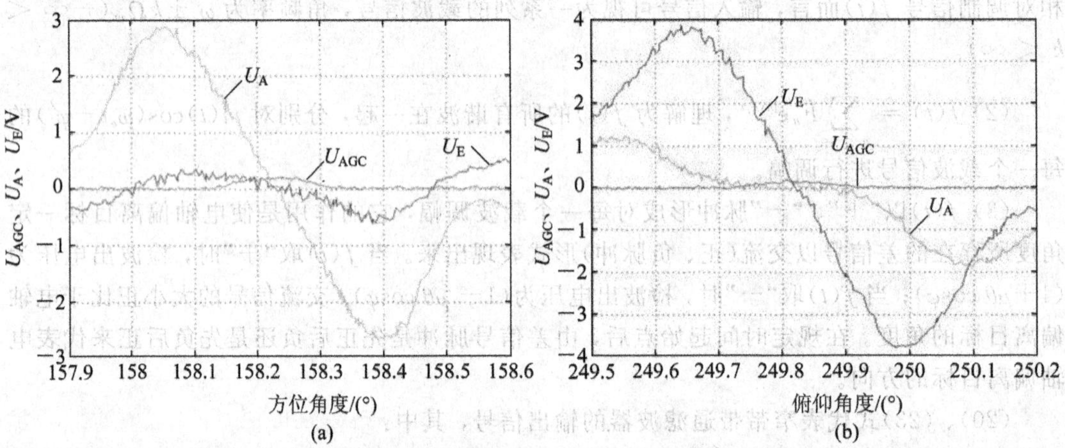

图 8 方位误差曲线和俯仰误差曲线(码速率为 300 Mb/s，频率偏移为 0，接收机带宽为 500 kHz)

图 9 中，数传信号频谱中心频率左偏离接收机带宽中心频率 40 MHz，多普勒频偏为 −40 MHz，类同图 3 情况。图 9(a)是天线俯仰偏角为 0°时的角误差曲线，图 9(b)是天线方位偏角为 0°时的角误差曲线。可见接收机带宽仅为数传信号频谱主瓣的 1/600，而且，取偏离数传信号频谱主瓣中心 40 MHz 处的 1/600 带内信号谱线，仍能可靠提取角误差信号。这时，限带后的信号 U_{AGC}太弱，已经趋近于零。

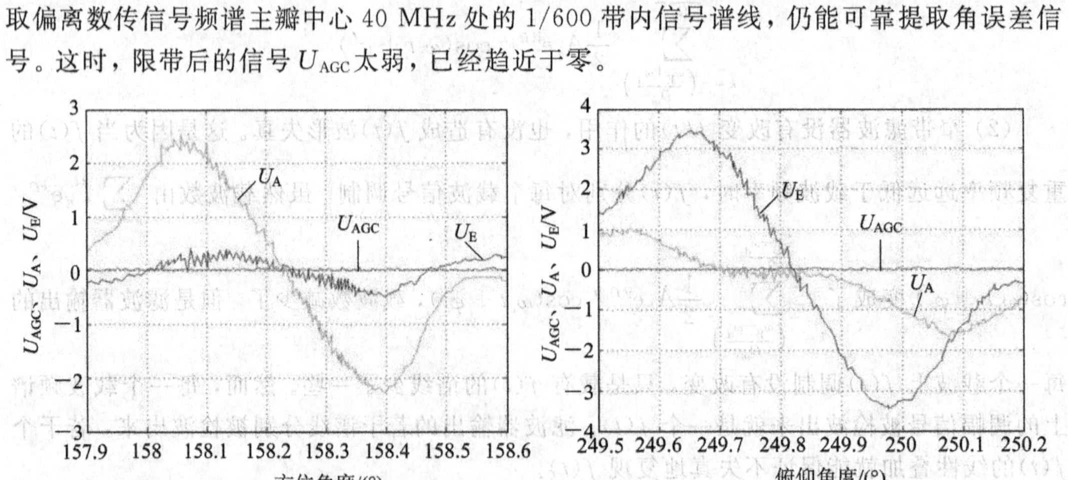

图 9 方位误差曲线和俯仰误差曲线(码速率为 300 Mb/s，频率偏移为 40 MHz，接收机带宽为 500 kHz)

图 10 中，接收机带宽为 40 MHz，为数传信号频谱主瓣的 1/7.5，其他条件与图 9 类同。从测试数据看，U_{AGC}电压随接收机检波前带宽加宽而增大很多，这种情况下的角误差曲线良好。

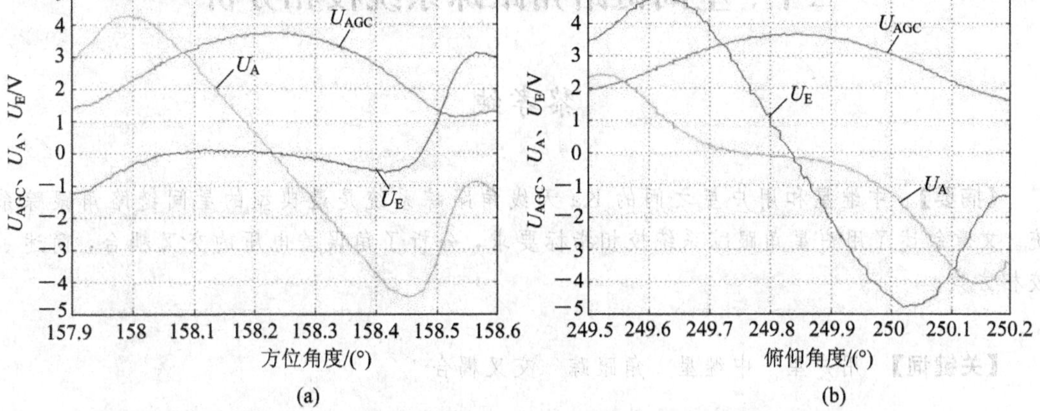

图 10 方位误差曲线和俯仰误差曲线(码速率为 300 Mb/s，频率偏移为 40 MHz，接收机带宽为 40 MHz)

6 结 语

本文通过数学理论推导、物理概念解释和实验验证，论证了取数传信号频谱主瓣任意部位小部分带宽内信号实现角跟踪的理论。

可以看出，在接收机带宽极窄(例如为数传信号频谱主瓣宽度的 1/600)，并偏在频谱主瓣的任意部位，只要接收机带宽内有一定数量谱线，都能很好地提取出角误差信号，实现角跟踪。这是角跟踪领域内的一种新概念和新理论。

参考文献

[1] 黎孝纯，薛丽. 对带宽数据传输信号的角跟踪理论. 电子学报，2005(10).
[2] 金浩. PCM-FM 遥测信号单通道角跟踪系统. 通信与测控，1995(3).
[3] 钟义信. 伪噪声编码通信. 北京：人民邮电出版社，1979.
[4] 吴湘淇. 信号、系统与信号处理(上). 北京：电子工业出版社，2000.

二十、星间链路角跟踪系统校相分析

黎孝纯

【摘要】 中继星和用户星之间的 Ka 天线角跟踪系统是最典型的星间链路角跟踪系统。文章叙述了用户星角跟踪系统校相指标要求，分析了角误差电压的交叉耦合，简述了校相方案。

【关键词】 用户星 中继星 角跟踪 交叉耦合

1 引 言

一个典型的角跟踪系统由天线、天线驱动机构、跟踪接收机、控制器及驱动电路等组成。天线和跟踪接收机构成角误差检测器，用于测量目标偏离天线电轴方位角和俯仰角的大小及方向。跟踪接收机输出方位角误差电压的大小正比于目标偏离天线电轴方位角的大小，误差电压的正负代表目标偏离天线电轴方位角的(左、右)方向。方位角误差电压送控制器及驱动电路，驱动方位机构带动天线转动，使天线电轴方位对准目标，实现天线对目标的方位跟踪。跟踪接收机输出俯仰角误差电压的大小正比于目标偏离天线电轴俯仰角的大小，误差电压的正负代表目标偏离天线电轴俯仰角的(上、下)方向。俯仰角误差电压送控制器及驱动电路，驱动俯仰机构带动天线转动，使天线电轴俯仰对准目标，实现天线对目标的俯仰跟踪。在天线和跟踪接收机里，和差通道的相对相位不稳定引起角误差电压特性变化，严重时不能捕获跟踪目标。

地面站角跟踪系统利用专门建立的标校塔进行校相。在执行任务前，天线接收标校塔发来的信号进行和差路相位调整，使角误差特性正确(称为校相)，确保角跟踪系统正确捕获跟踪目标。

舰载站角跟踪系统因船摇和船位置变化，海上无法设立标校塔而使相位校准变得困难。通常是在船头适当位置设标校信标，出海前分别用岸上标校塔校相及用船头信标校相，并记忆两者差。出海后，在执行任务前，用船头信标校相，同时考虑“记忆的两者差”。

星间链路角跟踪系统最典型的是中继星 Ka 天线角跟踪系统对用户星天线发来的数传信号进行捕获跟踪，以及用户星 Ka 天线角跟踪系统对中继星天线发来的单载波信标信号进行捕获跟踪。它们的共同点是星载 Ka 波段角跟踪系统，不同点是中继星角跟踪系统可在地球表面适当位置建立标校塔进行校相，而用户星角跟踪系统既不能在地球表面建塔，也不能像舰载角跟踪系统那样在星上建立信标来校相。用户星在轨工作寿命一般是 2～3 年，环境温度变化比地面站和舰载站都大，其校相更加困难。

在国内或国外，无论是地面固定站、舰载站还是星载角跟踪系统，相位校准是保证系统正常工作必不可少的技术措施和手段。文章着重分析这种角跟踪系统校相的指标要求，分析角误差信号交叉耦合的影响程度以及可采用的校相方法。

2 相位校准的指标要求

通过相位校准后的方位和俯仰角误差曲线要满足系统要求，具体如下：

(1) 定向灵敏度 μ_A、μ_E 满足：

$$\left.\begin{aligned}\mu_A &= \frac{d(\Delta U_A)}{dA} \\ \mu_E &= \frac{d(\Delta U_E)}{dE}\end{aligned}\right\} \tag{1}$$

(2) 极性和牵引范围满足：

① 目标左右偏、上下偏时的角误差曲线极性应与伺服系统要求配定了的极性相同。

② 牵引范围应等于或略大于−3 dB 和波束宽度。

③ 误差曲线零点应与和信号最大(U_{AGC}最大)值轴相重合。

(3) 交叉耦合要求：应小于 20%，若小于 10%更好。

(4) U_{AGC}变化曲线与接收电平关系等符合要求。

3 用户星角跟踪系统交叉耦合分析

用户星角跟踪系统地面试验中的相位校准和在轨相位校准过程中，角误差信号不大于 20%的交叉耦合是一个重要指标，这是一个涉及中继星信标天线性能、用户星跟踪天线性能和跟踪接收机性能等的系统级问题。工程上，把交叉耦合达 1/3 定为极限。用户星系统要求交叉耦合不大于 20%，该节分析要达到这个指标，对相关分系统的指标要求，以及跟踪系统应采取的措施——校相。

3.1 分析依据

(1) 用户星跟踪天线，TE_{11} 为和模，TE_{21} 为差模。双通道馈源，圆极化，轴比不大于 1.5 dB。

(2) 中继星信标天线来波圆极化，轴比不大于 1.5 dB。

(3) 跟踪接收机，Σ、Δ 信号分别经 LNA 后，合成单通道信号，Σ 路设有移相器，可调和差器至单通道合成之间的 Σ 与 Δ 的相对相位。

3.2 交叉耦合源

(1) 用户星跟踪天线非理想圆极化，轴比不大于 1.5 dB，(b', γ')引起交叉耦合。b'为极化比(即反旋分量)，$b'=0$ 为理想圆极化；γ'为椭圆极化波长轴与水平轴的夹角。

(2) 中继星信标天线非理想圆极化，轴比不大于 1.5 dB，(b, γ)引起交叉耦合。b、γ 的含义与 b'、γ'类同。

(3) 用户星天线及馈源和差器前两路幅度相位不平衡(K, α)引起交叉耦合。$K=1$、$\alpha=0$ 表示幅度相位平衡。

(4) 用户星天线馈源中，不同耦合支路间幅度相位不平衡(C, Δ)引起交叉耦合。$C=1$、$\Delta=0$ 表示耦合支路间幅度相位平衡。

(5) 用户星天线馈源和差器后，和与差两路相位不一致$(\Delta\beta)$引起交叉耦合。当 $\Delta\beta=0$ 时，和、差相位一致。

3.3　分析简述

交叉耦合用交叉耦合系数 M 来描述，例如：

无交叉耦合时

$$\left.\begin{aligned}U_{\mathrm{H}}&=A(\theta\cos\varphi)\\U_{\mathrm{V}}&=A(\theta\sin\varphi)\end{aligned}\right\}\tag{2}$$

有交叉耦合时

$$\left.\begin{aligned}U_{\mathrm{H}}&=A(\theta\cos\varphi+M_{\mathrm{H}}\theta\sin\varphi)\\U_{\mathrm{V}}&=A(\theta\sin\varphi+M_{\mathrm{V}}\theta\cos\varphi)\end{aligned}\right\}\tag{3}$$

式中：M_{H} 表示 $U_{\mathrm{V}}\rightarrow U_{\mathrm{H}}$ 的交叉耦合系数；M_{V} 表示 $U_{\mathrm{H}}\rightarrow U_{\mathrm{V}}$ 的交叉耦合系数。

以上 5 种交叉耦合源同时存在时，角误差信号交叉耦合系数由(4)式和(5)式表示[1]。

$$M_{\mathrm{H}}=\frac{-\tan(\xi+\upsilon)\left(\dfrac{1-b\cos2\gamma}{1+b\cos2\gamma}+C\cos\Delta-C\sin\Delta\dfrac{b\sin2\gamma}{1+b\cos2\gamma}\right)-(1-C\cos\Delta)\dfrac{b\sin2\gamma}{1+b\cos2\gamma}+C\cos\Delta}{1+C\cos\Delta\dfrac{1-b\cos2\gamma}{1+b\cos2\gamma}+C\sin\Delta\dfrac{b\sin2\gamma}{1+b\cos2\gamma}+1+\tan(\xi+\upsilon)\left[C\sin\Delta\dfrac{1-b\cos2\gamma}{1+b\cos2\gamma}+(1-C\cos\Delta)\dfrac{b\sin2\gamma}{1+b\cos2\gamma}\right]}\tag{4}$$

$$M_{\mathrm{V}}=\frac{\tan(\xi+\upsilon)\left(\dfrac{1+b\cos2\gamma}{1-b\cos2\gamma}+C\cos\Delta+C\sin\Delta\dfrac{b\sin2\gamma}{1+b\cos2\gamma}\right)-(1-C\cos\Delta)\dfrac{b\sin2\gamma}{1-b\cos2\gamma}+C\sin\Delta}{1+C\cos\Delta\dfrac{1+b\cos2\gamma}{1-b\cos2\gamma}+C\sin\Delta-C\sin\Delta\dfrac{b\sin2\gamma}{1-b\cos2\gamma}+\tan(\xi+\upsilon)\left[C\sin\Delta\dfrac{1+b\cos2\gamma}{1-b\cos2\gamma}-(1-C\cos\Delta)\dfrac{b\sin2\gamma}{1-b\cos2\gamma}\right]}\tag{5}$$

式中：

$$\upsilon=\arctan\frac{-k\sin\alpha}{1+k\cos\alpha}\tag{6}$$

$$\xi=\arctan\frac{b'\sin2\gamma'}{1+b'\cos2\gamma'}+\arctan\frac{bb'\sin2(\gamma-\gamma')}{1+bb'\cos2(\gamma-\gamma')}+\Delta\beta\tag{7}$$

其中 $\Delta\beta$ 为馈源中 TE_{21} 模与 TE_{11} 模的传输相差和比较器后的相移之和。

几种特殊情况如下：

(1) 当 $C=1$、$\Delta=0$ 时，有

$$M_{\mathrm{H}}=-M_{\mathrm{V}}=\frac{(\mathrm{I}+\mathrm{II}\times K_{\phi})+(\mathrm{II}-\mathrm{I}\times K_{\phi})\tan\Delta\beta}{(\mathrm{II}-\mathrm{I}\times K_{\phi})-(\mathrm{I}+\mathrm{II}\times K_{\phi})\tan\Delta\beta}\tag{8}$$

其中

$$\mathrm{I}=b'\sin2\gamma'+bb'\sin2(\gamma-\gamma')+bb'^{2}\sin2\gamma\tag{9}$$

$$\mathrm{II}=1+b'\cos2\gamma'+bb'\cos2(\gamma-\gamma')+bb'^{2}\cos2\gamma\tag{10}$$

$$K_{\phi}=\frac{-K\sin\alpha}{1+K\cos\alpha}\tag{11}$$

(8)式是在假设 $C=1$、$\Delta=0$ 的条件下推导出的其余 4 种交叉耦合源同时存在时所引起的交叉耦合计算式。它是一个便于分析的表示式，其中：

① Ⅰ、Ⅱ代表用户星天线非理想圆极化(b'，γ')及中继星信标天线非理想圆极化(b，γ)引起的交叉耦合。可以粗略看到，$C=1$、$\Delta=0$ 时，中继星信标天线的(b，γ)影响小一些，用户星天线非理想圆极化(b'，γ')的影响大一些。

② 和差器前，幅度相位不平衡 $K_{\varphi}(K, \alpha)$引起交叉耦合。

③ 和差器后，和差通道相位不平衡 $\Delta\beta$ 引起交叉耦合。

(2) 当 $C=1$、$\Delta=0$、$\Delta\beta=0$ 时，由(8)式得

$$M_{\mathrm{H}} = -M_{\mathrm{V}} = \frac{\text{Ⅰ} + \text{Ⅱ} \times K_{\phi}}{\text{Ⅱ} - \text{Ⅰ} \times K_{\phi}}$$

$$= \frac{[b'\ \sin 2\gamma' + bb'\ \sin 2(\gamma-\gamma') + bb'^{2}\ \sin 2\gamma] +}{[1 + b'\ \cos 2\gamma' + bb'\ \cos 2(\gamma-\gamma') + bb'^{2}\ \cos 2\gamma] -} \rightarrow$$

$$\leftarrow \frac{[1 + b'\ \cos 2\gamma' + bb'\ \cos 2(\gamma-\gamma') + bb'^{2}\ \cos 2\gamma]\left(-\dfrac{K\ \sin\alpha}{1+K\ \cos\alpha}\right)}{[b'\ \sin 2\gamma' + bb'\ \sin 2(\gamma-\gamma') + bb'^{2}\ \sin 2\gamma]\left(-\dfrac{K\ \sin\alpha}{1+K\ \cos\alpha}\right)} \tag{12}$$

(12)式表示由中继星信标天线非理想圆极化、用户星天线非理想圆极化及和差器前幅度相位不平衡引起的交叉耦合。

(3) 当 $C=1$、$\Delta=0$、$\Delta\beta=0$、$K_{\phi}=0$ 时，由(8)式得

$$M_{\mathrm{H}} = -M_{\mathrm{V}} = \frac{\text{Ⅰ}}{\text{Ⅱ}} = \frac{b'\ \sin 2\gamma' + bb'\ \sin 2(\gamma-\gamma') + bb'^{2}\ \sin 2\gamma}{1 + b'\ \cos 2\gamma' + bb'\ \cos 2(\gamma-\gamma') + bb'^{2}\ \cos 2\gamma} \tag{13}$$

(13)式表示中继星信标天线非理想圆极化(b，γ)和用户星天线非理想圆极化(b'，γ')引起的交叉耦合。

(4) 当 $C=1$、$\Delta=0$、$\Delta\beta=0$、$K_{\phi}=0$、$b=0$ 时，由(13)式得

$$M_{\mathrm{H}} = -M_{\mathrm{V}} = \frac{b'\ \sin 2\gamma'}{1 + b'\ \cos 2\gamma'} \tag{14}$$

(14)式表示只由用户星天线非理想圆极化(b'，γ')引起的交叉耦合。

(5) 当 $C=1$、$\Delta=0$、$\Delta\beta=0$、$b'=b=0$ 时，由(8)式、(11)式得

$$M_{\mathrm{H}} = -M_{\mathrm{V}} = K_{\phi} = \frac{-K\ \sin\alpha}{1 + K\ \cos\alpha} \tag{15}$$

(15)式表示只由和差器前幅度相位不平衡(K，α)引起的交叉耦合。

(6) 当 $C=1$、$\Delta=0$、$K_{\phi}=0$、$b'=b=0$、$\Delta\beta\neq 0$ 时，由(8)式得

$$M_{\mathrm{H}} = -M_{\mathrm{V}} = \tan\Delta\beta \tag{16}$$

(16)式表示只由和差器后相位不平衡 $\Delta\beta$ 引起的交叉耦合。

(7) 当 $\Delta\beta=0$、$K_{\phi}=0$、$b'=0$、$b\neq 0$、$C\neq 0$、$\Delta\neq 0$ 时，由(4)式得

$$M_{\mathrm{H}} = \frac{C\ \sin\Delta - \dfrac{b\ \sin 2\gamma}{1+b\ \cos 2\gamma}(1 - C\ \cos\Delta)}{1 + \dfrac{1-b\ \cos 2\gamma}{1+b\ \cos 2\gamma}C\ \cos\Delta + \dfrac{b\ \sin 2\gamma}{1+b\ \cos 2\gamma} + C\ \sin\Delta} \tag{17}$$

当 $C\neq 0$、$\Delta=0$ 时，有

$$M_{\mathrm{H}} = \frac{\dfrac{1-C}{1+C}b\ \sin 2\gamma}{1 + \dfrac{1-C}{1+C}b\ \cos 2\gamma} \tag{18}$$

(17)式表示只由中继星天线非理想圆极化和 $C\neq0$、$\Delta\neq0$ 时引起的交叉耦合。

3.4 计算例

(1) 因为用户星天线圆极化轴比 $p'=1.5$ dB，所以 $b'=\dfrac{1-p'}{1+p'}=0.0867$。同理，$b=0.0867$。取

$$\gamma=60^\circ,\ \gamma'=30^\circ \tag{19}$$

(2)

$$\begin{aligned}K_\phi&=\frac{-K\sin\alpha}{1+K\cos\alpha}\\&=-0.0255(\text{取 } K=0.95,\ \alpha=3^\circ)\end{aligned} \tag{20}$$

(3)

$$\left.\begin{aligned}\text{Ⅰ}+\text{Ⅱ}\times K_\phi&\approx 0.054\,654\,05\\ \text{Ⅱ}-\text{Ⅰ}\times K_\phi&\approx 1.080\,609\,74\end{aligned}\right\} \tag{21}$$

(4)

$$\left.\begin{aligned}\tan5^\circ&=0.0875\\ \tan10^\circ&=0.1763\\ \tan15^\circ&=0.2679\end{aligned}\right\} \tag{22}$$

将(19)式～(22)式代入(8)式得

$$M_{\mathrm{H}}=-M_{\mathrm{V}}=\begin{cases}5.058\% & (\Delta\beta=0^\circ)\\ 13.869\% & (\Delta\beta=5^\circ)\\ 22.892\% & (\Delta\beta=10^\circ)\\ 32.285\% & (\Delta\beta=15^\circ)\end{cases} \tag{23}$$

(23)式的结果是用户星角跟踪误差电压交叉耦合的近似计算值，它假设 $C=1$、$\Delta=0$，忽略 C、Δ 引起的交叉耦合。由这个结果可知，馈源和差器后的和差通道相位差应有 $\Delta\beta\leqslant8^\circ$，$\Delta\beta$ 的最大值不能超过 15°。对于一个工作寿命为 2～3 年的用户星角跟踪系统，只靠提高设备相位温度稳定性达到这个要求是很难的，必须要由校相手段来保证执行跟踪任务的可靠性。

4 用户星角跟踪系统校相方案选择

4.1 引起和差通道相移变化的 4 个环节

引起和差通道相移变化的 4 个环节是天线及馈源、传输波导、低噪声放大器和单通道调制器。

4.2 角跟踪系统校相方案选择

可以在用户星单通道调制器内(或之前)设置 360°移相器进行在轨校相。工作中，当 4.1 节所述的 4 个环节引起和差路相移变化大于规定值($\Delta\beta>8^\circ$)时，可以通过校相来补偿和差路相差变化，使角误差特性正常。校相方案可作如下选择：

(1) 方案之一是从馈源输出的和信号中耦合出信号送差路作差信号，相位补偿控制器控制 360°移相器扫描，求出相位补偿值。需要增加一个耦合器、一个开关(前提是终端天线

能够正确程控指向中继星)。

(2) 方案之二是星上设一个校相信号源，需校相时，产生的信号分别送馈源出口的和路及差路，相位补偿控制器控制 360°移相器扫描，求出相位补偿值。需要增加一个信号源、两个耦合器。

(3) 方案之三是馈源输出和 Σ、方位差 ΔA 及俯仰差 ΔE，分别经 3 路 LNA，然后 ΔA、ΔE 时分地加在和路 Σ 上形成单通道信号。为了实现在轨校相，需在方位 LNA 与单通道调制器之间加一个 360°数控移相器，在俯仰 LNA 与单通道调制器之间加一个 360°数控移相器。在轨校相时，用户星天线程控指向中继星，这时，用户星天线馈源输出有 Σ、ΔA 和 ΔE，当跟踪接收机 PLL 锁定，U_{AGC}大于一定值时，表示可以校相。由接收机中的相位自动补偿控制器分别控制方位差路 360°移相器扫描、俯仰差路 360°移相器扫描，并分别求出相位补偿值。这种方案只适用于方位(或俯仰)与 Σ 路相对相位变化$\leqslant \pm 45°$范围的情况。

5 结　　语

文章叙述了星间链路角跟踪系统校相要求，重点分析了角误差交叉耦合影响程度。结果表明，在轨校相是必须的。

参考文献

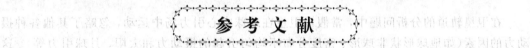

[1] 柯树人. 圆波导多模自跟踪系统的电轴漂移和交叉耦合. 雷达测量技术，1973(2).

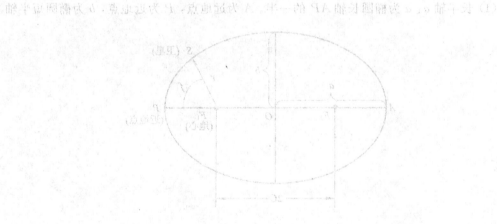

二十一、中继星天线程控指向用户星的方位角和俯仰角计算

黎孝纯 王珊珊 余晓川

【摘要】 本文叙述中继星天线程控跟踪指向低轨道用户星过程中，送入中继星天线控制器的天线方位角 α 和俯仰角 β 是怎样求得的。

卫星的运行轨道由 6 个轨道根数决定，本文叙述在已知中继星和用户星的轨道根数、已知中继星的姿态参数条件下，应用坐标变换法进行计算，求出中继星天线指向用户星的方位角 α 及俯仰角 β 的过程。

1 卫星轨道的 6 个轨道根数

在卫星轨道的分析问题中，常假设卫星在地球中心引力场中运动，忽略了其他各种摄动力的因素(如地球形状非球形、密度分布不均匀引起的摄动力和太阳、月球引力等)。这种卫星轨道称为二体轨道。在此情况下，卫星绕地球以椭圆轨道运转，地球 O_E 在椭圆的两个焦点(F_1，F_2)之一，如图 1 所示。轨道参数如下：

(1) 长半轴 a：a 为椭圆长轴 AP 的一半。A 为远地点，P 为近地点，b 为椭圆短半轴。

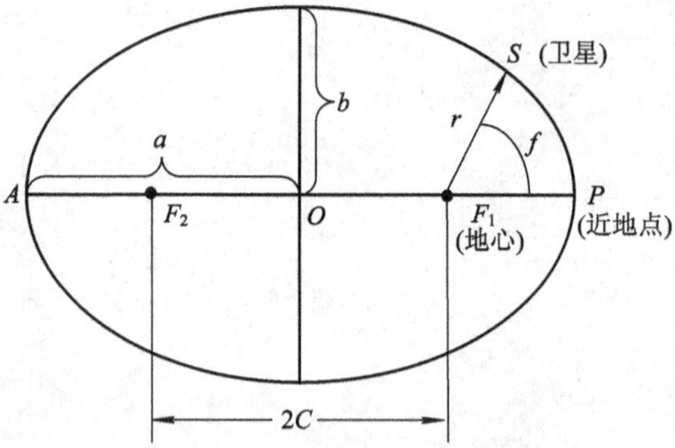

图 1 椭圆轨道偏心率与长半轴 a 和短半轴 b 的关系

(2) 偏心率 e：

$$e=\sqrt{1-\left(\frac{b}{a}\right)^2}$$

当 $e=0$ 时，轨道为圆轨道；当 $0<e<1$ 时，轨道为椭圆轨道。

(3) 轨道倾角 i：$0\leqslant i\leqslant\pi$，i 为轨道平面和地球赤道面的夹角(见图 4)。

(4) 升交点赤经 Ω：卫星从南到北通过赤道面的交点 N_a 称为升交点，卫星从北到南通过赤道面的交点 N_d 称为降交点。$0\leqslant\Omega\leqslant 2\pi$，$\Omega$ 为春分点与升交点 N_a 对地心 O_E 的张角，

在赤道面内度量(见图 4)。

(5) 近地点辐角 ω：$0 \leqslant \omega \leqslant 2\pi$，升交点 N_a 与近地点 P 对地心 O_E 的张角，在轨道面内度量(见图 4)。

(6) 卫星过升交点时刻 t_N：t_N决定卫星在轨道上的时间关系，与此密切相关的有真近点角 f、偏近点角 E(见图 2)和平近点角 M。

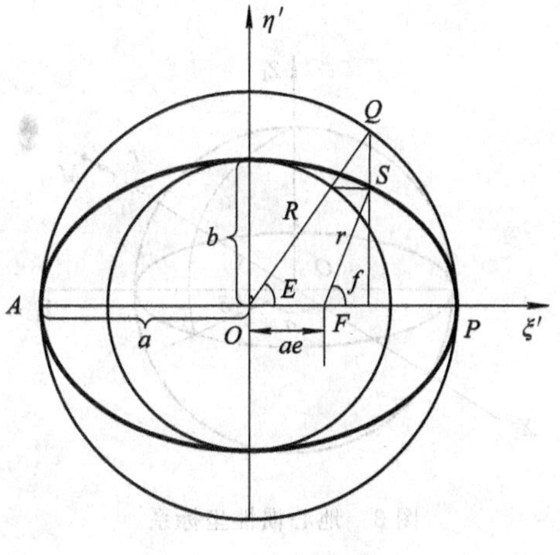

图 2 偏近点角 E 和真近点角 f 的示意图

卫星的椭圆轨道有一个半径为 b 的内接圆和一个半径为 a 的外接圆。

① 偏近点角 E。由卫星点 S 向长轴作垂线与椭圆的外切圆的交点为 Q，由 S 向短轴作垂线交内切圆于 R，则 Q、R、O 为一直线，它与长轴的交角为 E，E 称为偏近点角，且有

$$\left.\begin{aligned}\xi' &= a\cos E \\ \eta' &= b\sin E\end{aligned}\right\} \tag{1}$$

② 真近点角 f。从图 2 几何图形可求得

$$\left.\begin{aligned}a\cos E &= ae + r\cos f \\ b\sin E &= r\sin f\end{aligned}\right\} \tag{2}$$

③ 平近点角 M。一个与真卫星轨道周期相同的假想卫星，在外切圆上以速度 n 作匀速运动，在同一时刻 t，离开近地点的地心张角为 M，若真卫星的偏近点角为 E，则

$$M = n(t - t_N) = E - e\sin E \tag{3}$$

以上 6 个参数是决定卫星轨道的基本参数，也称“轨道根数”。a 和 e 决定轨道形状；i 和 Ω 决定轨道平面在空间的位置；ω 决定长轴方位(即椭圆在轨道面上的方位)；t_N决定卫星在轨道上的时间关系。

2 坐标系定义及坐标转换矩阵

2.1 地心惯性坐标系 $O-X_IY_IZ_I$

地心惯性坐标系如图 3 所示。图中：

原点：地球球心 O；

基准面：某历元赤道面；

X_I 轴：指向某一历元(一般取 J2000.0)的平春分点；

Z_I 轴：垂直基准面，指向地球北极；

Y_I 轴：X_I、Y_I、Z_I 服从右手定则。

在地心惯性坐标系中，M 点的球面坐标为$(r，\alpha，\delta)$，其中 r 为地心距，α 为赤经，δ 为赤纬。

坐标系不随地球自转而转动，因为 X_I 轴由赤道面和黄道交线的春分点确定，春分点不随地球转动而移动。

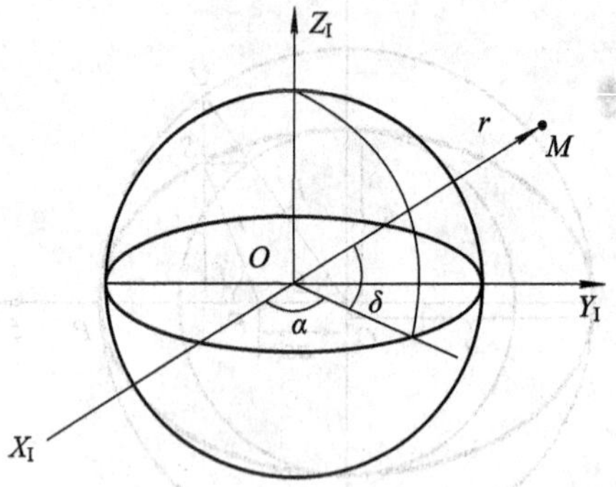

图 3 地心惯性坐标系

2.2 地心轨道坐标系 $O-X_oY_oZ_o$

$O-X_oY_oZ_o$ 与 $O-X_IY_IZ_I$ 的相互关系如图 4 所示。图中：

原点：地球球心 O；

基准面：轨道平面；

X_o 轴：指向近地点 P，X_o 轴如图 4 中的 OP；

Z_o 轴：过原点且垂直于基准面，如图 4 中的 OZ_o；

Y_o 轴：过原点，X_o、Y_o、Z_o 服从右手定则。

图 4 中，P 是近地点，N 是升交点，i 是轨道倾角，Ω 是升交点赤经，ω 是近地点辐角，f 是真近点角，α 是卫星的赤经，δ 是卫星的赤纬，r 是卫星的地心距。

在以下分析中，将有中继星的地心轨道坐标系 $O-X_{oD}Y_{oD}Z_{oD}$ 和用户星的地心轨道坐标系 $O-X_{oU}Y_{oU}Z_{oU}$。

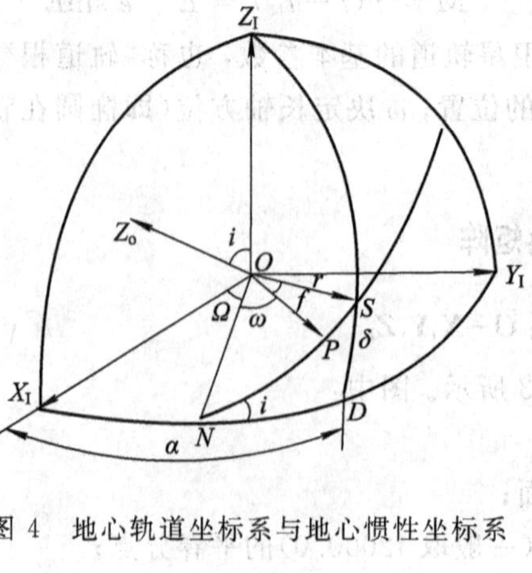

图 4 地心轨道坐标系与地心惯性坐标系

2.3 质心轨道坐标系 $S-X_oY_oZ_o$

质心轨道坐标系如图 5 所示。图中：

原点：航天器质心 S；

基准面：轨道平面；

Z_o 轴：从原点指向地心 O；

X_o 轴：在轨道面内，垂直于 Z_o 轴，指向运动方向；

Y_o 轴：X_o、Y_o、Z_o 服从右手定则。

在以下分析中，将有中继星的质心轨道坐标系 $S_D-X_{oD}Y_{oD}Z_{oD}$ 和用户星的质心轨道坐标系 $S_U-X_{oU}Y_{oU}Z_{oU}$。

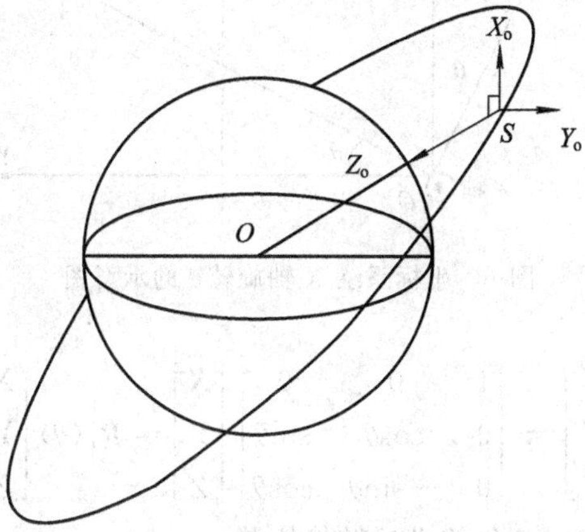

图 5 质心轨道坐标系

2.4 中继星星体坐标系 $S_D-X_bY_bZ_b$

这里只定义中继星星体坐标系，可参阅参考文献[1]第五章。假设中继星姿态参考坐标系就是质心轨道坐标系，中继星的质心轨道坐标系如图 7 所示，并假设星体坐标系原点与中继星质心轨道坐标系原点重合，X_b、Y_b、Z_b 分别称为滚动轴、俯仰轴和偏航轴。星体坐标系与参考坐标系 $S_D-X_{oD}Y_{oD}Z_{oD}$ 的关系由姿态角(滚动角 ϕ、俯仰角 θ、偏航角 ψ)决定。当 $\phi=0$，$\theta=0$，$\psi=0$ 时，两者重合。

2.5 中继星天线坐标系 $S_a-X_aY_aZ_a$

假设中继星天线坐标系原点与星体坐标系原点重合，天线为 $X-Y$ 驱动机构，天线 X_a 轴与本星坐标系 X_b 轴相连，天线 X_a 轴、Y_a 轴处于零位时，X_a、Y_a、Z_a 分别与 X_b、Y_b、Z_b 重合。X_a 轴称为天线方位轴，Y_a 轴称为天线俯仰轴，Z_a 轴称为天线机械轴或电轴(假设机械轴与电轴重合)。如果天线坐标系原点与星体坐标系原点不重合，或天线轴取向另有规定，则增加星体坐标系到天线坐标系的坐标转换矩阵。

2.6 坐标转换矩阵

假设空间中有一点 M，在 $O-XYZ$ 坐标系(X、Y、Z 服从右手定则)中的坐标是 x、y、z，如果将此正交坐标系 $O-XYZ$ 绕 X 轴转过一角度 θ，得到一个新坐标系 $O-X'Y'Z'$，显然 X' 轴与 X 轴是重合的。在 YZ 平面内坐标 Y'、Z' 的方向如图 6 所示，M' 是 M 点在 YZ

平面上的投影，M'在新坐标系中的坐标$O-X'Y'Z'$与在原坐标系$O-XYZ$中坐标的关系为

$$\left.\begin{aligned} x' &= X \\ y' &= Y\cos\theta + Z\sin\theta \\ z' &= -Y\sin\theta + Z\cos\theta \end{aligned}\right\} \tag{4}$$

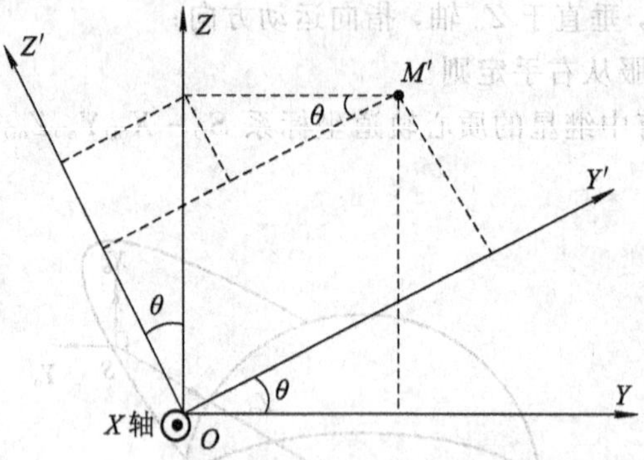

图 6　坐标系绕 X 轴旋转 θ 的示意图

写成矩阵形式是

$$\begin{bmatrix} x' \\ y' \\ z' \end{bmatrix} = \begin{bmatrix} 1 & 0 & 0 \\ 0 & \cos\theta & \sin\theta \\ 0 & -\sin\theta & \cos\theta \end{bmatrix} \begin{bmatrix} X \\ Y \\ Z \end{bmatrix} = \boldsymbol{R}_x(\theta) \begin{bmatrix} X \\ Y \\ Z \end{bmatrix} \tag{5}$$

$\boldsymbol{R}_x(\theta)$为坐标系绕 X 轴旋转$+\theta$角的坐标转换矩阵。

转角θ的正负由右手定则确定。图 6 中转轴为 X 轴，因在$O-XYZ$坐标系中X、Y、Z服从右手定则，所以 X 轴由里指向纸外，右手握住 X 轴，拇指指向与 X 轴箭头一致，旋转方向与四指方向一致时，转角θ为正；反之，θ为负。图 6 中，转θ角时，与四指方向一致，所以θ为正。

同样，绕 Y 轴、Z 轴旋转时可得

$$\begin{bmatrix} x'' \\ y'' \\ z'' \end{bmatrix} = \begin{bmatrix} \cos\theta & 0 & -\sin\theta \\ 0 & 1 & 0 \\ \sin\theta & 0 & \cos\theta \end{bmatrix} \begin{bmatrix} X \\ Y \\ Z \end{bmatrix} = \boldsymbol{R}_y(\theta) \begin{bmatrix} X \\ Y \\ Z \end{bmatrix} \tag{6}$$

$$\begin{bmatrix} x''' \\ y''' \\ z''' \end{bmatrix} = \begin{bmatrix} \cos\theta & \sin\theta & 0 \\ -\sin\theta & \cos\theta & 0 \\ 0 & 0 & 1 \end{bmatrix} \begin{bmatrix} X \\ Y \\ Z \end{bmatrix} = \boldsymbol{R}_z(\theta) \begin{bmatrix} X \\ Y \\ Z \end{bmatrix} \tag{7}$$

如果第一次旋转后，第二次绕新坐标系中的Y'轴转ϕ角，第三次绕第二次旋转后的新坐标系的Z'''轴转ψ角，则 M 点在坐标系$O-X'''Y'''Z'''$中的坐标可写成

$$\begin{bmatrix} x''' \\ y''' \\ z''' \end{bmatrix} = \boldsymbol{R}_z(\psi)\boldsymbol{R}_y(\phi)\boldsymbol{R}_x(\theta) \begin{bmatrix} X \\ Y \\ Z \end{bmatrix} \tag{8}$$

所以，坐标转换矩阵有如下标准形式：

$$\boldsymbol{R}_x(\theta)=\begin{bmatrix}1 & 0 & 0\\ 0 & \cos\theta & \sin\theta\\ 0 & -\sin\theta & \cos\theta\end{bmatrix} \tag{9}$$

$$\boldsymbol{R}_y(\phi)=\begin{bmatrix}\cos\phi & 0 & -\sin\phi\\ 0 & 1 & 0\\ \sin\phi & 0 & \cos\phi\end{bmatrix} \tag{10}$$

$$\boldsymbol{R}_z(\psi)=\begin{bmatrix}\cos\psi & \sin\psi & 0\\ -\sin\psi & \cos\psi & 0\\ 0 & 0 & 1\end{bmatrix} \tag{11}$$

3　中继星到用户星的位置矢量在地心惯性坐标系中的表示

3.1　中继星在地心惯性坐标系中的位置矢量

(1) 中继星在地心轨道坐标系中的位置(X_{oD}、Y_{oD}、Z_{oD})为

$$\left.\begin{aligned}X_{\mathrm{oD}}&=r_1\cos f_1\\ Y_{\mathrm{oD}}&=r_1\sin f_1\\ Z_{\mathrm{oD}}&=0\end{aligned}\right\} \tag{12}$$

其中：r_1 为中继星到地心的距离；f_1 为真近地点角，表示卫星位置相对于近地点的角距。

(2) 中继星在地心惯性坐标系中的位置矢量如下：

根据图 4 中地心惯性坐标和地心轨道坐标的规定，应用坐标旋转得到卫星在地心惯性坐标中的位置。

参看图 4，地心轨道坐标系 $O-X_\mathrm{o}Y_\mathrm{o}Z_\mathrm{o}$ 与地心惯性坐标系 $O-X_\mathrm{I}Y_\mathrm{I}Z_\mathrm{I}$ 之间的转换关系为：先将地心轨道坐标系绕矢量 OZ_o 转角($-\omega$)，转换矩阵是 $\boldsymbol{R}_z(-\omega)$；再绕节线 ON 转角($-i$)，转换矩阵是 $\boldsymbol{R}_x(-i)$；最后绕 Z 轴转角($-\Omega$)，转换矩阵是 $\boldsymbol{R}_z(-\Omega)$。经过这样三次旋转后，地心轨道坐标系与地心惯性坐标系重合。

中继星在地心惯性坐标系中的位置矢量为

$$\begin{aligned}\begin{bmatrix}X_{\mathrm{ID}}\\ Y_{\mathrm{ID}}\\ Z_{\mathrm{ID}}\end{bmatrix}&=\boldsymbol{R}_z(-\Omega_1)\boldsymbol{R}_x(-i_1)\boldsymbol{R}_z(-\omega_1)\begin{bmatrix}X_{\mathrm{oD}}\\ Y_{\mathrm{oD}}\\ Z_{\mathrm{oD}}\end{bmatrix}\\ &=\frac{a_1(1-e_1^2)}{1+e_1\cos f_1}\begin{bmatrix}\cos\Omega_1\cos(\omega_1+f_1)-\sin\Omega_1\sin(\omega_1+f_1)\cos i_1\\ \sin\Omega_1\cos(\omega_1+f_1)+\cos\Omega_1\sin(\omega_1+f_1)\cos i_1\\ \sin(\omega_1+f_1)\sin i_1\end{bmatrix}\end{aligned} \tag{13}$$

其中：i_1 为中继星轨道倾角；Ω_1 为中继星升交点与 X_I 轴的角距；ω_1 为中继星近地点辐角；a_1 为中继星的长半轴；e_1 为中继星的偏心率；f_1 为中继星的真近地点角。

中继星在地心惯性坐标系中的赤经、赤纬可表示为

赤经：

$$\alpha=\arctan\left(\frac{Y_{\mathrm{ID}}}{X_{\mathrm{ID}}}\right)$$

赤纬：

$$\delta = \arctan\left(\frac{Z_{ID}}{\sqrt{X_{ID}^2 + Y_{ID}^2 + Z_{ID}^2}}\right)$$

或用轨道参数表示 α、δ：

$$\alpha = \Omega_1 + \arctan(\tan u_1 \cos i_1)$$

$$\delta = \arcsin(\sin u_1 \sin i_1)$$

$$u_1 = \omega_1 + f_1$$

式中：u_1 是卫星离升交点的角距。

3.2　用户星在地心惯性坐标系中的位置矢量

用 3.1 节类似的步骤，可求出用户星在地心惯性坐标系中的位置矢量：

$$\begin{bmatrix} X_{IU} \\ Y_{IU} \\ Z_{IU} \end{bmatrix} = \boldsymbol{R}_z(-\Omega_2)\boldsymbol{R}_x(-i_2)\boldsymbol{R}_z(-\omega_2)\begin{bmatrix} X_{oU} \\ Y_{oU} \\ Z_{oU} \end{bmatrix}$$

$$= \frac{a_2(1-e_2^2)}{1+e_2\cos f_2}\begin{bmatrix} \cos\Omega_2\cos(\omega_2+f_2) - \sin\Omega_2\sin(\omega_2+f_2)\cos i_2 \\ \sin\Omega_2\cos(\omega_2+f_2) + \cos\Omega_2\sin(\omega_2+f_2)\cos i_2 \\ \sin(\omega_2+f_2)\sin i_2 \end{bmatrix} \tag{14}$$

式中：i_2、a_2、e_2、Ω_2、ω_2、f_2 分别为用户星的倾角、长半轴、偏心率、升交点角距、近地点辐角和真近地点角。

3.3　中继星到用户星的位置矢量在地心惯性坐标系中的表示

根据(13)式，中继星在地心惯性坐标系中的位置矢量 $\boldsymbol{R}_{ID}$ 为

$$\boldsymbol{R}_{ID} = [X_{ID}\quad Y_{ID}\quad Z_{ID}] \tag{15}$$

根据(14)式，用户星在地心惯性坐标系中的位置矢量 $\boldsymbol{R}_{IU}$ 为

$$\boldsymbol{R}_{IU} = [X_{IU}\quad Y_{IU}\quad Z_{IU}] \tag{16}$$

在地心惯性坐标系 $O-X_IY_IZ_I$ 中，中继星到用户星的矢量 $\boldsymbol{R}_{IDU}$ 为

$$\begin{aligned}\boldsymbol{R}_{IDU} &= \boldsymbol{R}_{IU} - \boldsymbol{R}_{ID} \\ &= [X_{IU}-X_{ID}\quad Y_{IU}-Y_{ID}\quad Z_{IU}-Z_{ID}] \\ &= [X_{IDU}\quad Y_{IDU}\quad Z_{IDU}]\end{aligned} \tag{17}$$

4　中继星到用户星的位置矢量在中继星质心轨道坐标系中的表示

(17)式中的 $\boldsymbol{R}_{IDU}$ 位置矢量实际上是用户星在中继星质心为坐标原点的惯性坐标系中的位置矢量。所以，首先求取由中继星质心惯性坐标系 $S_D-X_IY_IZ_I$ 到中继星质心轨道坐标系 $S_D-X_oY_oZ_o$ 的转换关系矩阵 $\boldsymbol{A}$，即有

$$\begin{bmatrix} X_{oDU} \\ Y_{oDU} \\ Z_{oDU} \end{bmatrix} = \boldsymbol{A}\begin{bmatrix} X_{IDU} \\ Y_{IDU} \\ Z_{IDU} \end{bmatrix} = \boldsymbol{A}\begin{bmatrix} X_{IU}-X_{ID} \\ Y_{IU}-Y_{ID} \\ Z_{IU}-Z_{ID} \end{bmatrix} \tag{18}$$

先将中继星质心惯性坐标系绕 Z_I 轴转角 Ω_1，转换矩阵为 $\boldsymbol{R}_{ZI}(\Omega_1)$；再绕 X 轴转角 i_1，转换矩阵为 $\boldsymbol{R}_{XI}(i_1)$；然后绕 Z_I 轴转角(ω_1+f_1)，转换矩阵为 $\boldsymbol{R}_{ZI}(\omega_1+f_1)$；还需绕 Y_I 轴旋

转$-\frac{\pi}{2}$，转换矩阵为$\boldsymbol{R}_{YI}\left(-\frac{\pi}{2}\right)$；再绕$Z_I$轴旋转$\frac{\pi}{2}$，转换矩阵为$\boldsymbol{R}_{ZI}\left(\frac{\pi}{2}\right)$，即将中继星质心惯性坐标系转到与中继星质心轨道坐标系重合[2,3]：

$$\boldsymbol{A}=\boldsymbol{R}_{ZI}\left(\frac{\pi}{2}\right)\boldsymbol{R}_{YI}\left(-\frac{\pi}{2}\right)\boldsymbol{R}_{ZI}(\omega_1+f_1)\boldsymbol{R}_{XI}(i_1)\boldsymbol{R}_{ZI}(\Omega_1)$$

$$=\begin{bmatrix}\cos\frac{\pi}{2} & \sin\frac{\pi}{2} & 0\\ -\sin\frac{\pi}{2} & \cos\frac{\pi}{2} & 0\\ 0 & 0 & 1\end{bmatrix}\begin{bmatrix}\cos\left(-\frac{\pi}{2}\right) & 0 & \sin\left(-\frac{\pi}{2}\right)\\ 0 & 1 & 0\\ \sin\left(-\frac{\pi}{2}\right) & 0 & \cos\left(-\frac{\pi}{2}\right)\end{bmatrix}\boldsymbol{R}_{ZI}(\omega_1+f_1)\boldsymbol{R}_{XI}(i_1)\boldsymbol{R}_{ZI}(\Omega_1)$$

$$=\begin{bmatrix}0 & 1 & 0\\ 0 & 0 & -1\\ -1 & 0 & 0\end{bmatrix}\boldsymbol{R}_{ZI}(\omega_1+f_1)\boldsymbol{R}_{XI}(i_1)\boldsymbol{R}_{ZI}(\Omega_1)$$

$$=\begin{bmatrix}0 & 1 & 0\\ 0 & 0 & -1\\ -1 & 0 & 0\end{bmatrix}\begin{bmatrix}\cos(\omega_1+f_1) & \sin(\omega_1+f_1) & 0\\ -\sin(\omega_1+f_1) & \cos(\omega_1+f_1) & 0\\ 0 & 0 & 1\end{bmatrix}\begin{bmatrix}1 & 0 & 0\\ 0 & \cos i_1 & \sin i_1\\ 0 & -\sin i_1 & \cos i_1\end{bmatrix}\begin{bmatrix}\cos\Omega_1 & \sin\Omega_1 & 0\\ -\sin\Omega_1 & \cos\Omega_1 & 0\\ 0 & 0 & 1\end{bmatrix}$$

$$=\begin{bmatrix}-\sin u_1\cos\Omega_1-\cos u_1\cos i_1\sin\Omega_1 & -\sin u_1\sin\Omega_1+\cos u_1\cos i_1\cos\Omega_1 & \cos u_1\sin i_1\\ -\sin i_1\sin\Omega_1 & \sin i_1\cos\Omega_1 & -\cos i_1\\ -\cos u_1\cos\Omega_1-\sin u_1\cos i_1\sin\Omega_1 & -\cos u_1\sin\Omega_1-\sin u_1\cos i_1\cos\Omega_1 & -\sin u_1\sin i_1\end{bmatrix} \tag{19}$$

5 中继星到用户星的位置矢量在中继星星体坐标系中的表示

中继星是对地定向的三轴稳定卫星，假设其姿态的参考坐标系是中继星质心轨道坐标系 $S-X_oY_oZ_o$，如图 7 所示。

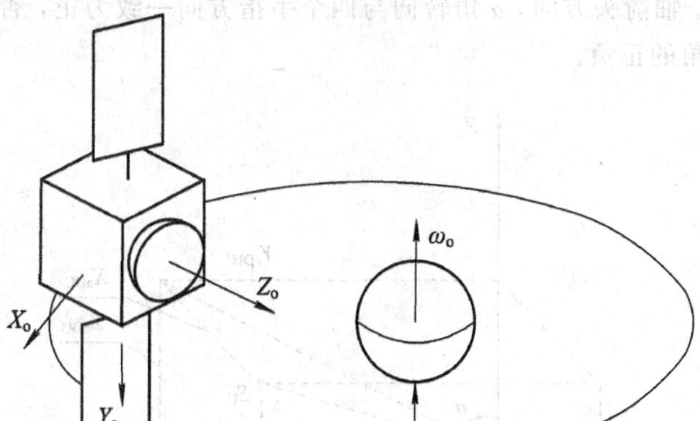

图 7 中继星质心轨道坐标系

通常将 X_o、Y_o、Z_o 轴分别称为滚动轴、俯仰轴、偏航轴。用欧拉角表示 $S_b-X_bY_bZ_b$ 相对于参考坐标系 $S-X_oY_oZ_o$ 的关系，采用 3-1-2 顺序转动参考坐标系就可得到星体坐标系。转换矩阵 $\boldsymbol{B}_{312}(\psi,\ \phi,\ \theta)$为

$$\boldsymbol{B}_{312}(\psi,\ \phi,\ \theta)=\boldsymbol{R}_y(\theta)\boldsymbol{R}_x(\phi)\boldsymbol{R}_z(\psi)$$

$$=\begin{bmatrix}\cos\theta & 0 & -\sin\theta\\ 0 & 1 & 0\\ \sin\theta & 0 & \cos\theta\end{bmatrix}\begin{bmatrix}1 & 0 & 0\\ 0 & \cos\phi & \sin\phi\\ 0 & -\sin\phi & \cos\phi\end{bmatrix}\begin{bmatrix}\cos\psi & \sin\psi & 0\\ -\sin\psi & \cos\psi & 0\\ 0 & 0 & 1\end{bmatrix}$$

$$=\begin{bmatrix}\cos\theta\cos\psi-\sin\phi\sin\theta\sin\psi & \cos\theta\sin\psi+\sin\phi\sin\theta\cos\psi & -\cos\phi\sin\theta\\ -\cos\theta\sin\psi & \cos\phi\cos\psi & \sin\phi\\ \sin\theta\cos\psi+\sin\phi\cos\theta\sin\psi & \sin\theta\sin\psi-\sin\phi\cos\theta\cos\psi & \cos\phi\cos\theta\end{bmatrix} \tag{20}$$

当 ψ、ϕ、θ 都是小量时，姿态矩阵可简化为

$$\boldsymbol{B}_{312}(\psi,\ \phi,\ \theta)=\begin{bmatrix}1 & \psi & -\theta\\ -\psi & 1 & \phi\\ \theta & -\phi & 1\end{bmatrix} \tag{21}$$

三个欧拉角的几何意义是：ϕ 称为滚动角；θ 称为俯仰角；ψ 称为偏航角。

中继星到用户星的位置矢量在中继星星体坐标系中为

$$\begin{bmatrix}X_{bDU}\\ Y_{bDU}\\ Z_{bDU}\end{bmatrix}=\boldsymbol{B}\begin{bmatrix}X_{oDU}\\ Y_{oDU}\\ Z_{oDU}\end{bmatrix}=\boldsymbol{BA}\begin{bmatrix}X_{IU}-X_{ID}\\ Y_{IU}-Y_{ID}\\ Z_{IU}-Z_{ID}\end{bmatrix} \tag{22}$$

6　中继星天线指向用户星的方位角和俯仰角计算

前面已假设中继星天线坐标的 X_a、Y_a、Z_a 处于零位时，分别与星体坐标三轴 X_b、Y_b、Z_b重合，X_a 与 X_b相连，如图 8 所示。天线 X_a 轴(方位轴)和 Y_a 轴(俯仰轴)处于零位，Z_a 轴(天线电轴)指向地心，X_a 轴从零位开始转动 α 角，天线电轴方位偏离零位 α 角，Y_a 轴从零位开始转动 β 角，天线电轴俯仰偏离零位 β 角。α 角的正负按右手定则确定，即右手握住 X_a 轴，拇指指向 X_a 轴箭头方向，α 角转向与四个手指方向一致为正，否则为负；同理，对 Y_a 轴转动，确定 β 角的正负。

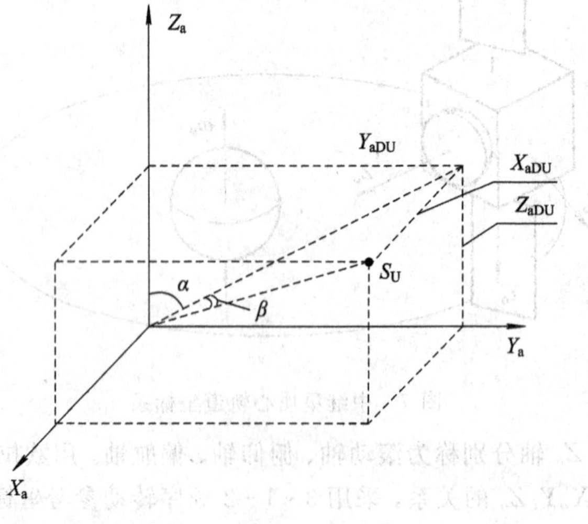

图 8　中继星天线坐标系

由(22)式可得中继星到用户星的位置矢量在中继天线坐标系中为

$$\begin{bmatrix} X_{aDU} \\ Y_{aDU} \\ Z_{aDU} \end{bmatrix} = \begin{bmatrix} X_{bDU} \\ Y_{bDU} \\ Z_{bDU} \end{bmatrix} = \boldsymbol{BA} \begin{bmatrix} X_{IU} - X_{ID} \\ Y_{IU} - Y_{ID} \\ Z_{IU} - Z_{ID} \end{bmatrix} \tag{23}$$

中继星天线指向用户星方位角 α 和俯仰角 β 计算式如下：

$$\alpha = -\arctan \frac{Y_{aDU}}{Z_{aDU}} \tag{24}$$

$$\beta = \arctan \frac{X_{aDU}}{\sqrt{Y_{aDU}^2 + Z_{aDU}^2}} = \arcsin \frac{X_{aDU}}{\sqrt{X_{aDU}^2 + Y_{aDU}^2 + Z_{aDU}^2}} \tag{25}$$

7 计 算 例

本节以特定条件下的数字计算例来验证文中导出的(24)、(25)式的正确性。假设用户星运行轨道为赤道面内的圆形轨道，中继星(中继星的 e 很小)和用户星都在赤道面内，再假设卫星姿态角为零，对应有

$$i_1 \approx 0 \tag{26}$$

$$e_2 = i_2 \approx 0 \tag{27}$$

$$\phi = \theta = \psi = 0 \tag{28}$$

由图 7 和图 8 可知，这种条件下，中继星天线程控指向用户星，天线的方位角 α 应等于零，只有俯仰角 β 在变化。

将(26)式代入(13)式和(19)式，将(27)式代入(14)式，将(28)式代入(21)式，由(22)式得

$$\begin{bmatrix} X_{aDU} \\ Y_{aDU} \\ Z_{aDU} \end{bmatrix} = \begin{bmatrix} X_{bDU} \\ Y_{bDU} \\ Z_{bDU} \end{bmatrix} = \boldsymbol{BA} \begin{bmatrix} X_{IU} - X_{ID} \\ Y_{IU} - Y_{ID} \\ Z_{IU} - Z_{ID} \end{bmatrix}$$

$$\approx \begin{bmatrix} -\sin(\Omega_1 + \omega_1 + f_1)[R_U \cos(\Omega_2 + \omega_2 + f_2) - R_D \cos(\Omega_1 + \omega_1 + f_1)] \\ +\cos(\Omega_1 + \omega_1 + f_1)[R_U \sin(\Omega_2 + \omega_2 + f_2) - R_D \sin(\Omega_1 + \omega_1 + f_1)] \\ 0 \\ -\cos(\Omega_1 + \omega_1 + f_1)[R_U \cos(\Omega_2 + \omega_2 + f_2) - R_D \cos(\Omega_1 + \omega_1 + f_1)] \\ -\sin(\Omega_1 + \omega_1 + f_1)[R_U \sin(\Omega_2 + \omega_2 + f_2) - R_D \sin(\Omega_1 + \omega_1 + f_1)] \end{bmatrix} \tag{29}$$

其中：

$$R_U = \frac{a_2(1 - e_2^2)}{1 + e_2 \cos f_2}$$

$$R_D = \frac{a_1(1 - e_1^2)}{1 + e_1 \cos f_1}$$

(29)式中 $Y_{aDU} = 0$，将这一结果代入(24)式和(25)式，得到方位角 $\alpha = 0$，只有俯仰角 β 在变化。在计算(29)式时，取如下参数：地球半径 $R_e = 6378$ km，用户星轨道高度 $h =$ 400 km，地球开普勒常数 $\mu = 3.986 \times 10^{-5}\ \mathrm{km^3/s^2}$；中继星轨道半径 $R_D = 42\,164$ km，轨道角速度 $\omega_D = \left(\frac{\mu}{R_D^3}\right)^{\frac{1}{2}}$ rad/s $= 7.2921 \times 10^{-5}$ rad/s，轨道周期 $T_D = 86\,164$ s，中继星初始幅角为

48°；用户星圆轨道半径 $R_U=6778$ km，轨道角速度 $\omega_U=\left(\frac{\mu}{R_U^3}\right)^{\frac{1}{2}}$ rad/s$=1.1314\times10^{-3}$ rad/s，轨道周期 $T_U=5553$ s。计算用户星一个轨道周期时段的结果如图 9 所示。

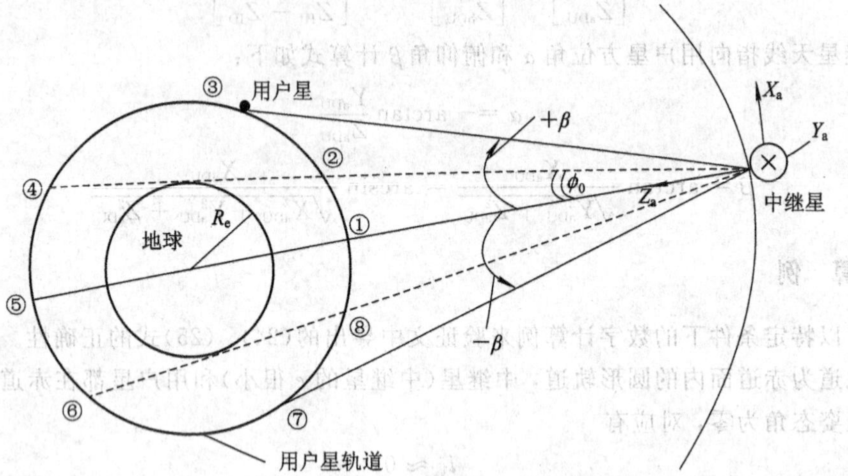

图 9 中继星与用户星的可视关系

在图 9 中，中继星天线坐标系的 Z_a 轴在零位时指向地心，X_a 轴在轨道面内垂直 Z_a 轴指向中继星运动方向，Y_a 轴指向纸里。

(1) 方位角 $\alpha=0$。

(2) 只有俯仰角 β 变化，即只有天线 Y_a 轴转动使天线电轴指向用户星。

(3) 在图 9 中，$\phi_0=\arcsin\frac{R_e}{R_D}\approx8.7°$。

当 $|\beta|>\phi_0$ 时，即用户星在$\overset{\frown}{②\ ③\ ④}$弧段上或在$\overset{\frown}{⑥\ ⑦\ ⑧}$弧段上，中继星可视用户星。

当 $|\beta|<\phi_0$ 且 $R_{DU}<R_D$ 时(R_{DU} 为中继星到用户星的距离)，即用户星在$\overset{\frown}{①\ ②}$或$\overset{\frown}{①\ ⑧}$弧段上，中继星可视用户星。

当 $|\beta|<\phi_0$ 且 $R_{DU}>R_D$ 时，即用户星在$\overset{\frown}{④\ ⑤\ ⑥}$弧段上，因地球遮挡，中继星不可视用户星。

(4) $|\beta|_{max}\approx9.24°$。

(5) 天线 Y_a 轴逆时针转动跟踪$\overset{\frown}{①\ ②\ ③\ ④\ ⑤}$弧段上的用户星时，俯仰角值为 $+\beta$；天线 Y_a 轴顺时针转动跟踪$\overset{\frown}{①\ ⑧\ ⑦\ ⑥\ ⑤}$弧段上的用户星时，俯仰角值为 $-\beta$。

总之，计算结果与理论推导结果一致。

8 结　　语

本文在假设了中继星平台姿态坐标系和中继星天线坐标系的条件下，叙述由中继星及用户星轨道根数求得中继星天线程控指向用户星的方位角和俯仰角的方法。通过数字算例，表明计算结果与理论推导结果一致。

参考文献

[1] 章仁为. 卫星轨道姿态动力学与控制. 北京：北京航空航天大学出版社，1988.
[2] 黄福民，等. 航天器飞行控制与仿真. 北京：国防工业出版社，2004.
[3] 汤锡生，等. 载人飞船轨道确定和返回控制. 北京：国防工业出版社，2002.
[4] 李于衡，刘宁宁. 在轨跟踪与数据中继卫星测控关键技术. 上海航天，2006(4).

二十二、星间链路天线扫描捕获方法

黎孝纯 于瑞霞 闫剑虹

【摘要】 文章提出一种适合中继星星间链路天线的恒线速度螺旋扫描捕获方法，推导出了扫描轨迹方程、天线方位转角及俯仰转角的数学表达式，论证了此方法的天线方位角速度幅值及俯仰角速度幅值变化很小，且近似等于扫描轨迹线速度，叙述了扫描参数选择等。该方法的优点是：轨迹方程简单，螺距相等，易于实现全覆盖扫描；扫描螺旋线平滑且线速度恒定，这既对卫星姿态冲击影响小，又便于发现与捕获目标信号。

【关键词】 中继卫星 用户星 天线 螺旋扫描

1 概 述

中继星星间链路 Ka 天线对用户星的扫描捕获跟踪是中继卫星系统的一项关键技术，它是建立星间测控通信链路的首要条件。中继星 Ka 天线波束窄(≤0.26°)，要求指向精度高(≤0.05°)，由于卫星轨道预报误差和中继星姿态误差，中继星 Ka 天线程控指向用户星精度约为±0.4°。因此采取 Ka 天线程控指向用户星，用户星落入±0.4°的区内，接着，天线扫描搜索±0.4°的不定区域，使天线波束中心与目标方向偏差小于$\frac{1}{2}$波束宽度，再牵引转入自动跟踪，跟踪指向精度优于 0.05°。很多学者对这一问题进行了研究[1-6]。文章提出一种适合中继星 Ka 天线的恒线速度螺旋扫描捕获方法，推导出了扫描轨迹方程、天线方位轴转动及俯仰轴转动的数学表达式和扫描参数选择等。该方法的优点是：曲线方程简单，螺距相等，易于实现全覆盖扫描；扫描螺旋线平滑且线速恒定，这既对卫星姿态冲击影响小，又便于发现与捕获目标信号。

2 中继星天线程控指向用户星的方位角 α 和俯仰角 β 的计算[6]

在中继星天线坐标系内，用户星 S_U 的位置如图 1 所示。假设中继星天线坐标系的 X_a、Y_a、Z_a 轴处于零位时，分别与星体坐标系的三个轴 X_b、Y_b、Z_b 重合，X_a 与 X_b 轴在机械设计时是固定地连接的，并始终保持一致。当天线 X_a 轴(方位轴)和 Y_a 轴(俯仰轴)处于零位时，Z_a 轴(天线电轴)指向地心。

图 1 中的方位角 $\alpha=0$，俯仰角 $\beta=0$。当 X_a 轴从零位开始转动 α 角时，α 角的正负按右手定则确定，即右手握住 X_a 轴，拇指指向 X_a 轴箭头方向，α 角转动方向与四个手指方向一致为正，否则为负；同理，对 Y_a 轴转动，确定 β 角的正负。

中继星天线指向用户星方位角 α 和俯仰角 β 的计算式如下：

$$\alpha = -\arctan\frac{Y_{aDU}}{Z_{aDU}} \tag{1}$$

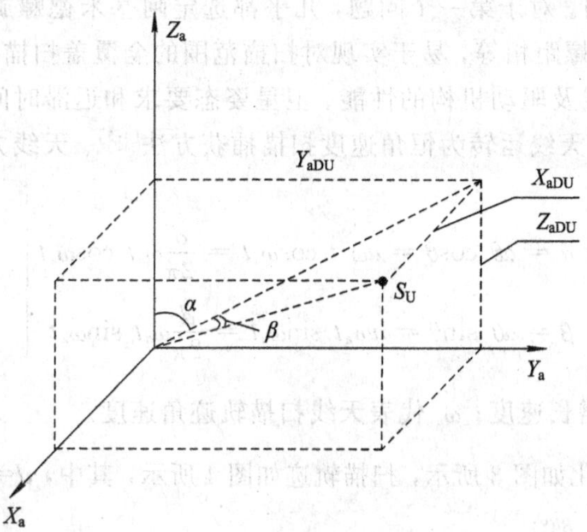

图 1　中继星天线指向用户星的方位角 α 和俯仰角 β

$$\beta = \arctan\frac{X_{aDU}}{\sqrt{Y_{aDU}^2 + Z_{aDU}^2}} = \arcsin\frac{X_{aDU}}{\sqrt{X_{aDU}^2 + Y_{aDU}^2 + Z_{aDU}^2}} \tag{2}$$

3　阿基米德螺旋线方程

极坐标阿基米德螺旋线方程为

$$\rho = a\theta \tag{3}$$

式中：ρ 为极径；θ 为极角；a 为正数。

θ 由零开始增加，则 ρ 随 θ 成比例（比例系数为 a）增加，曲线如图 2 所示。方程 $\rho=a\theta$ 所确定的螺旋线称为阿基米德螺旋线。可见，螺旋线绕极坐标系原点一周，则 θ 增加 2π，ρ 增加 $2\pi a$。$2\pi a$ 称为一个螺距长，令螺距为 d，即

$$d = 2\pi a \tag{4}$$

相应地，直角坐标系中的阿基米德螺旋线方程为

$$\left.\begin{aligned} x &= a\theta\cos\theta \\ y &= a\theta\sin\theta \end{aligned}\right\} \tag{5}$$

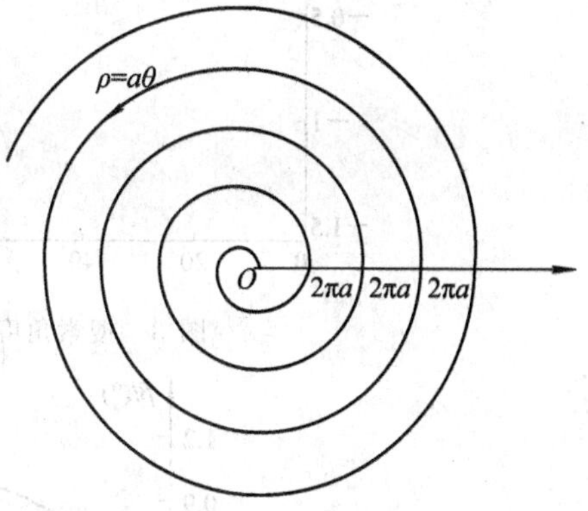

图 2　极坐标系阿基米德螺旋线

螺旋线长 L 的表示式为

$$L = \frac{a}{2}\left[\theta\sqrt{1+\theta^2} + \ln\left(\theta + \sqrt{1+\theta^2}\right)\right] \tag{6}$$

该文就是应用阿基米德螺旋线的这些基本特性来构造中继星星间链路 Ka 天线电轴恒线速螺旋扫描捕获用户星的方法。

4　中继星天线恒角速度螺旋扫描捕获方法

中继星天线扫描搜索方法首先要决定两个问题：一个是选定扫描轨迹，是行扫描还是螺旋扫描；另一个是天线方位轴及俯仰轴的运转方式，是扫描轨迹恒定角速度扫描还是扫

描轨迹恒定线速度扫描。对于第一个问题，几乎都选定阿基米德螺旋线扫描轨迹。因为它方程简单，曲线平滑，螺距相等，易于实现对扫描范围的全覆盖扫描。对于第二个问题，天线运转方式取决于天线及驱动机构的性能、卫星姿态要求和迟滞时间等因素。这一节讨论阿基米德螺旋线扫描，天线运转为恒角速度扫描捕获方法[4-5]。天线方位轴转角 α 和俯仰轴转角 β 分别为

$$\left.\begin{aligned}\alpha &= a\theta\ \cos\theta = a\omega_a t\ \cos\omega_a t = \frac{d}{2\pi}\omega_a t\ \cos\omega_a t \\ \beta &= a\theta\ \sin\theta = a\omega_a t\ \sin\omega_a t = \frac{d}{2\pi}\omega_a t\ \sin\omega_a t\end{aligned}\right\} \tag{7}$$

其中：$\frac{d}{2\pi}\omega_a$ 代表极径增长速度；ω_a 代表天线扫描轨迹角速度。

α 和 β 随时间的变化如图 3 所示，扫描轨迹如图 4 所示，其中，$d=0.15°$，$\omega_a=0.18°/s$。

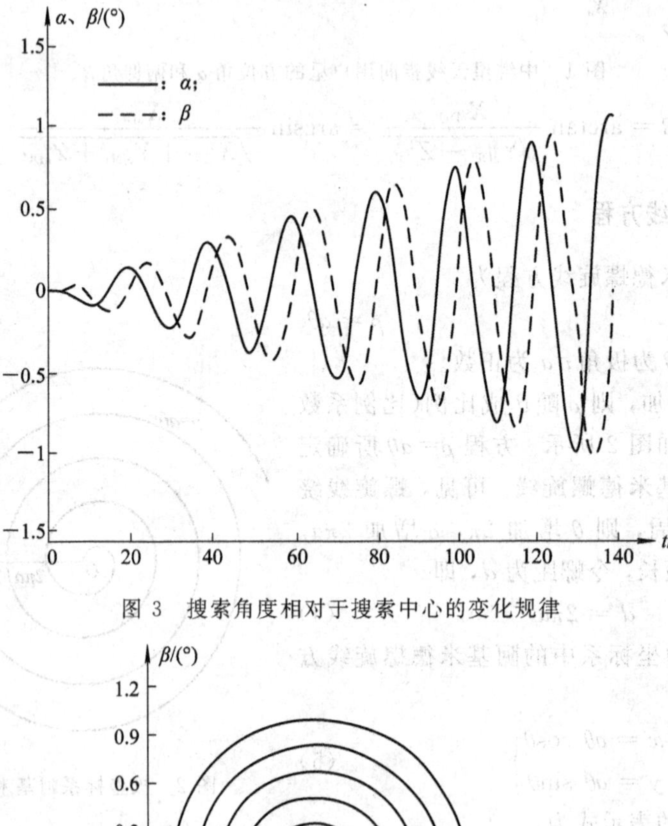

图 3 搜索角度相对于搜索中心的变化规律

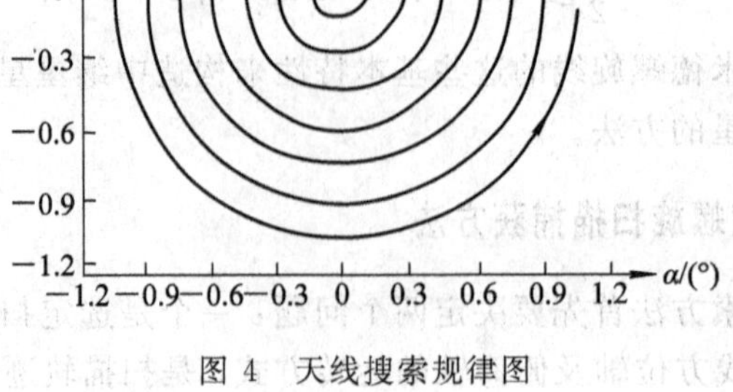

图 4 天线搜索规律图

从(7)式和图 3 可以看出，ω_a 一定，不管扫描轨迹是第 1 圈还是第 5 圈，扫过每一圈的时间相等。对(7)式求导，可得到天线方位轴角速度 α' 和俯仰轴角速度 β' 的表达式：

$$\left.\begin{aligned}\alpha' &= \frac{d\omega_a}{2\pi}\sqrt{1+(\omega_a t)^2}\ \cos(\omega_a t+\phi)\\ \beta' &= \frac{d\omega_a}{2\pi}\sqrt{1+(\omega_a t)^2}\ \sin(\omega_a t+\phi)\end{aligned}\right\}\tag{8}$$

由(8)式可以看出，天线方位轴角速度和俯仰轴角速度的幅值随着扫描圈数的增加而增大，同样，角加速度也随扫描圈数的增加而增大。这增加了对卫星姿态的冲击影响，也不利于对目标信号的发现和捕获。因为发现和捕获目标需要一定的迟滞时间，而随着扫描圈数的增加，扫描轨迹运动越快，则目标穿过波束的时间越短。

5 中继星天线恒线速度螺旋扫描捕获方法

天线扫描轨迹仍是阿基米德螺旋线，而天线方位轴和俯仰轴的合成运动具有恒定线速度的运转方式。恒线速度螺旋扫描捕获方法最显著的优点是扫过用户星的时间不因扫描圈数的增加而改变，有利于目标信号的发现和捕获，同时，天线方位角速度和俯仰角速度的幅值不因扫描圈数的增加而增大，因此，等线速度扫描对卫星姿态冲击影响小。

5.1 螺旋线长 L 的近似表达式

从(6)式的数值计算可知，对于中继星天线螺旋扫描，一般需要扫 0～5 圈，即 θ 角从 0 变到 10π。当 θ 取值 1π 以上时，$\ln(\theta+\sqrt{1+\theta^2})$ 相对于 $\theta\sqrt{1+\theta^2}$ 是小量，而且 $\theta\sqrt{1+\theta^2}\approx\theta^2$，所以，对于中继星天线螺旋扫描，螺旋线长 L 可近似为

$$L\approx\frac{a}{2}\theta^2=\frac{d}{4\pi}\theta^2\tag{9}$$

5.2 等线速螺旋线的极角 θ 的表达式

由(9)式可得

$$\theta=\sqrt{\frac{4\pi L}{d}}=\sqrt{\frac{4\pi}{d}}\sqrt{Vt}\tag{10}$$

其中：V 为螺旋线的线速度，单位为°/s；t 为时间，单位为 s。

5.3 天线方位轴转角 α 和俯仰轴转角 β 的数学表达式

将(10)式代入(5)式得

$$\left.\begin{aligned}\alpha &= \frac{d}{2\pi}\sqrt{\frac{4\pi}{d}}\sqrt{Vt}\ \cos\sqrt{\frac{4\pi}{d}}\sqrt{Vt}\\ \beta &= \frac{d}{2\pi}\sqrt{\frac{4\pi}{d}}\sqrt{Vt}\ \sin\sqrt{\frac{4\pi}{d}}\sqrt{Vt}\end{aligned}\right\}\tag{11}$$

注意：(10)式和(11)式中各量的单位。θ 的单位为 rad；L 的单位与 d 的单位相同，此处，L 的单位为度(°)；V 的单位为°/s；t 的单位为 s；α 和 β 的单位为度(°)。

扫描轨迹如图 5 所示，α、β 随时间的变化如图 6 所示。由图 5 可见，与图 3 不同，扫一圈的时间随扫描圈数的增加而增加，保证每 1 秒钟扫过相等的螺旋线长。

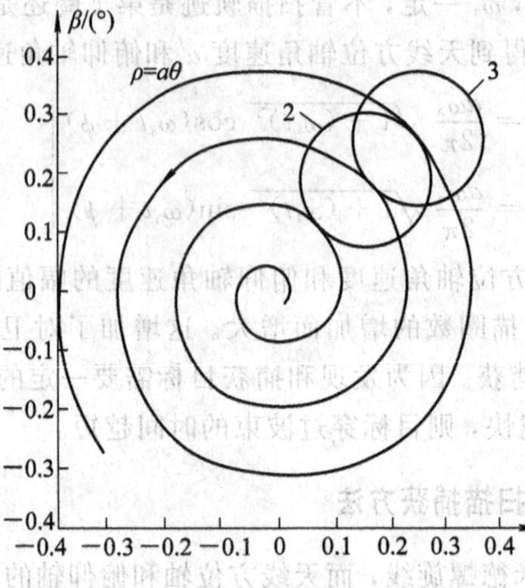

图 5　扫描轨迹图

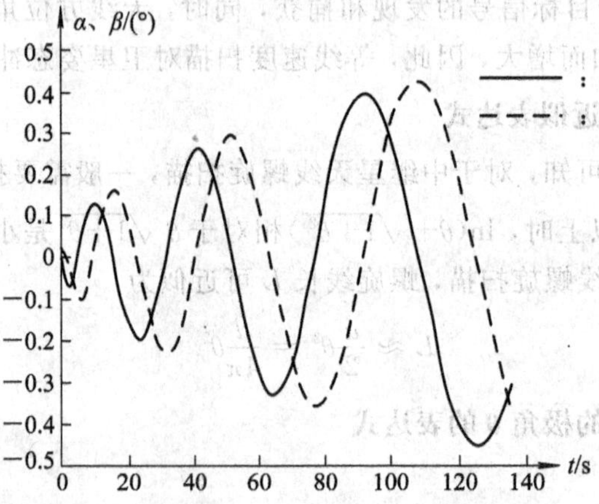

图 6　天线方位、俯仰转角的变化曲线

5.4　扫描轨迹恒线速度 V 与天线方位轴、俯仰轴的角速度(α', β')的关系

令

$$A=\sqrt{\frac{4\pi V}{d}} \tag{12}$$

则(11)式可写为

$$\left.\begin{aligned}\alpha&=\frac{d}{2\pi}A\sqrt{t}\ \cos A\sqrt{t}\\ \beta&=\frac{d}{2\pi}A\sqrt{t}\ \sin A\sqrt{t}\end{aligned}\right\} \tag{13}$$

对 α、β 分别求导，得到 α' 和 β'，即

$$\left.\begin{aligned}\alpha'&=\frac{dA}{4\pi}\left(\frac{1}{\sqrt{t}}\ \cos A\sqrt{t}-A\ \sin A\sqrt{t}\right)=\frac{dA}{4\pi}\sqrt{A^2+\frac{1}{t}}\ \cos(A\sqrt{t}+\phi)\\ \beta'&=\frac{dA}{4\pi}\sqrt{A^2+\frac{1}{t}}\ \sin(A\sqrt{t}+\phi)\end{aligned}\right\} \tag{14}$$

$$\phi = \arctan \frac{A}{\frac{1}{\sqrt{t}}} \tag{15}$$

当 $d=0.13°$，$V=0.04°/s$ 时，$A^2=3.866\ 58$。

t 从 2 s 到 135 s，$\frac{1}{t} \leqslant \frac{1}{2}$，则

$$\sqrt{A^2+\frac{1}{t}} \approx A \quad (t \geqslant 2\ \mathrm{s})$$

从而

$$\left.\begin{aligned} \alpha' &\approx \frac{dA^2}{4\pi}\cos(A\sqrt{t}+\phi) \approx V\cos(A\sqrt{t}+\phi) \\ \beta' &\approx V\sin(A\sqrt{t}+\phi) \end{aligned}\right\} \tag{16}$$

由此得出结论：天线方位轴、俯仰轴角速度变化是正弦形的；角速度正弦形变化的振幅变化很小，约为 12%；角速度正弦形变化的振幅近似等于扫描轨迹线速度 V。

5.5 计入用户星运动参数的恒线速度螺旋扫描天线转角表达式

假设在中继星天线坐标内，用户星的运动由(1)式和(2)式求得，并令螺旋扫描开始($t=0$)时刻方位角为 α_0，俯仰角为 β_0，扫描时间 t 从零开始后由(1)式和(2)式求得方位角为 α_{OP}，俯仰角为 β_{OP}，则计入用户星运动参数的天线转角表达式为

$$\left.\begin{aligned} \alpha &= \alpha_{OP} + \frac{d}{2\pi}\sqrt{\frac{4\pi}{d}}\ \sqrt{Vt}\ \cos\sqrt{\frac{4\pi}{d}}\ \sqrt{Vt} \\ \beta &= \beta_{OP} + \frac{d}{2\pi}\sqrt{\frac{4\pi}{d}}\ \sqrt{Vt}\ \sin\sqrt{\frac{4\pi}{d}}\ \sqrt{Vt} \end{aligned}\right\} \tag{17}$$

参考文献[1]通过试验研究表明：对已知运动状态的目标，天线扫描过程中按(17)式计入目标运动参数 α_{OP}、β_{OP}，其扫描捕获时间与相应不运动目标的扫描捕获时间相当。

5.6 扫描参数选择

5.6.1 扫描参数及单位

扫描参数及单位如下：

(1) 天线 3 dB 波束宽度。用 r 表示天线 3 dB 波束横截面的圆的半径，单位为度(°)。

(2) 扫描范围。中继星天线根据中继星和用户星轨道预报计算出的方位角和俯仰角，程控指向用户星。由于存在轨道预报误差和中继星姿态误差，所以程控指向误差(±0.41°)大于天线 3 dB 波束宽度。所谓扫描，就是用天线 3 dB 波束横截面圆扫过的面积完全覆盖指向误差范围，例如±0.41°的不定区，搜索用户星。

(3) 迟滞时间 τ。迟滞时间主要是指天线接收到用户星信号作积分处理、进行判决所花的时间和天线驱动迟滞时间。迟滞时间单位为 s，$\tau=0.64$ s。

(4) 螺距 d。在垂直于天线扫描起始位置的电轴的横截面内，电轴扫描轨迹为阿基米德螺旋线。该螺旋线的一个特点是螺距(用 d 表示)相等。此处，螺距单位为度(°)。

(5) 螺旋线长 L。扫描起始时 $L=0$，L 随 θ 的增加而增长。L 的单位与 d 的单位相同，此处，L 的单位为度(°)。L 与 d 的关系类似于圆的周长与圆的半径的关系。

(6) 扫描时间 T。扫描时间是指完成一次扫描所需的时间，单位为 s。

(7) 扫描线速度 V。天线扫描速度有两种：一种是扫描轨迹具有恒定角速度；另一种是扫描轨迹具有恒定线速度。文中提出的方法是具有恒定扫描线速度，即每秒钟内天线电轴走过相等的螺旋线长度。

5.6.2　扫描参数选择

天线 3 dB 波束宽度、扫描范围和迟滞时间是捕获跟踪系统设计和分机研制已经明确的指标。例如：天线直径为 3 m，工作频率为 Ka 频段，3 dB 波束宽度为 0.26°；中继星和用户星的轨道预报误差、中继星姿态误差等大系统的指标已有定数，如为±0.41°；迟滞时间假设为 0.64 s。这里主要选择螺距 d，使天线 3 dB 波束横截面扫过面积完全覆盖扫描范围；选择天线扫描线速度 V 的大小，V 既是在中继星姿态控制允许的范围内，又使扫描过程中用户星通过 3 dB 波束内的时间 $N(N=2\sim3)$倍于迟滞时间，并使扫描时间 T 缩短。

1) 螺距的选择

天线 3 dB 波束宽度为 $2r=0.26°$，扫描范围为 0.41°，迟滞时间为 0.64 s。选择螺距 $d=r=0.13°$。图 7 为扫描螺旋线第 2 圈 3 dB 波束截面与第 3 圈 3 dB 波速截面相交示意图。$A_1A_2=d=r$，相交弦长 $b_1b_2=2r\sin60°=0.225°$。

2) 扫描线速度 V 的选择

在 5.4 节证明的此方法中，天线方位角速度幅值及俯仰角速度幅值随扫描圈数的增加变化很小，幅值近似等于扫描轨迹的线速度 V，所以，这里 V 的选择也就等于天线方位角速度及俯仰角速度的选择。这里的 V 包括两种线速度：一种是不计入用户星运动参数时纯螺旋线的线速度，例如选为 0.04°/s；另一种是由于用户星运动引入的线速度，根据分析计算，其速度在 0～0.018 °/s之间。所以，总的线速度选为 0.06°/s，则扫过 b_1b_2 的时间为 3.75 s，约为迟滞时间0.64 s的 5.8 倍。这就能保证图 7 中第 2 圈时，用户星在 b_1b_2 线内能可靠捕获；用户星在 b_1b_2 线以上的，扫第 3 圈时就能可靠捕获。从迟滞时间看，总的线速度还可以适当提高，这就要看卫星姿态控制是否允许提高，还要看天线驱动能力是否能提高。

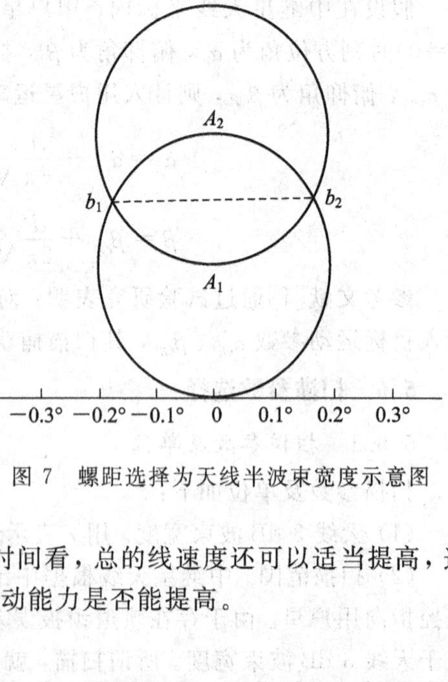

图 7　螺距选择为天线半波束宽度示意图

5.7　信号判决门限设置[1]

在扫描过程中，信号门限设置应综合考虑虚警概率、检测概率、捕获时间、旁瓣错锁等因素。信号出现判决可在天线扫描整个不定区域后，找出和信号强度最大(或再加上差信号最小条件)点，即为目标出现坐标。也可根据先验知识，设置双门限：当扫描过程中信号强度超过门限 1 时，判断为目标出现，停止螺旋扫描，改为小范围找极值；当信号强度超出门限 2 时，天线转入自动跟踪。为防止旁瓣错锁，门限设置应使天线第一旁瓣造成误检测概率最小。

5.8　计算例

例 1：扫描轨迹和天线转角的计算。

假设天线 3 dB 波束宽度为 0.26°，螺距 $d=0.13°$(半波束宽度)，恒线速螺旋扫描。扫描线速度为 0.04°/s、扫描范围为±0.41°时计算得到的扫描轨迹图如图 5 所示。可见：螺距 $d=0.13°$，图中小圆圈 2 和小圆圈 3 分别是扫描第 2 圈和第 3 圈时的 3 dB 波束截面，还能看到扫描 3.625 圈(θ 从 0°变到 7.25π)就能完全覆盖±0.41°的范围。计算(11)式得到天线方位轴转角 α、俯仰轴转角 β 随时间的变化规律，如图 6 所示。可见，与图 3 不同，随着扫描圈数的增加，每扫 1 圈所需的时间也随之增长，以保证线速度相等，即每 1 秒钟扫过相等的螺线长。

例 2：捕获时间 T 的计算。

假设天线 3 dB 波束宽度为 0.26°，螺距 $d=0.13°$(半波束宽度)，等线速扫描，扫描线速度为 0.04°/s，扫描范围为±0.41°，迟滞时间为 0.64 s。

从数字计算结果和图 5 中的扫描轨迹看，要扫 3.625 圈(θ 从 0°变到 7.25π)就能完全覆盖±0.41°的范围。

此时扫过用户星的时间是迟滞时间的 5.8 倍，这对目标信号的发现和捕获是足够的。

如果在扫描时间 134 秒内没有发现目标，控制系统应有重新捕获方案。

6 结 语

文章提出并论证了中继星星间链路 Ka 天线(中继星天线或用户星天线)对目标的扫描捕获方法，采用阿基米德螺旋线扫描轨迹，且采用恒线速度比采用恒角速度的螺旋扫描捕获方法更好。因为其螺距相等，易于实现全覆盖扫描范围；它的曲线平滑且线速恒定，有利于对目标信号的发现和捕获；天线方位轴角速度幅值及俯仰轴角速度幅值不因扫描圈数的增加而增大，这对卫星姿态冲击影响小。

文中导出了扫描轨迹方程和天线方位轴、俯仰轴转角表达式，论述了此方法的性能和扫描参数的选择，通过分析计算证明了设计的扫描捕获方法的有效性。

参考文献

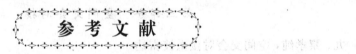

[1] 于瑞霞，黎孝纯. 中继卫星星间链路天线扫描捕获方法的研究. 星间链路技术研讨会论文集，2004.

[2] 王晰，经姚翔. 窄波束天线捕获运动目标方法. 空间电子学会论文集，2004.

[3] 经姚翔. 窄波束天线扫描搜索参数分析. 空间电子学会论文集，2004.

[4] 孙小松，杨涤，等. 中继卫星天线指向控制策略研究. 宇航学报，2004(4).

[5] 李于衡，刘宁宁. 在轨跟踪与数据中继卫星测控关键技术. 上海航天，2006(4).

[6] 黎孝纯，王珊珊，余小川. 中继星天线程控指向用户星的方位角和俯仰角计算. 空间电子技术，2007(4).

附录A 出版论文的刊物目录

第一部分 锁相环和AGC环的分析

一、黎孝纯，VCO噪声对锁相环的影响

——《无线电快报》1975年11期

二、黎孝纯、冯贵福，宽频带频率引导捕获方法和装置

——《物理》专利介绍，1992年10期

三、黎孝纯，自动增益控制环路的线性分析和设计

——《空间电子技术》1988年3期

第二部分 舰载测量设备分析

四、黎孝纯，舰摇对多普勒测速精度的影响

——《空间电子技术》1979年3期

五、黎孝纯，修正舰摇引起多普勒测速误差的实验研究

——《空间电子技术》1979年4期

六、黎孝纯，舰摇对侧音测距精度的影响

——《空间电子技术》1984年2期

七、黎孝纯，多径反射对卫星多普勒测速的影响

——《中国空间科学技术》1982年2期

八、黎孝纯，多径反射对卫星侧音测距的影响

——《空间电子技术》1984年1期

第三部分 空间交会对接

九、黎孝纯，空间交会对接微波雷达

——97年全国遥测遥控技术研讨会论文集

第四部分 双星定位系统

十、黎孝纯、薛丽，双星定位入站信号快捕系统研究

——91年、93年、94年空间飞行器测控年会论文集

第五部分 调频调相应答机距离零值测量

十一、黎孝纯，调频调相应答机距离零值测量方法

——《空间电子技术》1994年1期

十二、黎孝纯、薛丽，调频调相应答机距离零值分析

——94年空间电子学会论文集

十三、黎孝纯、孙彤、朱舸、薛丽，调频调相应答机距离零值测量的理论与实践

——99年全国航天测控技术研讨会论文集

十四、黎孝纯、孙彤，调频调相转换器相位零值的判断

——《空间电子技术》2000 年 3 期

十五、黎孝纯、余晓川，卫星测距校零中调频信号源大频偏调制与小频偏调制的时延差测量方法

——《空间电子技术》2008 年 3 期

十六、黎孝纯、余晓川、王珊珊，调频调相应答机距离零值测量新方法

——《飞行器测控学报》2008 年 3 期

第六部分　中继星星间链路天线跟踪指向系统

十七、黎孝纯，TDRS 天线捕获跟踪指向系统设计中的几个问题

——《空间电子技术》1999 年 3 期

十八、黎孝纯、薛丽，对宽带数据传输信号的角跟踪理论

——《电子学报》2005 年 10 期

十九、黎孝纯、朱舸，再论证“对宽带数据传输信号的角跟踪理论”

——《空间电子技术》2008 年 2 期

二十、黎孝纯，星间链路角跟踪系统校相分析

——《空间电子技术》2009 年 2 期

二十一、黎孝纯、王珊珊、余晓川，中继星天线程控指向用户星的方位角和俯仰角计算

——《空间电子技术》2007 年 4 期

二十二、黎孝纯、于瑞霞、闫剑虹，星间链路天线扫描捕获方法

——《空间电子技术》2008 年 4 期

附录B　天线指向系统的数学模型框图绘制

在作动力学分析时，通常把中继星简化为由中心刚体(卫星星体)和两个带挠性的附件(太阳能帆板和单址天线)组成的系统来分析。天线支撑臂伸出较长，带有一定挠性，支撑臂的一端与卫星星体相接，支撑臂的另一端与抛物反射面相接。卫星为刚体，太阳能帆板为柔性体，柔性天线系统为多级柔性-刚性体连接链路，其中包括柔性天线支撑臂、刚性天线驱动机构(GDA)和柔性反射面。由 Lagrange 方法得如下动力学方程。

星体力矩平衡方程：

$$I_S\ddot{\theta}_S + \Omega_P\ddot{U}_P + \Omega_{SSB}\ddot{U}_{SB} + \Omega_R\ddot{\theta}_A + \Omega_r\ddot{U}_r = T_S \tag{1}$$

太阳能帆板动力学方程：

$$A_1\ddot{U}_P + B_1\dot{U}_P + C_1U_P + \Omega_P\ddot{\theta}_S = 0 \tag{2}$$

天线驱动力矩平衡方程：

$$I_A\ddot{\theta}_A + \Omega_{ASB}\ddot{U}_{SB} + \Omega_R\ddot{\theta}_S + \Omega_{Ar}\ddot{U}_r = T_A \tag{3}$$

天线支撑臂动力学方程：

$$A_2\ddot{U}_{SB} + B_2\dot{U}_{SB} + C_2U_{SB} + \Omega_{ASB}\ddot{\theta}_A + \Omega_{SSB}\ddot{\theta}_S = 0 \tag{4}$$

反射器动力平衡方程：

$$A_3\ddot{U}_r + B_3\dot{U}_r + C_3U_r + \Omega_r\ddot{\theta}_S + \Omega_{Ar}\ddot{\theta}_A = 0 \tag{5}$$

其中：I_S——星体的转动惯量；

I_A——天线的转动惯量；

T_S——作用于星体的控制力矩；

T_A——作用于天线的控制力矩；

θ_S——卫星姿态角；

θ_A——天线转角；

U_P——太阳能帆板模态坐标；

U_{SB}——天线支撑臂模态坐标；

U_r——天线反射面模态坐标；

A_1——太阳能帆板质量阵；

B_1——太阳能帆板阻尼阵；

C_1——太阳能帆板刚度阵；

A_2——天线支撑臂质量阵；

B_2——天线支撑臂阻尼阵；

C_2——天线支撑臂刚度阵；

A_3——天线反射器质量阵；

B_3——天线反射器阻尼阵；

C_3——天线反射器刚度阵；

Ω_P——太阳能帆板与星体的耦合系数阵；

Ω_{SSB}——天线支撑臂与星体的耦合系数阵；

Ω_{ASB}——天线支撑臂与驱动机构的耦合系数阵；

Ω_R——驱动机构与星体的耦合系数阵；

Ω_r——天线反射器与星体的耦合系数阵；

Ω_{Ar}——天线反射器与驱动机构的耦合系数阵。

根据中继星和天线结构的动力学方程(1)～(5)得到天线指向控制系统框图，如图1所示。其中G_S是卫星姿态控制环的控制器，G_A是天线指向控制环的控制器，K_A是天线驱动比，θ_{SU}是卫星姿态角指令，θ_{AU}是天线指向角指令。

（一）求(1)式中的$\Omega_P\ddot{U}_P$。

由(2)式求$\Omega_P\ddot{U}_P$，即

$$A_1\ddot{U}_P+B_1\dot{U}_P+C_1U_P+\Omega_P\ddot{\theta}_S=0$$

$$A_1S^2U_P+B_1SU_P+C_1U_P=-\Omega_PS^2\theta_S$$

$$U_P(A_1S^2+B_1S+C_1)=-\Omega_PS^2\theta_S$$

$$\frac{\ddot{U}_P}{S^2}(A_1S^2+B_1S+C_1)=-\Omega_PS^2\theta_S$$

$$\ddot{U}_P=-\frac{\Omega_PS^4\theta_S}{A_1S^2+B_1S+C_1}$$

$$\Omega_P\ddot{U}_P=-\frac{\Omega_P^2S^4\theta_S}{A_1S^2+B_1S+C_1} \tag{6}$$

图1中的①表示(6)式，即θ_S乘传递函数$\frac{\Omega_P^2S^4}{A_1S^2+B_1S_1+C_1}$后在(1)式里和$I_S\ddot{\theta}_S$相加。

（二）求(1)式中的$\Omega_{SSB}\ddot{U}_{SB}$。

由(4)式求$\Omega_{SSB}\ddot{U}_{SB}$，即

$$A_2\ddot{U}_{SB}+B_2\dot{U}_{SB}+C_2U_{SB}+\Omega_{ASB}\ddot{\theta}_A+\Omega_{SSB}\ddot{\theta}_S=0$$

$$A_2S^2U_{SB}+B_2SU_{SB}+C_2U_{SB}+\Omega_{ASB}S^2\theta_A+\Omega_{SSB}S^2\theta_S=0$$

$$U_{SB}(A_2S^2+B_2S+C_2)=-\Omega_{ASB}S^2\theta_A-\Omega_{SSB}S^2\theta_S$$

$$\frac{\ddot{U}_{SB}}{S^2}(A_2S^2+B_2S+C_2)=-\Omega_{ASB}S^2\theta_A-\Omega_{SSB}S^2\theta_S$$

$$\ddot{U}_{SB}=-\frac{\Omega_{ASB}S^4\theta_A}{A_2S^2+B_2S+C_2}-\frac{\Omega_{SSB}S^4\theta_S}{A_2S^2+B_2S+C_2} \tag{7}$$

由(7)式得

$$\Omega_{SSB}\ddot{U}_{SB}=-\frac{\Omega_{ASB}\Omega_{SSB}S^4\theta_A}{A_2S^2+B_2S+C_2}-\frac{\Omega_{SSB}^2S^4\theta_S}{A_2S^2+B_2S+C_2} \tag{8}$$

图1中的②③表示(8)式，②表示(8)式中$\Omega_{SSB}\ddot{U}_{SB}$与$\theta_S$的有关项，③表示(8)式中$\Omega_{SSB}\ddot{U}_{SB}$与$\theta_A$的有关项。

（三）求(1)式中的$\Omega_r\ddot{U}_r$。

由(5)式求$\Omega_r\ddot{U}_r$，即

$$A_3\ddot{U}_r+B_3\dot{U}_r+C_3U_r+\Omega_r\ddot{\theta}_S+\Omega_{Ar}\ddot{\theta}_A=0$$

$$A_3S^2U_r+B_3SU_r+C_3U_r+\Omega_rS^2\theta_S+\Omega_{Ar}S^2\theta_A=0$$

$$U_r(A_3S^2+B_3S+C_3)=-\Omega_rS^2\theta_S-\Omega_{Ar}S^2\theta_A$$

$$\frac{\ddot{U}_r}{S^2}(A_3S^2+B_3S+C_3)=-\Omega_rS^2\theta_S-\Omega_{Ar}S^2\theta_A$$

$$\ddot{U}_r=-\frac{\Omega_rS^4\theta_S}{A_3S^2+B_3S+C_3}-\frac{\Omega_{Ar}S^4\theta_A}{A_3S^2+B_3S+C_3} \tag{9}$$

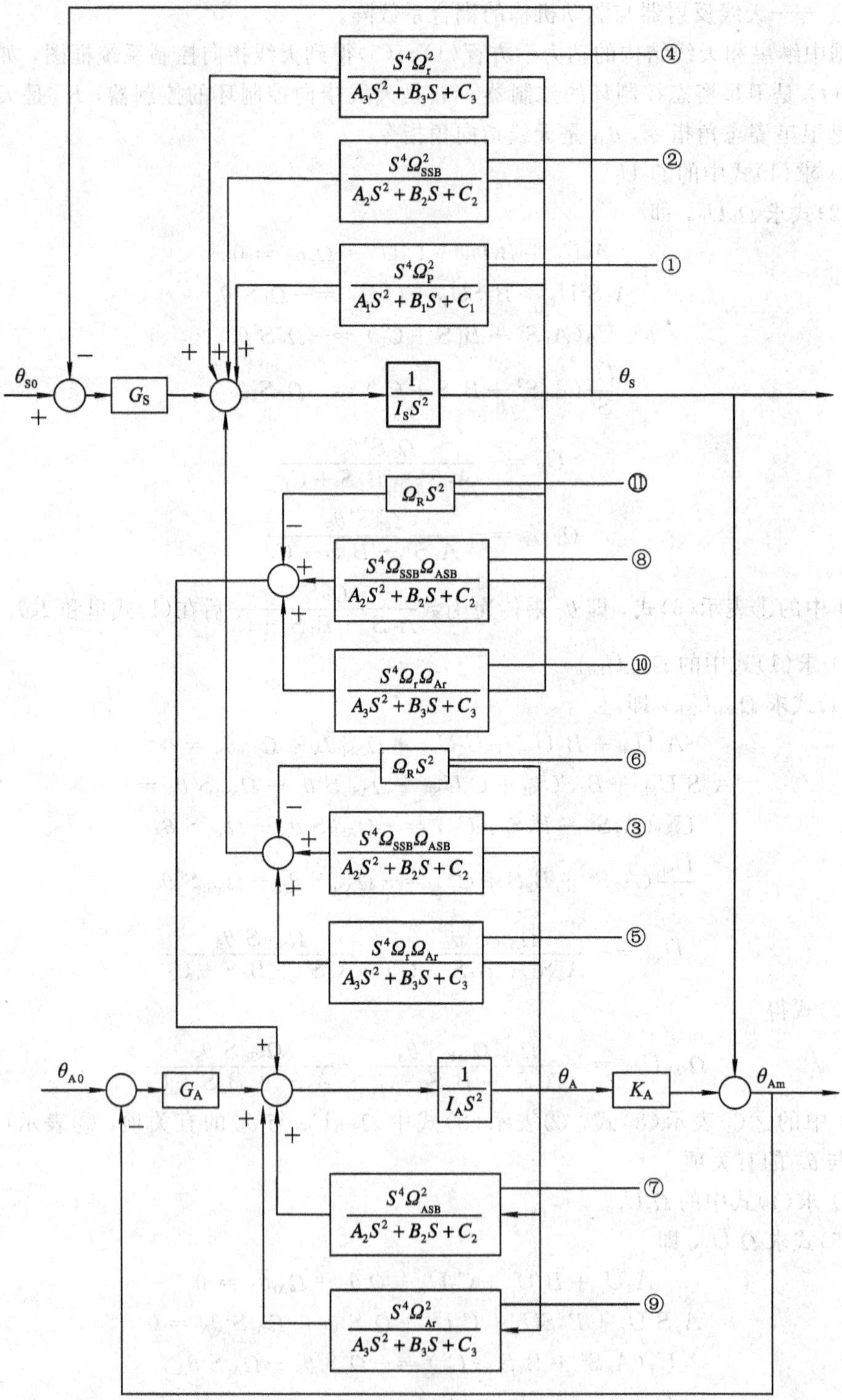

图 1 天线指向控制系统框图

由(9)式得

$$\Omega_r\ddot{U}_r=-\frac{\Omega_r^2S^4\theta_S}{A_3S^2+B_3S+C_3}-\frac{\Omega_{Ar}\Omega_rS^4\theta_A}{A_3S^2+B_3S+C_3} \tag{10}$$

图 1 中的④⑤表示(10)式，④表示(10)式中 $\Omega_r\ddot{U}_r$ 与 θ_S 的有关项，⑤表示(10)式中 $\Omega_r\ddot{U}_r$ 与 θ_A 的有关项。

(四) (1)式中的 $\Omega_R\ddot{\theta}_A$ 由图 1 中的⑥表示。

(五) 求(3)式中的 $\Omega_{ASB}\ddot{U}_{SB}$。

由(7)式得

$$\Omega_{ASB}\ddot{U}_{SB}=-\frac{\Omega_{ASB}^2S^4\theta_A}{A_2S^2+B_2S+C_2}-\frac{\Omega_{SSB}\Omega_{ASB}S^4\theta_S}{A_2S^2+B_2S+C_2} \tag{11}$$

图 1 中的⑦⑧表示(11)式，⑦表示(11)式中 $\Omega_{ASB}\ddot{U}_{SB}$与 θ_A 的有关项，⑧表示(11)式中 $\Omega_{ASB}\ddot{U}_{SB}$与 θ_S 的有关项。

(六) 求(3)式中的 $\Omega_{Ar}\ddot{U}_r$。

由(9)式得

$$\Omega_{Ar}\ddot{U}_r=-\frac{\Omega_r\Omega_{Ar}S^4\theta_S}{A_3S^2+B_3S+C_3}-\frac{\Omega_{Ar}^2S^4\theta_A}{A_3S^2+B_3S+C_3} \tag{12}$$

图 1 中⑨⑩表示(12)式，⑨表示(12)式中 $\Omega_{Ar}\ddot{U}_r$ 与 θ_A 的有关项，⑩表示(12)式中 $\Omega_{Ar}\ddot{U}_r$ 与 θ_S 的有关项。

(七) (3)式中的 $\Omega_R\ddot{\theta}_S$ 由图 1 中的⑪表示。

附录C　论文评审意见表

（航天系统）科技成果专家函审意见表

项目名称	船摇对多普勒测速数据的影响		
完成单位		完成时间	

评议内容(关键技术的解决，技术进步点或创新点，技术水平，所起作用意义)：

本成果使用位置矢量坐标法，在合理假设条件下，分析了船摇对多普勒测速的影响，推导出简便而实用的修正公式，可用于测量船双频测速修正，也可用于具有测速功能的设备，如180雷达。作者测量上使用的是根据运动学多次复合运动概念推导出的船速、船摇影响修正公式，从使用情况看，船速影响大，船摇影响较小。本成果推导的船摇对多普勒测速的影响，具有一定的参考价值。

1989　　委员会

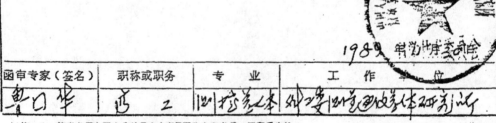

函审专家(签名)	职称或职务	专业	工作单位
曹[illegible]华	高工	测控总体	卫星海上测控总体研究所

注：1、该表必须由同专业并具有中高级职称专家出具，签字后生效。

2、本表原件粘贴在科技成果鉴定证书封底页内。